Allgemeine Theorie über die veränderliche Bewegung des Wassers in Leitungen.

Allgemeine Theorie über die veränderliche Bewegung des Wassers in Leitungen.

I. Teil: Rohrleitungen. Von Lorenzo Alliévi.

Deutsche, erläuterte Ausgabe

bearbeitet von

Robert Dubs und V. Bataillard.

II. Teil: Stollen und Wasserschloß.

Von

Robert Dubs.

Mit 35 Textfiguren.

Springer-Verlag Berlin Heidelberg GmbH

1909.

ISBN 978-3-642-51953-6 ISBN 978-3-642-52015-0 (eBook)

DOI 10.1007/978-3-642-52015-0

Universitäts-Buchdruckerei von Gustav Schade (Otto Francke) Berlin N. 24
und Fürstenwalde (Spree).

Vorwort.

Das besonders in letzter Zeit immer mehr zutage tretende Bestreben, die den jeweiligen Ländern zur Verfügung stehenden Wasserkräfte entweder direkt, oder in elektrische Energie umgewandelt, der Industrie dienstbar zu machen, hat zur Projektierung und zum Bau einer großen Anzahl von Hochdruckkraftanlagen geführt, in welchen vermittelst Francis- oder Freistrahlturbinen die Energie des Wassers in mechanische Arbeit an der Turbinenwelle umgesetzt wird. Das zur Speisung dieser Kraftmaschinen verwendete Betriebswasser muß dann vermittelst einer (je nach dem Gelände) im Verhältnis zum Gefälle mehr oder weniger langen Leitung den Turbinen zugeführt werden.

Tritt nun bei einer solchen durch Rohrleitungen gespeisten Hochdruckkraftanlage eine Belastungsänderung der Turbinen auf, so öffnet oder schließt (je nach der Art der Belastungsänderung) die automatische Geschwindigkeits- bzw. Leistungsregulierung die Turbineneinläufe, und es hat dieser Vorgang eine Beschleunigung oder Verzögerung der sich in der Leitung bewegenden Wassermasse im Gefolge.

Wie nun leicht einzusehen ist, wird durch dieses Auftreten einer positiven oder negativen Beschleunigung eine veränderliche Bewegung des Wassers in der Leitung erzeugt, wobei dieselbe dadurch charakterisiert ist, daß in jedem Querschnitt der Leitung Druck und Geschwindigkeit mit der Zeit variiert.

Sollen nun für die bei einer solchen Belastungsänderung an den Turbinen auftretenden maximalen Geschwindigkeits- und Druckänderungen Garantiewerte abgegeben werden, so ist es zur

Berechnung dieser Werte unbedingt notwendig, die dabei in der Leitung auftretende veränderliche Bewegung des Wassers genau zu kennen. Denn die wohl auf allen Gebieten, und im besondern auf demjenigen des hydraulischen Turbinenbaues, stets schärfer werdende Konkurrenz, hat die Ansprüche des Bestellers dermaßen in die Höhe geschraubt, daß die bis jetzt gebräuchliche Annäherungsrechnung (unter Zugrundelegung eines großen Sicherheitsgrades) sich in den meisten Fällen als ungenügend erweist, wodurch die genaue Kenntnis der Vorgänge nunmehr direkt zum Bedürfnis geworden ist.

Dies trifft im speziellen für die veränderliche Bewegung des Wassers in Leitungen zu; über welche aber, unseres Wissens, in der gesamten deutschen technischen Literatur bis heute keine Abhandlung existiert, in welcher die Theorie dieser Bewegung in wissenschaftlicher und erschöpfender Weise behandelt wird.

Unter den in fremder Sprache erschienenen Abhandlungen dürfte wieder einzig und allein die von Herrn Zivilingenieur L. Alliévi-Rom verfaßte, und in der Zeitschrift „Annali della Società degli Ingeneri ed architetti" 1903 veröffentlichte Abhandlung[1]) „Teoria generale del moto perturbato dell' acqua nei tubi in pressione" einen ausreichenden Aufschluß „über die Theorie der veränderlichen Bewegung des Wassers in Leitungen" geben.

Im Jahre 1904 wurde obige Abhandlung von L. Alliévi ins Französische übersetzt, wo sie unter dem Titel „Theorie générale du mouvement varié de l'eau dans les tuyaux de conduite" in der „Revue de Mecanique" erschienen ist[2]).

Der Umstand, daß es wohl für den größern Teil der Vertreter der deutschen Technik angenehmer sein dürfte, die Alliévische Arbeit in ihrer Muttersprache zu studieren, bewog uns, eine deutsche Ausgabe der Alliévischen Abhandlung zu veröffentlichen.

Der erste Teil des vorliegenden Buches stellt also lediglich eine deutsche Übersetzung der Alliévischen Abhandlung dar,

---

[1]) Sonderabdruck, erschienen bei: Camilla e Bertolero, Torino 1903.

[2]) Sonderabdruck, erschienen bei: Vve Ch. Dunod, Éditeur, Paris 1904.

wobei dieselbe unter Mitwirkung von Herrn Alliévi in einigen Punkten ergänzt und erweitert wurde.

Die Verfasser waren ferner bemüht, durch Beifügung von Figuren und Erläuterungen (in Fußnoten), ein möglichst klares Bild über die bei der veränderlichen Bewegung auftretenden Vorgänge zu schaffen, und hoffen, daß ihnen dies bis zu einem gewissen Grade gelungen ist.

Bei dieser Gelegenheit sei uns auch gestattet, Herrn Zivilingenieur L. Alliévi-Rom für seine Mitarbeit unseren verbindlichsten Dank zu sagen.

Wir bemerken noch, daß die in Abschnitt 1 und 2 des Anhanges gebrachten Ableitungen aus Vorlesungen entnommen sind, welche unser verehrter Lehrer, Herr Prof. Dr. Prášil, am schweiz. Polytechnikum gehalten hat.

Im zweiten Teil des Buches ist eine allgemeine Theorie über die in Stollen und Wasserschloß auftretende veränderliche Bewegung des Wassers entwickelt, wobei wiederum versucht wurde, die teilweise etwas verwickelten analytischen Ergebnisse, unter Zuhilfenahme von Zahlenbeispielen und Figuren, leichter verständlich zu machen.

Wir waren bei der Abfassung des Buches überhaupt stets darauf bedacht, den Bedürfnissen der Praxis möglichst Rechnung zu tragen, und hoffen deshalb, daß sowohl der in der Praxis stehende Ingenieur, wie auch der weiterforschende Studierende, dasselbe nicht unbefriedigt aus der Hand legen wird.

Sollten, trotz sorgfältigster Durcharbeitung, in dem vorliegenden Buche Irrtümer oder Fehler enthalten sein, so werden wir jederzeit Berichtigungen und Wünsche von Seiten der Fachmänner mit Dank entgegennehmen und in einer eventl. zweiten Auflage entsprechend berücksichtigen.

Zürich, im Juli 1909.

Robert Dubs. Viktor Bataillard.

Inhalts-Verzeichnis.

I. Teil.

Allgemeine Theorie über die veränderliche Bewegung des Wassers in Rohrleitungen.

I. Kapitel.

Allgemeine Formeln.

II. Kapitel.

Der einfache oder direkte „Wasserstoß“.

III. Kapitel.

„Stoß“ und „Gegenstoß“ in einem Rohr von gegebener Länge L.

IV. Kapitel.

Verschiedene Aufgaben.

Anhang.

II. Teil.

Allgemeine Theorie über die veränderliche Bewegung des Wassers in Stollen und Wasserschloß.

I. Kapitel.

Die veränderliche Bewegung des Wassers in Stollen und Wasserschloß ohne Berücksichtigung der Reibungswiderstände.

II. Kapitel.

Die veränderliche Bewegung des Wassers in Stollen und Wasserschloß mit Berücksichtigung der Reibungswiderstände.

III. Kapitel.

Die veränderliche Bewegung des Wassers in einem mit freiem Überlauf versehenen Wasserschloß.

Anhang.

Berichtigungen.

Seite 10, Gleichung 3, lies „δ_1“ statt „δ^1“.

- 16, 5. Gleichung von unten, lies „δx^2“ statt „δx_2“.

- 29, letzte Gleichung lies „$\frac{1}{2 y_0} \cdot \left(\frac{H - y_0}{\alpha . T} x\right)^2$“ statt „$\frac{1}{2 y_0} \cdot \left(\frac{H - y_0}{\alpha . T} x\right)$“.

- 67, 10. Zeile von unten lies „L_1“ statt „F_1“.

- 75, letzte Zeile lies „kleiner oder größer“ statt „größer oder kleiner“, und ebenso auf Seite 79, vierte Zeile von oben.

- 88, 15. Zeile von oben, lies „$\alpha . \psi (T) \gtreqless u_0$“ statt „$\alpha . \psi (t) \gtreqless u_0$“.

- 152, 8. Zeile von oben, lies „der Druckvariationen“ statt „der primären Schwingung“.

- 185, 3. Gleichung von unten, lies „$\frac{1}{4!} \left(\sqrt{\frac{F_1 \cdot g}{F_2 \cdot L_1}}\right)^4$“ statt „$\frac{1}{4!} \left(\sqrt{\frac{F_1 \cdot g}{F_2 \cdot F_1}}\right)^4$“

- 199, Gleichung XIII, lies „$\sin \left(\sqrt{\frac{g . F_1}{L_1 . F_2}} . \frac{T}{2}\right)$“ statt „$\sin \left(\sqrt{\frac{g . F_1}{F_1 . F_2}} . \frac{T}{2}\right)$“.

- 207, oberste Zeile, lies „Gleichung XXII“ statt „Gleichung XXIV“.

- 209, letzte Gleichung lies „$\sqrt{\frac{L_1 . F_2 + H_0 . F_1}{g . F_1}}$“ statt „$\sqrt{\frac{F_1 . F_2 + H_0 . F_1}{g . F_1}}$“.

- 239, 3. Zeile von oben, lies „$t > T$;“ statt „$t < T$“.

- 242, 2. Gleichung von unten, lies „$\left(1 + \frac{H_0 . F_1}{L_1 . F_2}\right)$“ statt „$\left(1 + \frac{H_0 . F_1}{L_1 . Q_2}\right)$“.

I. Teil.

Allgemeine Theorie über die veränderliche Bewegung des Wassers in Rohrleitungen (Wasserstofs).

Von

Lorenzo Alliévi,
Zivilingenieur in Rom.

Autorisierte, mit Ergänzungen, Erläuterungen und Figuren versehene Übersetzung aus dem italienischen Originaltext.

Unter Mitwirkung des Verfassers

bearbeitet von

Robert Dubs und Viktor Bataillard,
Diplom-Ingenieure
i. H. Escher, Wyss & Cie.

Vorwort der italienischen Ausgabe.

Das Problem der veränderlichen Bewegung des Wassers in Rohrleitungen war, bis in den letzten Jahren, noch nie der Gegenstand systematischer Untersuchungen gewesen. Fast alle bisher erschienenen Abhandlungen über Hydrodynamik beschränken sich im allgemeinen auf die Begründung und Entwicklung der wohlbekannten Formeln der unveränderlichen (permanenten) Strömung.

Wenn auch hie und da einige Zeilen der auffallendsten bzw. gefährlichsten Erscheinung der veränderlichen Strömung, dem sogenannten „Wasserstoß"[1]), gewidmet wurden, kam doch keine annehmbare Theorie derselben zustande, und stützten sich deshalb die zum Vorbeugen des „Wasserstoßes" empfohlenen Vorsichtsmaßregeln (Druckregulierapparate usw.) auf den reinen Empirismus.

In einer Abhandlung des Generals Menabrea[2]) und einer anderen Abhandlung von A. Castigliano[3]) findet man eine Untersuchung über die Belastung, welche auf den Querschnitt eines beliebig langen Rohres wirken muß, damit die Deformationsarbeit des Materials der Rohrwandung und die Arbeit der elastischen Zusammendrückung der Wassersäule, gleich einer gegebenen Arbeitsmenge ist, z. B. gleich der lebendigen Kraft einer das Rohr ausfüllenden und mit gegebener Geschwindigkeit versehenen Wassermenge.

---

[1]) Bezeichnung unzutreffend, da wir es hier nicht mit einem „Stoß" zu tun haben.

[2]) Comptes rendus acad. des Sciences 1858.

[3]) Atti accad. delle Scienze di Torino 1874.

Diese Art der Formulierung des Problems der veränderlichen Strömung bzw. des „Wasserstoßes" könnte jedoch nur dann als richtig anerkannt werden, wenn die hier in Frage kommenden Erscheinungen momentan und gleichmäßig (an jeder Stelle zu gleicher Zeit) auf der ganzen Länge des Rohres auftreten würden. Wie zahlreiche Versuche gezeigt haben, ist dies nun aber nicht der Fall, und ist deshalb die obenerwähnte, von General Menabrea und A. Castigliano gegebene Formulierung des Problems unzulässig.

In den letzten Jahren haben nun zahlreiche hydraulische Hochdruck-Kraftanlagen, bei welchen das Betriebswasser in Blechrohrleitungen mit relativ bedeutender Geschwindigkeit[1]) den Turbinen oder sonstigen Kraftmaschinen zugeführt wird, dem Problem eine größere Bedeutung gegeben.

Dasselbe ist deshalb in der letzten Zeit der Gegenstand verschiedener technischer Abhandlungen geworden, in welchen auf Grund verschiedener mehr oder weniger berechtigter vereinfachender Annahmen versucht wurde, eine Theorie über die veränderliche Strömung zu schaffen. Das Problem wurde dabei von den verschiedensten Gesichtspunkten aus beleuchtet und im besondern die Anwendung von Luftkesseln besprochen.

Diese Abhandlungen wurden von Professor A. Rateau in seinem bedeutenden Werk „Traité des Turbomachines"[2]) zusammengefaßt und ergänzt, und gestatte ich mir, den geneigten Leser auf jenes Werk zu verweisen, falls es ihm wünschenswert erscheint, die auf Grund jener Abhandlungen gewonnenen Resultate mit denjenigen zu vergleichen, welche sich aus der vorliegenden exakten Abhandlung „über die Theorie der veränderlichen Strömung" ergeben.

Von den, diese Kategorie von Erscheinungen definierenden Differentialgleichungen ausgehend, gelangte ich zur Erkenntnis,

---

[1]) Die früher in der bezüglichen Literatur als Maximum angegebene Geschwindigkeit von 2 m/sec wird nun meistens bedeutend überschritten, und Geschwindigkeiten von 3 m/sec und mehr sind nicht mehr selten.

[2]) Dunod, 1900.

daß ihre Gesetze in direktem Zusammenhang mit denjenigen der Schallerscheinungen stehen (was überhaupt in gewissem Sinne intuitiv ist), und ergeben sich aus dieser neuen Betrachtungsweise einfache und zugleich genaue Methoden für die Lösung technischer Probleme, so insbesondere desjenigen der veränderlichen Bewegung des Wassers in Rohrleitungen[1]).

Rom, 1903.

Lorenzo Alliévi.

[1]) Diese Arbeit wurde zum erstenmal in den „Annali" usw. veröffentlicht. Ich habe jetzt in § 1 und 2 kleine Änderungen vorgenommen, um den Annäherungsgrad der Grundformeln ersichtlich zu machen. Ich habe ferner noch einige Erläuterungen und Entwicklungen hinzugefügt.

I. Kapitel.

Allgemeine Formeln.

§ 1. Die Differentialgleichungen der veränderlichen Strömung.

Wir legen unserer Betrachtung ein zylindrisches gerades Rohr mit konstantem innerem Durchmesser und Wandstärke zugrunde. Die Rohrachse liege horizontal, und die Flüssigkeitsströmung befinde sich im

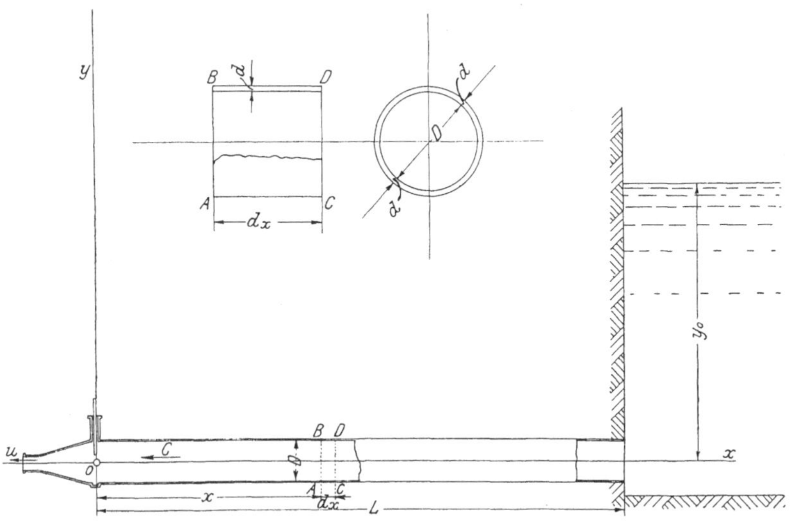

Fig. 1.

Beharrungszustande, d. h. Druck und Geschwindigkeit seien keine Funktionen der Zeit, sondern in jedem Punkt des Rohres konstant. (Siehe auch Fig. 1.)

Wir nehmen nun an, daß zufolge irgend eines Impulses (Regulieren der Kraftmaschinen usw.) in einem oder verschiedenen Querschnitten des Rohres der Beharrungszustand gestört werde, in der Weise, daß plötzliche

Geschwindigkeitsänderungen entstehen, welche naturgemäß von ebenso raschen Druckänderungen begleitet werden.

Diese Änderungen pflanzen sich nun längs des Rohres fort, und rufen so die hydrodynamischen Erscheinungen der veränderlichen Strömung hervor, deren Studium Gegenstand der vorliegenden Abhandlung sein soll.

Bezeichnungen:

Es sei

R = Radius des Rohres in Metern.

$D = 2R$ = Durchmesser desselben in Metern.

d = Wandstärke des Rohres in Metern.

E = Elastizitätsmodulus des Rohrmaterials in kg/m^2.

ε = Elastizitätsmodulus der Flüssigkeit in kg/m^2.

γ = spezifisches Gewicht der Flüssigkeit in kg/m^3.

c_0 = Geschwindigkeit der Flüssigkeit in dem Rohre bei Beharrungszustand, in m/sec (konstant).

p_0 = Druck der Flüssigkeit in dem Rohre bei Beharrungszustand, in kg/m^2 (konstant).

c = veränderliche Geschwindigkeit in einem beliebigen Rohrquerschnitt und zu einer beliebigen Zeit, in m/sec.

p = veränderlicher Druck in einem beliebigen Rohrquerschnitt und zu einer beliebigen Zeit, in kg/m^2.

y_0 = Druckhöhe, welche dem Druck p_0 entspricht, also $y_0 = \frac{p_0}{\gamma}$, in Metern.

y = Druckhöhe, welche dem Druck p entspricht, also $y = \frac{p}{\gamma}$, in Metern.

Wir schreiten jetzt zur Aufstellung der zwei Differentialgleichungen der veränderlichen Strömung, unter Zugrundelegung der gewöhnlichen Annahme, daß die hydrodynamischen Bedingungen in jedem Augenblick für alle Elemente eines unendlich kurzen (Länge dx) Flüssigkeitzylinders, dieselben sind.

Als Abszissenachse wählen wir die Achse des Rohres. Die positive Richtung der Abszissenachse sei entgegengesetzt zur Richtung der Strömung (also entgegengesetzt zur Richtung von c). (Siehe Fig. 1.)

Wenn wir dann auf die Bewegung des oben erwähnen Flüssigkeitselementes den Hauptsatz der Dynamik (Masse $\times$ Beschleunigung = Kraft) anwenden, so erhalten wir als erste Gleichung:

$$1)\quad . \quad \frac{R^2 . \pi . dx . \gamma}{g} . \frac{\partial}{\partial t}\left(c - \frac{\partial c}{\partial x} dx\right) = R^2 . \pi \left(p + \frac{\partial p}{\partial x} dx\right) - R^2 . \pi . p.$$

In dieser Gleichung bedeutet:

$$\frac{R^2 \,.\, \pi \,.\, dx \,.\, \gamma}{g}$$

= Masse des bewegten Flüssigkeitselementes.

$$\frac{\partial}{\partial t}\left(c - \frac{\partial c}{\partial x}\, dx\right)$$

= Beschleunigung des bewegten Flüssigkeitselementes.

$$R^2 \,.\, \pi \,.\left(p + \frac{\partial p}{\partial x}\, dx\right)$$

= Kraft auf dem Querschnitt CD des Flüssigkeitselementes.

$$R^2 \,.\, \pi \,.\, p$$

= Kraft auf dem Querschnitt AB des Flüssigkeitselementes.
(Siehe Fig. 1.)

Dabei ist angenommen, daß mit wachsender Abszisse die Geschwindigkeit ab- und der Druck zunimmt.

Wenn wir die oben angeschriebene Gleichung auflösen, folgt:

$$\frac{R^2 \,.\, \pi \,.\, dx \,.\, \gamma}{g} \cdot \left(\frac{\partial c}{\partial t} - \frac{\partial c}{\partial x} \cdot \frac{\partial x}{\partial t} - \frac{\partial^2 c}{\partial x^2} \cdot \frac{\partial x}{\partial t}\, dx\right) = R^2 \,.\, \pi \,.\left(p + \frac{\partial p}{\partial x}\, dx\right) - R^2 \,.\, \pi \,.\, p.$$

Unter Vernachlässigung des unendlich kleinen Gliedes höherer Ordnung $\frac{\partial^2 c}{\partial x^2} \cdot \frac{\partial x}{\partial t} \cdot dx$ und Berücksichtigung, daß $\frac{\partial x}{\partial t} = c$, folgt:

$$\frac{R^2 \,.\, \pi \,.\, dx \,.\, \gamma}{g} \cdot \left(\frac{\partial c}{\partial t} - c\,\frac{\partial c}{\partial x}\right) = R^2 \,.\, \pi \,.\left(p + \frac{\partial p}{\partial x}\, dx\right) - R^2 \,.\, \pi \,.\, p$$

d. h. die Beschleunigung eines Flüssigkeitselementes von der Abszisse x und der Dicke dx, multipliziert mit der Masse des Elementes, ist gleich dem Unterschied, der auf die beiden Stirnflächen wirkenden Kräfte.

Wenn wir in obiger Gleichung die Klammer rechts auflösen, dann zusammenziehen und die ganze Gleichung durch $R^2 \,.\, \pi \,.\, dx$ dividieren, folgt:

$$2) \quad \ldots\ldots \quad \frac{\gamma}{g} \cdot \left(\frac{\partial c}{\partial t} - c\,\frac{\partial c}{\partial x}\right) = \frac{\partial p}{\partial x}$$

wobei ∂ der partielle Differentialquotient nach den beiden Grundvariablen t bzw. x ist.

Wir erhalten nun noch eine weitere Beziehung zwischen den Variablen c, p, t und x, indem wir den Geschwindigkeitsunterschied betrachten, welcher zu einer bestimmten Zeit t zwischen den zwei Querschnitten von den Abszissen x und x + dx besteht. Dieser Geschwindigkeitsunterschied wird hervorgerufen durch die Deformation des von den zwei Parallelschnitten eingeschlossenen Flüssigkeitselementes, welche zufolge der in der Zeit ∂t eintretenden Druckvariation ∂p eintritt.

Diese Druckvariation ∂p bedingt nun:

1. Eine Zusammendrückung des elementaren Flüssigkeitszylinders.
2. Eine Dehnung des das Flüssigkeitselement umgebenden Rohrelementes.

Diese zwei Erscheinungen addieren sich nun in ihren Wirkungen und rufen eine axiale Verkürzung (resp. Verlängerung, wenn ∂p negativ) des Flüssigkeitselementes hervor, welche hinwiederum einen Geschwindigkeitsunterschied zwischen den Flächendifferentialen der zwei Stirnflächen im Gefolge hat.

Derjenige Teil der axialen Längenänderung des Flüssigkeitselementes, welcher zufolge der Zusammendrückung des Flüssigkeitselementes eintritt, ist wohl gegeben durch:

$$3) \quad \delta = \frac{dx}{\varepsilon} \cdot \frac{\partial p}{\partial t} \partial t$$

indem wir annehmen, daß die Deformation der Flüssigkeit nach dem Hoogschen Gesetz erfolge.

Es bedeutet dann in Analogie:

$\frac{\partial p}{\partial t} \partial t$ die spezifische Beanspruchung,

dx die Länge und

ε der Elastizitätsmodulus des Flüssigkeitselementes.

Der infolge der Dilatation des Rohrelementes eintretende Teil der radialen Längenänderung des Flüssigkeitselementes kann wohl durch folgende Überlegung bestimmt werden, wobei vorausgesetzt wird, das Verhältnis zwischen Wandstärke d und Rohrdurchmesser D sei genügend klein, so daß die Fasern des Materials der Rohrwandung gleichmäßig beansprucht angenommen werden dürfen. Dann ist die zufolge des spez. Druckes p hervorgerufene Dehnung ρ des Rohrdurchmessers D gegeben durch:

$$4) \quad \varrho = \frac{R^2 \cdot p}{E \cdot d}$$

und es ergibt sich für eine Änderung des Druckes um ∂p in der Zeit ∂t:

$$5) \quad \partial \varrho = \frac{R^2}{E \cdot d} \cdot \frac{\partial p}{\partial t} \partial t$$

Die kubische Dilatation des Rohrelementes ist dann gegeben durch:

5a) . . . . $\partial V = \pi . D . \partial \varrho . dx$

und andererseits auch durch

5b) . . . . $\partial V = R^2 . \pi . \delta_2$

wo δ_2 den infolge der Dilatation des Rohrelementes eintretende Teil der axialen Längenänderung des Flüssigkeitselementes bedeutet.

Aus Gleichung 5a) und 5b) folgt dann:

$$\delta_2 = \frac{\pi . D . \partial \varrho . dx}{R^2 . \pi}$$

und setzt man für $\partial \rho$ den in Gleichung 5) berechneten Wert, so folgt:

6) . . . . $\delta_2 = \frac{dx}{E} \cdot \frac{D}{d} \cdot \frac{\partial p}{\partial t} \partial t.$

Zur Berechnung des Geschwindigkeitsunterschiedes ∂c zwischen den zwei Stirnflächen des Flüssigkeitselementes dient nun folgende Beziehung:

7) . . . $\left(c + \frac{\partial c}{\partial x} dx\right) \partial t - c . \partial t = \delta_1 + \delta_2.$

Somit:

$$dx . \frac{\partial c}{\partial x} \partial t = \delta_1 + \delta_2.$$

Setzen wir die Werte von δ_1 aus Gleichung 3) und δ_2 aus Gleichung 6) ein, so folgt:

$$dx . \frac{\partial c}{\partial x} \partial t = \frac{dx}{\varepsilon} \cdot \frac{\partial p}{\partial t} \partial t + \frac{dx}{E} \cdot \frac{D}{d} \cdot \frac{\partial p}{\partial t} \partial t$$

oder:

8) . . . . $\frac{\partial c}{\partial x} = \left(\frac{1}{\varepsilon} + \frac{1}{E} \cdot \frac{D}{d}\right) \frac{\partial p}{\partial t}$

Diese Gleichung stellt uns eine zweite Differential-Beziehung zwischen den Variablen c, x, p und t dar.

Wir setzen nun der Kürze halber:

9) . . . . $\frac{\gamma}{g}\left(\frac{1}{\varepsilon} + \frac{1}{E} \cdot \frac{D}{d}\right) = \frac{1}{a^2}$

wo a die Bedeutung einer Geschwindigkeit hat.

Nun ist ferner noch, wie eingangs erwähnt:

$$\frac{p}{\gamma} = y.$$

Somit:

$$\frac{\partial p}{\partial x} = \gamma \cdot \frac{\partial y}{\partial x}$$

$$\frac{\partial p}{\partial t} = \gamma \cdot \frac{\partial y}{\partial t}.$$

Dann läßt sich Gleichung 2)

$$\frac{\gamma}{g}\left(\frac{\partial c}{\partial t} - c\frac{\partial c}{\partial x}\right) = \frac{\partial p}{\partial x}$$

in der Form schreiben:

$$\frac{\partial c}{\partial t} - c\frac{\partial c}{\partial x} = \frac{g}{\gamma} \cdot \left(\frac{\partial p}{\partial x}\right) = \frac{g}{\gamma} \cdot \gamma \cdot \frac{\partial y}{\partial x}.$$

Somit:

$$\underline{\frac{\partial c}{\partial t} - c\frac{\partial c}{\partial x} = g \cdot \frac{\partial y}{\partial x}.}$$

Aus Gleichung 8) ergibt sich dann ebenfalls durch Einführung der Substitutionen:

$$\frac{\partial c}{\partial x} = \left(\frac{1}{\varepsilon} + \frac{1}{E} \cdot \frac{D}{d}\right)\gamma \cdot \frac{\partial y}{\partial t}$$

$$\frac{\partial c}{\partial x} = \frac{\gamma}{g}\left(\frac{1}{\varepsilon} + \frac{1}{E} \cdot \frac{D}{d}\right)\frac{g}{\gamma} \cdot \gamma\frac{\partial y}{\partial t}.$$

Unter Berücksichtigung von Gleichung 9) folgt:

$$\underline{\frac{\partial c}{\partial x} = \frac{g}{a^2} \cdot \frac{\partial y}{\partial t}.}$$

Die beiden Differentialgleichungen der veränderlichen Strömung lauten dann also:

$$10) \quad \ldots\ldots \quad \left\{\begin{aligned} \frac{\partial c}{\partial t} - c\frac{\partial c}{\partial x} &= g\frac{\partial y}{\partial x} \\ \frac{\partial c}{\partial x} &= \frac{g}{a^2} \cdot \frac{\partial y}{\partial t}. \end{aligned}\right.$$

§ 2. Integration der Differentialgleichungen der veränderlichen Strömung.

Bevor wir auf die Integration der obenstehend abgeleiteten Differentialgleichungen 10) eintreten, wollen wir einige Bemerkungen über den Annäherungsgrad dieser Differentialgleichungen vorausschicken.

Bei Aufstellung der ersten Differentialgleichung wurde der zufolge der Flüssigkeitsreibung entstehende Druckverlust nicht berücksichtigt.

Die Vernachlässigung dieses Druckverlustes ist nun aber zweifellos in allen denjenigen Fällen berechtigt, wo er gegenüber den zufolge der veränderlichen Bewegung auftretenden hydrodynamischen Drucken nicht in Betracht kommt, was nun in den meisten praktisch vorkommenden Fällen zutrifft.

Der Einfluß des Druckverlustes auf die hydrodynamische Drucksteigerung darf selbst bei verhältnismäßig sehr langen Rohrleitungen auch dann vernachlässigt werden, wenn es sich um hydrodynamische Störungen von kurzer Dauer handelt, bei welchen die Beharrungsverhältnisse nicht wesentlich beeinflußt werden. Beträgt aber die Länge der Rohrleitung z. B. mehrere Kilometer, so daß der Druckverlust einen erheblichen Prozentsatz des stat. Druckes ausmacht, so daß das Vorhergesagte nicht mehr zutrifft, dann dürfen die Formeln, die wir später ableiten werden, nur mit einem bestimmten Korrektionsfaktor behaftet angewendet werden, welcher Korrektionsfaktor in jedem einzelnen Falle zu diskutieren ist.

Bei Aufstellung der Gleichung 8) wurde ferner angenommen, das Rohr bestehe aus einzelnen voneinander unabhängigen, ringförmigen Elementen, welche sich frei ausdehnen können.

Diese vereinfachende Annahme, welche nun allerdings den tatsächlich auftretenden Verhältnissen nicht entspricht, kann dennoch als erlaubt betrachtet werden, wenn man bedenkt, daß die Druckänderungen sich längs der Leitung mit so großer Geschwindigkeit (siehe § 3) fortpflanzen, daß der in einer bestimmten Zeit zwischen zwei Querschnitten (deren Abstand ein Vielfaches des Rohrdurchmessers sein kann) auftretende Druckunterschied nur sehr klein sein kann, so daß der Einfluß der Längensteifheit des Rohres auf die Dehnung desselben vernachlässigt werden darf.

Trotz dieser nunmehr diskutierten Vernachlässigungen sind die Differentialgleichungen 10) nicht in geschlossener Form integrierbar.

Nun ist aber die Strömungsgeschwindigkeit c gegenüber der Fortpflanzungsgeschwindigkeit der Druckänderungen, wie später gezeigt wird, so verschwindend klein, daß mit großer Annäherung das Produkt $c\frac{\partial c}{\partial x}$ in der ersten Differentialgleichung vernachlässigt werden darf[1]).

Bezeichnen wir die Fortpflanzungsgeschwindigkeit der Druckvariationen mit η, und betrachten wir den elementaren Rohrabschnitt durch welchen sich die hydrodynamische Störung in der Zeit ∂t fort-

[1]) Wie bekannt sein dürfte, basiert ja gerade die math. Vibrationstheorie auf der Annahme, daß in den Differentialgleichungen Ausdrücke von der Form $c\frac{\partial c}{\partial x}$ vernachlässigt werden dürfen.

pflanzt, d. h. den Abschnitt von der Dicke $dx = \eta \, . \, dt$, dann kann man die linke Seite der ersten Gleichung im Gleichungssystem 10) in der Form schreiben:

$$\frac{\partial c}{\partial t} - c\frac{\partial c}{\partial x} = \frac{\partial c}{\partial t} - c\frac{\partial c}{\eta \, . \, \partial t} = \frac{\partial c}{\partial t}\left(1 - \frac{c}{\eta}\right)$$

und da nun $\frac{c}{\eta} \sim 0$ ist, so ist der letztabgeleitete Ausdruck sehr wenig von $\frac{\partial c}{\partial t}$ verschieden und kann, wie schon oben bemerkt, mit großer Annäherung gleich $\frac{\partial c}{\partial t}$ angenommen werden.

Die Strömungsgeschwindigkeit c ist in den seltensten Fällen größer als 2÷5 m/sec, während die Fortpflanzungsgeschwindigkeit der Druckänderungen $\eta = 1000$ und mehr m/sec beträgt und, wie später in § 3 gezeigt werden wird, sich immer innerhalb bestimmter Grenzen bewegt. Es kann auch nachgewiesen werden, daß die Geschwindigkeit η gleich der durch Gleichung 9) definierten Größe a ist.

Wenn wir nunmehr nach diesen Überlegungen in der ersten Gleichung des Gleichungssystems 10) das Glied $c\frac{\partial c}{\partial x}$ vernachlässigen, so folgt als vereinfachte Differentialgleichungen der veränderlichen Strömung:

$$11) \quad \ldots\ldots \quad \left\{ \begin{aligned} \frac{\partial c}{\partial t} &= g \cdot \frac{\partial y}{\partial x} \\ \frac{\partial c}{\partial x} &= \frac{g}{a^2} \cdot \frac{\partial y}{\partial t} \, . \end{aligned} \right.$$

Angenommen, wir bewegen uns nun längs der Leitung mit einer Geschwindigkeit a, so ist die Gleichung erfüllt:

$$x = a \, . \, t + \text{konstant.}$$

und

$$\partial x = a \, . \, \partial t.$$

Wir substituieren nun diesen Wert in die zweite Differentialgleichung des Gleichungssystems 11) in der Weise, daß wir auf der linken Seite an Stelle von ∂x ($= a \, . \, \partial t$) und auf der rechten Seite an Stelle von $a \, . \, \partial t$ ($= \partial x$) setzen, dann folgt:

$$\frac{\partial c}{a \, \partial t} = \frac{g}{a} \cdot \frac{\partial y}{\partial x}$$

oder

$$\frac{\partial c}{\partial t} = g \cdot \frac{\partial y}{\partial x}$$

d. h. es resultiert genau die erste Differentialgleichung des Gleichungssystems 11).

Die Bedingung $x = a \cdot t + k$ schließt also scheinbar jede von der Elastizität des Rohres und der Flüssigkeit abhängige Erscheinung aus. Angenommen ein Beobachter bewege sich mit der Geschwindigkeit a längs der Leitung, so würde er zu jeder beliebigen Zeit t in dem ihm gegenüberstehenden Flüssigkeitselement die nämliche Pressung konstatieren, woraus zu schließen ist, daß jede Druckänderung sich unabhängig von der Größe ihrer Intensität mit der nämlichen konstanten Geschwindigkeit a längs der Leitung fortpflanzt.

Oder anders ausgedrückt:

Die Bedingung $x = a \cdot t +$ konstant, gibt der Funktion $y = f(x, t)$, welche für jeden Augenblick und für jeden Querschnitt die Größe von y darstellt, einen konstanten Wert; d. h. y muß eine Funktion von $a \cdot t - x$ oder von $t - \frac{x}{a}$ sein.

Es ist nun leicht festzustellen, daß die Differentialgleichungen 11) durch:

$$12) \quad \ldots\ldots \quad \begin{cases} y = y_0 + F\left(t - \frac{x}{a}\right) \\ c = c_0 - \frac{g}{a} F\left(t - \frac{x}{a}\right) \end{cases}$$

befriedigt werden.

In obigen Gleichungen bedeutet F eine durch die Grenzbedingungen zu bestimmende Funktion und stellt eine Druckhöhe dar, welche sich im Sinne von $+x$ mit der Geschwindigkeit a fortpflanzt.

Da nun die beiden Differentialgleichungen des Gleichungssystems 11) keine Einschränkung bezüglich des Fortpflanzungssinnes der hydrodynamischen Störung enthalten, so können sie ebensogut von Fortpflanzungen im Sinne von $-x$ befriedigt werden, und sind somit die Gleichungen 12) noch nicht das allgemeine Integral der Differentialgleichungen 11).

Die Gleichungen 11) werden tatsächlich auch durch:

$$13) \quad \ldots\ldots \quad \begin{cases} y = y_0 - f\left(t + \frac{x}{a}\right) \\ c = c_0 - \frac{g}{a} f\left(t + \frac{x}{a}\right) \end{cases}$$

befriedigt.

In diesen Gleichungen bedeutet f wiederum eine Funktion von der Art von F, d. h. eine sich mit der Geschwindigkeit a im Sinne von $-x$ fortpflanzende veränderliche Druckhöhe.

Grundsätzlich ist es nun vollständig gleichgültig, der Funktion f in Gleichung 13) ein positives oder negatives Vorzeichen zu geben. Wenn wir nun in den folgenden Betrachtungen für die Funktion f das negative

Zeichen wählen, so geschieht es aus dem Grunde, weil es den Bedingungen entspricht, bei welchen die Erscheinung des typischen „Wasserstoßes“ in einem Rohr von begrenzter Länge auftritt, wie in § 3 gezeigt werden wird.

Die allgemeinen Integrale der Differentialgleichungen 11) sind dann gegeben durch:

$$14) \quad \left\{ \begin{aligned} y &= y_0 + F - f \\ c &= c_0 - \frac{g}{a} (F + f) \end{aligned} \right.$$

wobei F und f Funktionen von x und t bedeuten und, wie früher angegeben, die Form besitzen

$$F\left(t - \frac{x}{a}\right) \text{ und } f\left(t + \frac{x}{a}\right).$$

Die obigen Gleichungen 14)[1]) stellen uns die Fortpflanzungsgesetze von Schwingungserscheinungen dar, d. h. die veränderliche Strömung in Rohrleitungen ist in die Kategorie dieser Erscheinungen einzuteilen.

---

[1]) Durch Differenzieren von 11) bekommt man

$$\frac{\partial^2 c}{\partial t \,.\, \partial x} = g \cdot \frac{\partial^2 y}{\partial x^2}$$

$$\frac{\partial^2 c}{\partial x \,.\, \partial t} = \frac{g}{a^2} \cdot \frac{\partial^2 y}{\partial t^2}$$

und da nun

$$\frac{\partial^2 c}{\partial t \,.\, \partial x} = \frac{\partial^2 c}{\partial x \,.\, \partial t}$$

ist, so folgt:

$$g \cdot \frac{\partial^2 y}{\partial x_2} = \frac{g}{a^2} \cdot \frac{\partial^2 y}{\partial t^2}$$

oder

$$\gamma \cdot \frac{\partial^2 y}{\partial x^2} = \frac{\gamma}{a^2} \cdot \frac{\partial^2 y}{\partial t^2}.$$

Es ist ferner

$$\gamma \cdot \frac{\partial^2 y}{\partial x^2} = \frac{\partial^2 p}{\partial x^2} \text{ und } \gamma \cdot \frac{\partial^2 y}{\partial t^2} = \frac{\partial^2 p}{\partial t^2}$$

somit

$$\frac{\partial^2 p}{\partial x^2} = \frac{1}{a^2} \cdot \frac{\partial^2 p}{\partial t^2}.$$

Analog folgt auch

$$\frac{\partial^2 c}{\partial x^2} = \frac{1}{a^2} \cdot \frac{\partial^2 c}{\partial t^2}.$$

Das allgemeine Gesetz dieser Erscheinungen ist also durch die Existenz von zwei Systemen von veränderlichen Pressungen charakterisiert, welche sich in entgegengesetztem Sinne längs des Rohres mit derselben konstanten Geschwindigkeit a fortpflanzen und sich kreuzen, ohne sich gegenseitig zu stören. (Prinzip der Superposition der kleinen Bewegungen.) Der hydrodynamische Zustand — Geschwindigkeit und Druck — eines jeden Flüssigkeitselementes ist dann in jedem Augenblick durch die algebraische Resultierende der betreffenden Druckintensitäten bestimmt.

Dies wäre, kurz zusammengefaßt, die Bedeutung der Gleichungen 14). Die erste Gleichung ist der analytische Ausdruck eines sehr einfachen physikalischen Gesetzes und könnte leicht experimentell kontrolliert werden.

Ausgehend von diesem physikalischen Gesetz (als Erfahrungsgesetz aufgefaßt) kann man auch ohne weiteres die erste Gleichung des Systems 14) aufstellen. Zur zweiten Gleichung des Systems 14) kann man ebenfalls, unter Vernachlässigung des Gliedes $c\frac{\partial c}{\partial x}$, unter Zuhilfenahme der Beschleunigungsgleichungen direkt gelangen.

Alle Theorien und Gesetze, welche wir in den folgenden Paragraphen entwickeln werden, stützen sich also auf Gleichungen, deren Ableitung auf einfachem Wege möglich ist.

Der numerische Wert der Geschwindigkeit a sollte direkt für jedes Rohr ermittelt werden.

Für unsere Untersuchungen ist also besonders die Gleichung 9) wichtig, weil mit deren Hilfe uns die theoretische Bestimmung der Geschwindigkeit a möglich wird.

Somit

$$15) \quad \ldots\ldots \quad \begin{cases} \dfrac{\partial^2 p}{\partial x^2} = \dfrac{1}{a^2} \cdot \dfrac{\partial^2 p}{\partial t^2} \\[2ex] \dfrac{\partial^2 c}{\partial x^2} = \dfrac{1}{a^2} \cdot \dfrac{\partial^2 c}{\partial t^2} \end{cases}$$

Dies sind nun aber die Formen, unter welchen die Differentialgleichungen der Schallbewegungen meistens gegeben werden.

a bedeutet dabei die Fortpflanzungsgeschwindigkeit des Schalles und ist gewöhnlich eine sehr einfache Funktion der Elastizität und des spez. Gewichtes des schallenden resp. schallübertragenden Mediums. In unserm Falle ist diese Funktion etwas komplizierterer Natur und durch Gleichung 9) gegeben.

Es wird durch a gewissermaßen die Längselastizität der Flüssigkeitssäule definiert, welche die Resultierende der Elastizität der Flüssigkeit und des Rohres ist.

Das Vorhandensein beider (oder eines einzelnen) Systeme von veränderlichen Pressungen F und f sowie das Gesetz ihrer Veränderlichkeit, ist ausschließlich von den Grenzbedingungen abhängig, d. h. von der Art und Weise der Erzeugung der hydrodynamischen Störung (wie auch von der Länge des Rohres und den Verhältnissen in den Endquerschnitten).

Diese Grenzbedingungen müssen also in jedem einzelnen Falle studiert werden.

In den folgenden Paragraphen werden nun die allgemeinen Gleichungen 14) auf alle die Fälle angewandt, welche vom praktischen Standpunkte aus das meiste Interesse bieten.

Bevor wir aber auf diesen eigentlichen Gegenstand unserer Betrachtungen eingehen, ist es notwendig, dem Parameter a der Differentialgleichungen, d. h. der Fortpflanzungsgeschwindigkeit der Druckvariationen, einige Worte zu widmen.

Wie aus Gleichung 9) zu ersehen ist, enthält dieser Parameter a alle physikalischen Konstanten des Problems, welche sind: Durchmesser des Rohres, Wandstärke, Elastizitätsmodulus des Rohrmaterials, spez. Gewicht der Flüssigkeit und Elastizitätsmodulus der Flüssigkeit.

Durch Einführung des Parameters a erhalten die Differentialgleichungen der veränderlichen Strömung (Gleichung 14) eine äußerst einfache Form, und ebenso wird die Anwendung der resultierenden Formeln hierdurch wesentlich vereinfacht.

§ 3. Der Parameter a der veränderlichen Strömung.

Da der durch Gleichung 9 definierte Parameter a, die Fortpflanzungsgeschwindigkeit der veränderlichen Strömung darstellt (wie bereits früher erläutert wurde), so muß seine Formel die Dimension einer Geschwindigkeit ergeben, d. h. $\frac{\text{Länge}}{\text{Zeit}}$.

Durch Einsetzen der bezüglichen Dimensionen in Gleichung 9) folgt:

$$\frac{\text{Kraft}}{\text{Länge}^3} \cdot \frac{\text{Zeit}^2}{\text{Länge}} \cdot \left(\frac{\text{Länge}^2}{\text{Kraft}} + \frac{\text{Länge}^2}{\text{Kraft}} \cdot \frac{\text{Länge}}{\text{Länge}}\right) = \frac{1}{a^2}$$

oder

$$\frac{\text{Kraft} \cdot \text{Zeit}^2 \cdot \text{Länge}^2}{\text{Länge}^3 \cdot \text{Länge} \cdot \text{Kraft}} = \frac{\text{Zeit}^2}{\text{Länge}^2} = \frac{1}{a^2}$$

also

$$a = \frac{\text{Länge}}{\text{Zeit}}$$

d. h. eine Geschwindigkeit.

Nehmen wir an, das Rohrmaterial sei absolut starr, d. h. vollkommen unelastisch, so muß die Gleichung 9) die Fortpflanzungsgegeschwindigkeit einer (ebenen) Schwingung ergeben, die in einem Medium von der Elastizität $\frac{1}{\varepsilon}$ und der spez. Masse $\frac{\gamma}{g}$ stattfindet.

Tatsächlich erhält man aus Gleichung 9) für $E = \infty$:

$$9\text{a)} \quad \ldots\ldots \quad a_1 = \sqrt{\frac{\varepsilon \cdot g}{\gamma}}$$

d. h. die Fortpflanzungsgeschwindigkeit einer ebenen Schwingung.

Für Wasser ist nun vermittelst der Schallfortpflanzung experimentell festgestellt worden, daß die obenerwähnte Geschwindigkeit[1]) $a_1 = 1425$ *m/sec* beträgt.

Setzen wir $\gamma = 1000$ kg/m³ und $g = 9{,}81$ m/sec², so läßt sich aus Formel 9a) der Elastizitätsmodulus ε des Wassers berechnen.

Wir erhalten:

$$\varepsilon = 2{,}07 \cdot 10^8$$

welchen Wert wir unseren spätern Berechnungen zugrunde legen werden.

Das Glied $\frac{1}{E} \cdot \frac{D}{d}$ in dem Ausdruck von a Gleichung 9) stellt den Einfluß der Elastizität des Rohrmaterials dar. Wenn man den Mittelwert dieses Gliedes mit dem Wert von $\frac{1}{\varepsilon}$ vergleicht, so ersieht man leicht, daß der Einfluß der Kompressibilität des Wassers auf die Größe von a nicht vernachlässigt werden darf. Bei Gußrohren z. B. ist der Wert von $\frac{1}{\varepsilon}$ gegenüber dem Wert von $\frac{1}{E} \cdot \frac{D}{d}$ von überwiegender Bedeutung.

Aus Gleichung 9) folgt:

$$9\text{b)} \quad \ldots\ldots \quad a = \sqrt{\frac{\frac{g}{\gamma}}{\frac{1}{\varepsilon} + \frac{1}{E} \cdot \frac{D}{d}}}.$$

Wenn wir nun für γ, g und ε die bezüglichen Werte einsetzen und der Kürze halber für $E^{-1} . 10^{10} = k$ schreiben, so folgt:

$$9\text{c)} \quad \ldots\ldots \quad \mathbf{a} = \frac{\mathbf{9900}}{\sqrt{\mathbf{48{,}3} + \mathbf{k} \cdot \frac{\mathbf{D}}{\mathbf{d}}}}$$

[1]) Für mittlere Temperatur.

wobei:

$k = 0{,}500$ für Eisen und Stahl,
$k = 1{,}000$ für Gußeisen und
$k = 5{,}000$ für Blei.

So bekommt man z. B. für verschiedene Gußröhren der Gießereien in Terni: wenn,

D =	d =	a =
0,100 m	0,010 m	1296 m/sec
	0,014 -	1330 -
0,200 -	0,011 -	1215 -
	0,019 -	1291 -
0,500 -	0,016 -	1110 -
	0,040 -	1270 -
1,000 -	0,022 -	1023 -
	0,080 -	1270 -

Das Verhältnis von $\frac{D}{d}$ läßt sich auch in anderer Weise schreiben, wenn man die bekannte (zur Berechnung der Wandstärken von Röhren dienende) Formel:

$$k_z = \frac{p \cdot D}{2 \cdot d}$$

zu Hilfe nimmt.

In unserem Falle bedeutet dann:

k_z = Zugbeanspruchung des Materials in kg/m^2,
p = Innerer Flüssigkeitsdruck in kg/m^2.

Wie schon früher erwähnt, ist:

$$p = \gamma \cdot H$$

und somit:

$$k_z = \frac{\gamma \cdot H \cdot D}{2 \cdot d}$$

$$\frac{D}{d} = \frac{2 \cdot k_z}{\gamma \cdot H}.$$

Nimmt man als zulässige Zugbeanspruchung für Eisen:

$$k_z = 7 \cdot 10^6 \ kg/m^2$$

entsprechend $k_z = 700 \ kg/cm^2$, dann ergibt sich:

$$\frac{D}{d} = \frac{14 \cdot 10^3}{H}.$$

So erhalten wir z. B. für:

H =	80 m	100 m	150 m	200 m
a =	846 m/sec	903 m/sec	1015 m/sec	1084 m/sec

Entsprechend für normale Bleiröhren bei:

D =	d =	a =
40 mm	5 mm	1053 m/sec
60 -	5 -	952 -
80 -	5 -	874 -

Wie aus obigen Werten von a hervorgeht, kann man als guten Mittelwert für die Druckfortpflanzungsgeschwindigkeit a = 1000 m/sec annehmen. a ist etwas größer für Gußröhren und etwas kleiner als 1000 für Blechröhren.

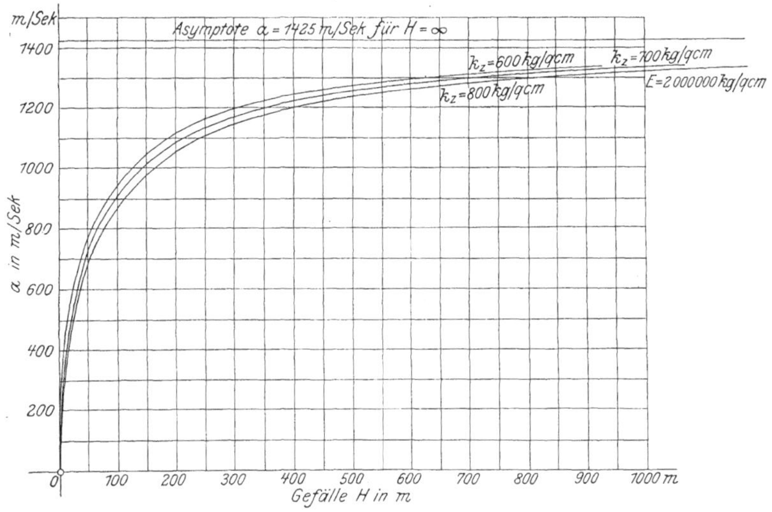

Fig. 2.

Für kleinere, im Handel vorkommende Kautschukröhren (D = 7 . d) findet man E = 2 . 10^5 bis 6 . 10^5 und dementsprechend:

$$a = 17 \text{ bis } 29 \text{ m/sec.}$$

Es sei hier nebenbei bemerkt, daß die Geschwindigkeit, mit welcher sich die Wirkung des Herzpulsierens (beim Menschen und Tier) in den Adern fortpflanzt, von der gleichen Größenordnung sein muß.

Bei diesen Geschwindigkeiten empfiehlt es sich aber, betreffend Annäherungsgrad der Formeln 10) und 11) einige Reserven zu machen, sofern nicht c sehr klein ist, so daß es wiederum gegenüber a vernachlässigt werden kann.

Allgemeine Darstellung von a in Funktion des Gefälles H mit der spezifischen Beanspruchung k_z als Parameter in Fig. 2.

Es war:

$$\frac{D}{d} = \frac{2 \cdot k_z}{p} = y$$

somit:

$$y \cdot p = 2 \cdot k_z.$$

Für k_z = konstant, bedeutet diese Gleichung eine gleichseitige Hyperbel.

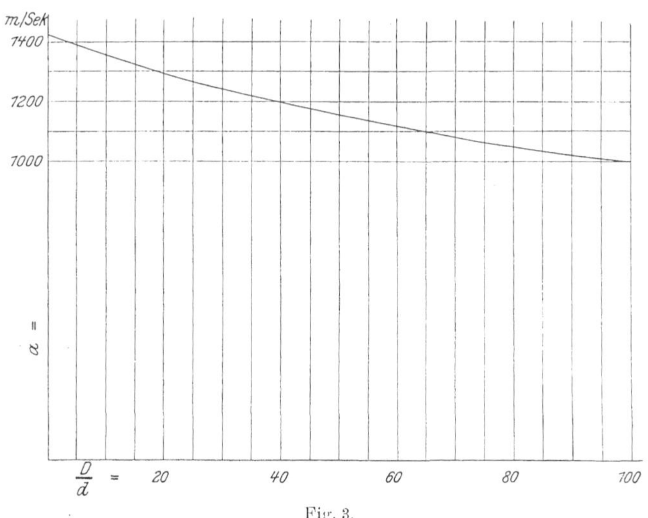

Fig. 3.

Dann ist auch:

$$a = \frac{9900}{\sqrt{48{,}3 + k \cdot y}}.$$

In Fig. 3 ist a für Flußeisen ($E \cong 2 \cdot 10^6$) in Funktion des Verhältnisses $\frac{D}{d}$ dargestellt, wobei der Elastizitätsmodulus E der Materialien der Parameter einer Kurvenschar ist.

II. Kapitel.

Der einfache oder direkte „Wasserstofs“.

§ 4. Allgemeine Gesetze des einfachen oder direkten Wasserstoßes.

Wir nehmen nun an, das Rohr beginne am Ursprung unseres Koordinatensystems und sei im Sinne von $+x$ unendlich lang. Es sei ferner am Rohranfang, d. h. beim Origo, eine Ausflußmündung vorhanden deren Querschnitt vermittelst eines beliebigen Absperrorganes verändert werden kann.

Zur Vereinfachung der Formeln sei ferner noch angenommen[1]), der Ausfluß geschehe unter Atmosphärendruck, so daß dann y direkt eine Höhendifferenz (Druckhöhe) bedeutet.

Die Allgemeinheit der Formeln wird durch diese vereinfachende Annahme in keiner Weise verletzt und es ist sehr leicht, dieselben für jede beliebige andere Annahme abzuleiten.

Bezeichnet man mit $\mathfrak{y}$ und C die Werte der veränderlichen y und c für $x = 0$ (d. h. für den Querschnitt beim Abschlußorgan) und mit u die Ausflußgeschwindigkeit in der Mündung, so hat man zu jeder beliebigen Zeit:

$$u = \sqrt{2\,g\left(\mathfrak{y} + \frac{C^2}{2\,g}\right)}$$

oder auch:

$$u^2 - C^2 = 2 \,.\, g \,.\, \mathfrak{y}.$$

Bei Beharrungszustand hingegen gilt dann:

$$u_0^2 - C_0^2 = 2 \,.\, g \,.\, y_0 \,.$$

Mit $\psi(t)$ werde diejenige Funktion der Zeit t bezeichnet, welche das während der Bewegung des Abschlußorganes sich ändernde Verhältnis zwischen Rohrquerschnit F und Durchlaßquerschnitt f des Abschlußorganes, zur Darstellung bringt.

Somit ist:

$$C = u \,.\, \psi(t)$$

und bei Beharrungszustand $(t = 0)$:

$$c_0 = u_0 \,.\, \psi(0).$$

---

[1]) Diese Annahme ist wohl in den meisten praktisch vorkommenden Fällen richtig.

Die normale Durchlaßöffnung ist dann gegeben durch:

$$R^2 \cdot \pi \cdot \psi(0) = f_0.$$

Wir nehmen nun an, die das Rohr durchströmende Flüssigkeit befinde sich im Beharrungszustand, und es werde von einem bestimmten Zeitpunkt (den wir für die Zeitzählung als Nullpunkt annehmen wollen) an, der Durchlaßquerschnitt f_0 des Abschlußorganes allmählich und gesetzmäßig reduziert. Die Reduktion erfolge laut Voraussetzung nach der Gleichung:

$$\underline{f = F \cdot \psi(t).}$$

Die zufolge einer solchen Querschnittsverkleinerung auftretenden wohlbekannten Erscheinungen bestehen aus einem mehr oder weniger rasch auftretenden Überdruck (d. h. Druckanstieg) vor dem Durchlaßquerschnitt, sowie einer Geschwindigkeitsabnahme an der gleichen Stelle.

Überdruck und Geschwindigkeitsabnahme pflanzen sich dann längs des Rohres mit der Geschwindigkeit a fort, welche durch Gleichung 9) gegeben ist.

Wir wollen nun den bei oben beschriebenem Vorgang auftretenden Druckanstieg, als einfachen oder direkten „Wasserstoß“ bezeichnen.

Da wir es laut Voraussetzung nur mit einem sich im Sinne von $+x$ fortpflanzenden Überdruck zu tun haben, so reduzieren sich die allgemeinen Gleichungen 14) auf die Form 12), d. h. wir erhalten nur eine einzige uns unbekannte Funktion:

$$F\left(t - \frac{x}{a}\right).$$

In Wirklichkeit hat nun aber jedes Rohr eine endliche Länge L, so daß die hydrodynamische Störung in einer Zeit $t = \frac{L}{a}$ den Einstromquerschnitt (Reservoir mit konstantem Druck) erreicht und dort eine Reaktion hervorruft, über welche vorläufig weiter nichts gesagt werden soll, als daß sie ebenfalls wieder eine gleiche Zeit $t = \frac{L}{a}$ brauchen wird, um zum Ausflußquerschnitt zu gelangen.

Für einen durch die Abszisse x gekennzeichneten Querschnitt wäre die Zeit, welche die Reaktion braucht, um ihn zu erreichen, $t = \frac{L - x}{a}$.

Es gilt somit folgendes:

In einer Zeit 0 bis $\frac{2L}{a}$ für den Mündungsquerschnitt und 0 bis $\frac{2L - x}{a}$ für einen Querschnitt in der Entfernung $L - x$ von ihm, geht die Erscheinung der hydrodynamischen Störung wie in einem unendlich langen Rohr vor sich und sind die diesbezüglichen Gesetze durch Gleichung 12) gegeben.

Wir nennen diese erste Phase der Erscheinung die Phase des einfachen oder direkten Wasserstoßes.

Gleichungen 12) lauteten:

$$y = y_0 + F\left(t - \frac{x}{a}\right)$$

$$c = c_0 - \frac{g}{a} F\left(t - \frac{x}{a}\right).$$

Durch Elimination der uns unbekannten Funktion:

$$F\left(t - \frac{x}{a}\right)$$

aus diesen Gleichungen erhält man die bemerkenswerte Relation:

$$16) \quad \ldots\ldots \quad \mathbf{y - y_0 = \frac{a}{g}(c_0 - c)},$$

welche eine Beziehung zwischen dem Druckanstieg $y - y_0$ und der Geschwindigkeitsabnahme $c_0 - c$ darstellt und für jeden Rohrquerschnitt während der Phase des direkten Wasserstoßes gültig ist.

Wie aus obiger Gleichung 16) zu ersehen ist, erreicht der Überdruck seinen maximalen Wert für $c = 0$. Aus den Grenzen der Werte des Verhältnisses $\frac{a}{g}$ (siehe § 3) kann man schließen, daß das Maximum für jeden Meter Geschwindigkeitsverlust 8—12 kg/cm² beträgt.

Dieses Maximum kann (laut Voraussetzung) natürlich nur dann erreicht werden, wenn das vollständige Schließen des Abschlußorganes in einer Zeit:

$$t_s < \frac{2\,L}{a} \sec$$

stattfindet, in welchem Falle aber hinwiederum der Druckausstieg von der Schnelligkeit des Schließens vollständig unabhängig ist; wie aus Gleichung 16) hervorgeht.

Wir werden in Zukunft diesen maximalen Wert des Druckanstieges mit H bezeichnen, so daß:

$$17) \quad \ldots\ldots\ldots \quad H = y_0 + \frac{a \cdot c_0}{g}.$$

Durch Einführung dieser Größe H werden dann die Formeln außerordentlich vereinfacht.

§ 5. Bestimmung des Druckverlaufes beim einfachen oder direkten Wasserstoß.

Um den Wert von $\mathfrak{y}$ für jeden Querschnitt und zu jeder Zeit innerhalb der Phase:

$$t = 0 \text{ bis } \frac{2\,L}{a}$$

berechnen zu können, ist die Kenntnis der Funktion:

$$F\left(t - \frac{x}{a}\right)$$

notwendig, oder wenigstens einer Serie ihrer Zahlenwerte für einen bestimmten Querschnitt.

Mit Hilfe der durch das Ausflußgesetz gegebenen Grenzbedingung

$$u^2 - C^2 = 2 \,.\, g \,.\, \mathfrak{y}$$

ist es uns möglich, für den Durchlaßquerschnitt, dessen Abszisse $x = 0$ ist, die Funktion F zu bestimmen.

Wenn wir in den Gleichungen 12) $x = 0$ setzen, so bekommen wir:

$$\text{12 bis)} \quad \ldots\ldots \quad \left|\begin{array}{l} \mathfrak{y} = y_0 + F(t) \\ C = c_0 - \dfrac{g}{a} F(t). \end{array}\right.$$

Nun ist aber nach einer früheren Gleichung auch:

$$C = u \,.\, \psi(t)$$

somit:

$$c_0 - \frac{g}{a} F(t) = u \,.\, \psi(t).$$

Für die Elimination der drei Unbekannten u, C und $\mathfrak{y}$ haben wir die folgenden Gleichungen:

$$\begin{array}{ll} 1) & u^2 - C^2 = 2 \,.\, g \,.\, \mathfrak{y} \\ 2) & \mathfrak{y} = y_0 + F(t) \\ 3) & u \,.\, \psi(t) = c_0 - \dfrac{g}{a} F(t). \end{array}$$

Durch Elimination von u, C und $\mathfrak{y}$ erhalten wir dann eine Funktion zweiten Grades in F (t), welche uns die Bestimmung der Funktion ψ (t) ermöglicht.

Wenn wir dann zuletzt an Stelle von t $t - \frac{x}{a}$ setzen, so erhalten wir die Funktion:

$$F\left(t - \frac{x}{a}\right)$$

welche uns die Lösung des Problems darstellt.

Die auf diesem Wege erreichbare Lösung der Aufgabe führt aber auf sehr verwickelte Gleichungen, so daß es sich aus praktischen Gründen empfiehlt, einen andern Weg einzuschlagen, d. h. $\mathfrak{y}$ als Unbekannte zu wählen.

Durch Elimination von u, C und F(t) bekommt man dann unter Berücksichtigung der Gleichung 17):

$$18) \quad \ldots\ldots \quad \mathfrak{y}^2 - 2\,\mathfrak{y}\,(H + \lambda\,(t)) + H^2 = 0$$

wobei:

$$\lambda\,(t) = \frac{a^2}{g} \cdot \frac{\psi^2\,(t)}{1 - \psi^2\,(t)}.$$

Dieser Ausdruck für $\lambda\,(t)$ vereinfacht sich zu $\frac{a^2}{g}\,\psi^2(t)$, wenn man in der Ausflußgleichung C^2 vernachlässigt.

Von den zwei Wurzeln der Gleichung 18) ist die eine größer und die andere kleiner als H, und muß in unserm Falle zweifelsohne die letztere als Lösung gewählt werden.

Ebenso läßt sich mit Hilfe der Gleichung 18) leicht feststellen, daß man für den Fall des Schließens des Abschlußorganes, d. h. für:

$$\psi\,(t) < \psi\,(0), \qquad \mathfrak{y} > y_0$$

erhält, während hingegen im Falle des Öffnens, d. h. für:

$$\psi\,(t) > \psi\,(0), \qquad \mathfrak{y} < y_0$$

wird. Der Druckanstieg ist dann negativ, d. h. wir bekommen einen Druckabfall. (Siehe § 13.)

Wenn man ferner in Gleichung 18) an Stelle von t $t - \frac{x}{a}$ und an Stelle von $\mathfrak{y}$ y setzt, so stellt uns die Gleichung, in einem cartesischen Koordinatensystem interpretiert, den Verlauf des Druckanstieges in Funktion der Zeit dar. Es ist also mit Hilfe dieser Gleichung leicht möglich, für jede innerhalb der Phase $t = \frac{x}{a}$ bis $t = \frac{2L - x}{a}$ gelegene Zeit den momentanen Wert des Druckes zu berechnen.

Für verschiedene Werte der Funktion ψ (t) erhalten wir eine Reihe von, den jeweiligen Verlauf des Druckanstieges darstellenden

Kurven. $\psi(t)$ ist also der Parameter der Kurvenschar. Alle Kurven der Schar sind aber in Wirklichkeit nur momentane Stellungen ein und derselben im Sinne von $+x$ mit der Geschwindigkeit a sich bewegenden Kurve. Aus vorstehendem folgt, daß die endgültige Druckkurve in dem Augenblick erreicht wird, in welchem das Abschließorgan vollständig geschlossen ist, d. h. für:

$$\underline{t = T}$$

wo T die Schließzeit bedeutet.

Da nun $f = \psi(t) \cdot F$ war, und für den Moment des Abschlusses, d. h. für $t = T$, $f = 0$ wird, so muß:

$$\psi(T) = 0$$

sein.

Die zur Bestimmung des beim einfachen Wasserstoß auftretenden Druckanstieges dienende Gleichung lautet dann:

$$19) \quad \ldots \ldots \quad \underline{y^2 - 2y \cdot \left(H + \lambda\left(T - \frac{x}{a}\right)\right) + H^2 = 0.}$$

Nehmen wir nun an, das Schließen erfolge nach linearem Gesetz (was wohl mit guter Annäherung allgemein zutreffen dürfte), d. h. es sei die Gleichung:

$$20) \quad \ldots \ldots \ldots \ldots \quad \psi(t) = \left(1 - \frac{t}{T}\right) \psi(0)$$

erfüllt, wo $\psi(0) = \frac{f_0}{F}$, Öffnungsquerschnitt $= f_0$ und $F = R^2 \cdot \pi$.

Berücksichtigen wir ferner die aus Gleichung 13) gezogene Beziehung:

$$21) \quad \ldots \ldots \quad \underline{a^2 = \frac{g}{2 \cdot y_0} \left(\frac{H - y_0}{\psi(0)}\right)^2} \text{ [1]}$$

[1]) Es war:

$$H = y_0 + \frac{a \cdot c_0}{g}$$

und

$$c_0 = u_0 \cdot \psi(0)$$

sowie

$$u_0^2 - c_0^2 = 2 \cdot g \cdot y_0,$$

somit:

$$1) \quad \ldots \ldots \quad \underline{u_0^2 (1 - \psi(0)^2) = 2\, g\, y_0,}$$

ferner:

$$2) \quad \ldots \ldots \quad \underline{H - y_0 = \frac{a \cdot u_0 \cdot \psi(0)}{g}}$$

so kann die Gleichung 19) in der eleganten symmetrischen Form geschrieben werden:

$$22) \quad \dots \quad x = a \cdot T \cdot \frac{H - y}{H - y_0} \sqrt{\frac{y_0}{y}} \,.\text{ [2]}$$

---

daraus dann die Relation:

$$a^2 = \left[\frac{(H - y_0)\, g}{u_0 \cdot \psi(0)}\right]^2 = \frac{(H - y_0)^2 \cdot g^2 \cdot (1 - \psi(0)^2)}{\psi(0)^2 \cdot 2 \cdot g \cdot y_0}$$

somit:

$$a^2 = \frac{g}{2 \cdot y_0} \cdot (1 - \psi(0)^2) \left(\frac{H - y_0}{\psi(0)}\right)^2$$

und wenn wir die Geschwindigkeit c_0 vernachlässigen, folgt:

$$a^2 = \frac{g}{2\, y_0} \cdot \left(\frac{H - y_0}{\psi(0)}\right)^2.$$

[2]) Wir gehen aus von:

$$19) \quad . \quad . \quad y^2 - 2\, y \left(H + \lambda \left(T - \frac{x}{a}\right)\right) + H^2 = 0$$

und setzen in Gleichung 20) für t $T - \frac{x}{a}$; dann folgt:

$$20\text{a)} \quad \psi\left(T - \frac{x}{a}\right) = \left(1 - \frac{T - \frac{x}{a}}{T}\right) \psi(0) = \left(\frac{x}{a \cdot T}\right) \psi(0).$$

Die Funktion:

$$\lambda\left(T - \frac{x}{a}\right)$$

ist dann zu bestimmen aus:

$$\lambda\left(T - \frac{x}{a}\right) = \frac{a^2}{g} \psi^2 \left(T - \frac{x}{a}\right)$$

unter Vernachlässigung der Geschwindigkeit C.

Dann folgt aus 20a):

$$\lambda\left(T - \frac{x}{a}\right) = \frac{a^2}{g} \cdot \left(\frac{x}{a \cdot T}\right)^2 \cdot \psi^2(0).$$

Für $\frac{a^2}{g}$ kann man dann nach Gleichung 21) setzen:

$$\frac{1}{2\, y_0} \left(\frac{H - y_0}{\psi(0)}\right)^2$$

somit:

$$\lambda\left(T - \frac{x}{a}\right) = \frac{1}{2\, y_0} \cdot \frac{(H - y_0)^2}{\psi^2(0)} \cdot \left(\frac{x}{a \cdot T}\right)^2 \psi^2(0)$$

$$\lambda\left(T - \frac{x}{a}\right) = \frac{1}{2\, y_0} \cdot \left(\frac{H - y_0}{a \cdot T}\, x\right).$$

Diese Gleichung stellt, in einem ebenen Koordinatensystem interpretiert, eine Kurve dritten Grades dar, deren konkave Seite nach oben gekehrt ist.

Das Studium dieser Druckkurve hat keine große Bedeutung für den Fall, wo man sich einfach mit der Phase des direkten Wasserstoßes in einem unendlich langen Rohre befaßt.

Vom Augenblick des vollständigen Schließens an, d. h. für Zeiten $t > T$, verschiebt sich die Druckkurve weiter im Sinne von $+x$ mit der

---

Setzen wir diesen Wert in die Gleichung 19) ein, so folgt:

$$y^2 - 2y\left(H + \frac{1}{2y_0}\cdot\left(\frac{H-y_0}{a\,.\,T}x\right)^2\right) + H^2 = 0$$

oder:

$$y^2 - 2yH + H^2 + \frac{y}{y_0}\cdot\left(\frac{H-y_0}{a\,.\,T}\right)^2\cdot x^2 = 0$$

$$(H-y)^2 = \frac{y}{y_0}\cdot\left(\frac{H-y_0}{a\,.\,T}x\right)^2$$

und schließlich:

$$x = a\,.\,T\cdot\frac{H-y}{H-y_0}\sqrt{\frac{y_0}{y}}.$$

Berücksichtigen wir die Geschwindigkeiten c_0 und C im Querschnitt des Abschlußorganes, so folgt:

$$\text{a)}\;\ldots\quad a^2 = \frac{g}{2y_0}\left(\frac{H-y_0}{\psi(0)}\right)^2\cdot\left(1-\psi^2(0)\right)$$

und ebenso:

$$\text{b)}\;\ldots\quad \lambda\left(T-\frac{x}{a}\right) = \frac{a^2}{g}\cdot\frac{\psi^2\left(T-\frac{x}{a}\right)}{1-\psi^2\left(T-\frac{x}{a}\right)}.$$

Setzt man diese Werte in die Gleichung:

$$y^2 - 2y\left(H + \lambda\left(T-\frac{x}{a}\right)\right) + H^2 = 0$$

ein, so folgt:

$$y^2 - 2\,.\,y\,.\,H + H^2 - 2y\cdot\frac{a^2}{g}\cdot\frac{\psi^2\left(T-\frac{x}{a}\right)}{1-\psi^2\left(T-\frac{x}{a}\right)} = 0$$

oder:

$$(H-y)^2 = \frac{2\,.\,y}{2\,.\,y_0}\cdot\left(\frac{H-y_0}{\psi(0)}\right)^2\cdot(1-\psi^2(0))\frac{\psi^2\left(T-\frac{x}{a}\right)}{1-\psi^2\left(T-\frac{x}{a}\right)} = 0$$

Geschwindigkeit a und der maximale Druck H pflanzt sich längs der Leitung fort.

Handelt es sich hingegen darum, den Einfluß der begrenzten Rohrlänge und der damit verbundenen Reaktionswirkung auf die Größe des auftretenden Wasserstoßes zu studieren, so bietet uns Gleichung 22) eine Unterlage für dieses Studium.

---

und setzen wir nach Gleichung 20a)

$$\psi\left(T-\frac{x}{a}\right)=\left(\frac{x}{a\,.\,T}\right)\cdot\psi(0)$$

so folgt:

$$(H-y)^2=\frac{y}{y_0}\cdot\left(\frac{H-y_0}{\psi(0)}\right)^2\cdot(1-\psi^2(0))\frac{\left(\frac{x}{a\,.\,T}\right)^2\cdot\psi^2(0)}{1-\left(\frac{x}{a\,.\,T}\right)^2\cdot\psi^2(0)}$$

$$(H-y)^2=\frac{y}{y_0}\cdot(H-y_0)^2\cdot(1-\psi^2(0))\frac{\left(\frac{x}{a\,.\,T}\right)^2}{1-\left(\frac{x}{a\,.\,T}\right)^2\cdot\psi^2(0)}$$

$$\frac{y_0}{y}\cdot\left(\frac{H-y}{H-y_0}\right)^2\cdot\frac{1}{1-\psi^2(0)}=\frac{\left(\frac{x}{a\,.\,T}\right)^2}{1-\left(\frac{x}{a\,.\,T}\right)^2\cdot\psi^2(0)}$$

Setzen wir der Kürze halber:

$$\frac{y_0}{y}\cdot\left(\frac{H-y}{H-y_0}\right)^2\cdot\frac{1}{1-\psi^2(0)}=m$$

dann ist:

$$\left(\frac{x}{a\,.\,T}\right)^2=\frac{m}{1+m\,.\,\psi^2(0)}$$

somit:

$$x=a\,.\,T\,.\sqrt{\frac{m}{1+m\,.\,\psi^2(0)}}.$$

Substituieren wir den Wert für m zurück, so folgt:

$$x=a\,.\,T\cdot\frac{H-y}{H-y_0}\sqrt{\frac{y_0}{y}}\sqrt{\frac{1}{1-\psi^2(0)+\frac{y_0}{y}\cdot\left(\frac{H-y}{H-y_0}\right)^2\frac{\psi^2(0)}{1-\psi^2(0)}}}$$

oder:

$$x=a\,.\,T\cdot\frac{H-y}{H-y_0}\sqrt{\frac{y_0}{y}}\sqrt{\frac{1}{1+\left[\frac{y_0}{y}\cdot\left(\frac{H-y}{H-y_0}\right)^2\cdot\frac{1}{1-\psi^2(0)}-1\right]\psi^2(0)}}.$$

Wie wir im folgenden Kapitel zeigen werden, übt die im Sinne von $-x$ sich aus dem Speisereservoir fortpflanzende Reaktion auf die Größe des direkten Wasserstoßes eine dämpfende Wirkung aus.

Unter Vernachlässigung von C^2 in der Ausflußgleichung erhält man die Relation (siehe auch frühere Ableitung):

$$\lambda(t) = \frac{a^2}{g} \cdot \psi^2(t)$$

und daraus mit Hilfe von Gleichung (18):

$$18\,\text{bis)} \quad \ldots \quad \psi(t) = \frac{H - \mathfrak{y}}{a} \sqrt{\frac{g}{2 \cdot \mathfrak{y}}} \cdot ^{1)}$$

Diese Beziehung macht es uns uns möglich $\psi(t)$ als Funktion von $\mathfrak{y}$ zu bestimmen, d. h. die in den ersten $\frac{2L}{a}$ Sekunden herrschende Schließgeschwindigkeit des Abschlußorganes anzugeben für den Fall, daß der Druckanstieg einen vorgeschriebenen bestimmten Betrag nicht überschreiten darf.

Es dürfte ferner noch von Interesse sein die Bedingungen zu bestimmen, denen das Schließgesetz des Absperrorganes, d. h. die Funktion $\psi(t)$, genügen muß, damit im Augenblick wo $c = 0$ wird, auch $\frac{dc}{dt} = 0$ ist. Ist diese Bedingung erfüllt, so wird dadurch naturgemäß die Wirkung der hydrodynamischen Erscheinung gemildert, indem ihr der Charakter des Stoßes genommen wird.

Nach den Differentialgleichungen 11) hat die Bedingung $\frac{\partial c}{\partial t} = 0$, als natürliche Folge:

$$\frac{\partial y}{\partial x} = 0$$

[1]) Wir hatten:

$$\mathfrak{y}^2 - 2\,\mathfrak{y}\,(H + \lambda(t)) + H^2 = 0$$

oder:

$$(H - \mathfrak{y})^2 = 2\,\mathfrak{y} \cdot \lambda(t)$$

setzen wir an Stelle von $\lambda(t)$ den bez. Ausdruck, so folgt:

$$(H - \mathfrak{y})^2 = 2\,\mathfrak{y} \cdot \frac{a^2}{g}\,\psi^2(t)$$

somit:

$$\psi^2(t) = \left(\frac{H - \mathfrak{y}}{a}\right)^2 \cdot \frac{g}{2\,\mathfrak{y}}\,.$$

und da für den Querschnitt $x = 0$, die Geschwindigkeit im Augenblicke $t = T + \frac{x}{a}$ den Wert 0 erreicht, so erhält man durch Differenzierung der Gleichung 19) nach x und Einführung der Werte $\frac{\partial y}{\partial x} = 0$ und $t = T + \frac{x}{a}$ die Gleichung:

$$\psi(T) \cdot \psi'(T) = 0.$$ [1]

Da aber $\psi(T)$ nach Definition der Funktion $\psi(t)$ gleich Null ist, wird die obige Gleichung stets befriedigt, solange $\psi'(T)$ einen endlichen Wert hat. Diese Bedingung ist erfüllt für ein lineares Schließgesetz, wie es z. B. in Gleichung 20) dargestellt ist.

Anders wäre es, wenn z. B.:

$$\psi(t) = \psi(0) \cdot \sqrt{1 - \frac{t}{T}}$$

dann ist:

$$\psi'(t) = \psi(0) \frac{-\frac{1}{T}}{2\sqrt{1 - \frac{t}{T}}}$$

und setzen wir $t = T$; dann folgt:

$$\psi'(t) = \infty$$

d. h. die Bedingung $\psi(T) \cdot \psi'(T) = 0$ ist dann nicht mehr erfüllt.

---

[1]) Wir erhalten durch Differenzierung der Gleichung 19) nach x:

$$2 \cdot y \cdot \frac{\partial y}{\partial x} - 2 \cdot H \cdot \frac{\partial y}{\partial x} - 2\, y \cdot \frac{\partial \lambda \left(T - \frac{x}{a}\right)}{\partial x} = 0$$

somit:

$$\frac{\partial \lambda \left(T - \frac{x}{a}\right)}{\partial x} = 0$$

und in dem wir für die Funktion λ den bez. Wert:

$$\lambda\left(T + \frac{x}{a}\right) = \frac{a^2}{g} \cdot \psi^2 \left(T + \frac{x}{a}\right)$$

setzen, erhalten wir:

$$\frac{a^2}{g} \cdot \psi \cdot \left(T + \frac{x}{a}\right) \cdot \psi' \left(T + \frac{x}{a}\right) = 0$$

w. z. b. w.

§ 6. Die lebendige Kraft des Wasserstrahles.

Wenn die Druckhöhe infolge des Wasserstoßes über den Anfangswert y_0 wächst, so ist ohne weiteres klar, daß dann auch die Ausflußgeschwindigkeit über den Wert c_0 steigt. Wir wollen nun untersuchen ob es nicht möglich ist, daß diese Zunahme der Geschwindigkeit die lebendige Kraft des ausfließenden Wassers so stark steigert, daß sie trotz Abnahme der ausfließenden Menge bis zu einem gewissen Punkte eventuell größer wird als früher.

Das Studium dieser Frage ist besonders interessant vom Standpunkt der Turbinenregulierung aus; insbesonders dann, wenn die betreffende Turbine von einer verhältnismäßig langen Rohrleitung gespeist wird.

Die pro Zeiteinheit ausfließende Wassermasse ist gegeben durch:

$$m = \frac{f \, . \, u}{g} \, .$$

Nach früher abgeleiteten Beziehungen ist:

$$f = F \, \psi(t) = R^2 \, . \, \pi \, . \, \psi(t) \, .$$

Somit:

$$m = \frac{R^2 \, . \, \pi \, . \, \psi(t) \, . \, u}{g} \, .$$

In der Zeit dt fließt dann die Masse m . dt . aus. Die lebendige Kraft A dieser Masse ist gegeben durch $\frac{m \, . \, u^2}{2} \cdot dt$.

Es folgt:

$$A = \frac{R^2 \, . \, \pi \, . \, \psi(t) \, . \, u^3 \, . \, dt}{2\,g} = \frac{R^2 \, . \, \pi}{2\,g} \cdot u^3 \, . \, \psi(t) \, . \, dt$$

$$A = \frac{R^2 \, . \, \pi}{2\,g} \cdot u^3 \, . \, \psi(t) \, . \, dt \, .$$

Die lebendige Kraft der ausfließenden Masse ist also proportional mit $u^3 \, . \, \psi(t)$. A wird somit ein Maximum, wenn:

$$\frac{\partial A}{\partial t} = 0$$

ist oder:

$$3 \, . \, u^2 \, . \, \psi(t) \frac{\partial \mu}{\partial t} + u^3 \, . \, \psi'(t) = 0$$

23) . . . . . . $3 \, . \, \psi(t) \frac{\partial u}{\partial t} = - u \, . \, \psi'(t).$

Berücksichtigen wir noch die Ausflußgleichung, so haben wir unter Vernachlässigung von C^2:

$$\underline{u^2 = 2 \,.\, g \,.\, \mathfrak{y}.}$$

Aus Gleichung 16) folgt ferner:

$$y = y_0 + \frac{a \,.\, c_0}{g} - \frac{a \,.\, c}{g}$$

und unter Berücksichtigung von Gleichung 17)

$$\underline{y = H - \frac{a \,.\, c}{g}}$$

Für y und c kann man nun auch $\mathfrak{y}$ und C schreiben. Man bekommt:

$$\underline{\mathfrak{y} = H - \frac{a \,.\, C}{g}.}$$

Nach einer früheren Beziehung ist:

$$C = u \,.\, \psi(t)$$

somit:

$$\underline{\mathfrak{y} = H - \frac{a}{g}\, u \,.\, \psi(t).}$$

Es folgt:

24) . . . $$\mathbf{u^2 = 2\,g\,H - 2 \,.\, a\,u \,.\, \psi(t).}$$

Differenziert man diese Gleichung nach der Zeit, so erhält man:

$$2\,u\,\frac{\partial u}{\partial t} = -2\,a \,.\, u \,.\, \psi'(t) - 2\,a\,\psi(t)\,\frac{\partial u}{\partial t}$$

oder:

25) . . . $$(u + a \,.\, \psi(t))\,\frac{\partial u}{\partial t} = -a \,.\, u \,.\, \psi'(t).$$

Wenn wir dann die Gleichungen 23) und 25) durcheinander dividieren, so erhalten wir:

$$\frac{(u + a \,.\, \psi(t))\,\dfrac{\partial u}{\partial t}}{3 \,.\, \psi(t) \cdot \dfrac{\partial u}{\partial t}} = \frac{a \,.\, u \,.\, \psi'(t)}{u \,.\, \psi'(t)}$$

$$u + a \,.\, \psi(t) = 3 \,.\, a \,.\, \psi(t)$$

26) . . . . $$\underline{u = 2 \,.\, a \,.\, \psi(t).}$$

Setzen wir diesen Wert von u in Gleichung 24) ein, so folgt:

$$u^2 = 2\,g\,H - 4\,.\,a^2\,.\,\psi^2(t)$$

oder:

$$u^2 = 2\,.\,g\,.\,H - u^2$$

27) . . . . . $$u = \sqrt{g\,.\,H}.$$

Es ist also:

$$g\,.\,H = 4\,.\,a^2\,.\,\psi^2(t)$$

27 bis) . . . . . $$\psi(t) = \frac{1}{2\,.\,a}\cdot\sqrt{g\,.\,H}\;.$$

Aus Gleichung 27) kann folgendes geschlossen werden:

Während der Dauer des direkten „Wasserstoßes“ erreicht die lebendige Kraft des austretenden Wasserstrahles in dem Augenblick ein Maximum, in welchem die veränderliche Druckhöhe $\mathfrak{y}$ den Betrag $\frac{H}{2}$ erreicht hat.

Damit dieses Maximum wirklich eintreten kann, muß natürlich:

$$\frac{H}{2} > y_0,$$

d. h.:

$$H > 2\,y_0$$

sein.

Berücksichtigt man Gleichung 17), so kann man obige Bedingung auch in anderer Weise anschreiben.

Es ist:

$$H = y_0 + \frac{a\,.\,c_0}{g}$$

somit:

$$y_0 + \frac{a\,.\,c_0}{g} > 2\,y_0$$

oder:

$$c_0 > \frac{g}{a}\cdot y_0\,.$$

Berücksichtigt man nun die in § 3 abgeleiteten Werte von a, so erkennt man leicht, daß der Wert des Verhältnisses $\frac{g}{a}$ sich zwischen den Werten 0,008 und 0,012 bewegt. Die oben abgeleitete Bedingung für Eintreten eines Kraftmaximums ist also bei Druckleitungen sehr oft erfüllt[1]).

[1]) Die Geschwindigkeit c_0 ist in den meisten Fällen größer als $\frac{y_0}{100}$, solange der Wert von y_0 den Betrag von 500 m nicht wesentlich übersteigt.

Wir wollen nun noch den Beaufschlagungsgrad β bestimmen, für welchen das Maximum der lebendigen Kraft eintritt.

Aus Gleichung 27 bis) folgt:

$$g \cdot H = 4 \cdot a^2 \cdot \psi^2 (t)$$

und aus Gleichung 21) den Wert von a^2 eingesetzt:

$$g \cdot H = \frac{4 \cdot g}{2 y_0} \cdot \frac{(H - y_0)^2}{\psi^2 (0)} \cdot \psi^2 (t),$$

somit:

$$\left\{ \frac{\psi (t)}{\psi (0)} \right\}^2 = \frac{H \cdot y_0}{2 (H - y_0)^2}.$$

Dann ist:

$$\text{28)} \quad \beta = \frac{\psi (t)}{\psi (0)} = \frac{1}{\sqrt{2}} \cdot \frac{\sqrt{H \cdot y_0}}{H - y_0}$$

Das Verhältnis σ zwischen der maximalen und der normalen lebendigen Kraft ist gegeben durch:

$$\sigma = \frac{u^3 \cdot \psi (t)}{u_0{}^3 \cdot \psi (0)} = \left(\frac{u}{u_0} \right)^3 \cdot \frac{\psi (t)}{\psi (0)}$$

und berechnet man u aus Gleichung 27) und u_0 aus der Ausflußgleichung unter Vernachlässigung von c_0, so ergibt sich:

$$\left(\frac{u}{u_0} \right)^3 = \left(\sqrt{\frac{g \cdot H}{2 \cdot g \cdot y_0}} \right)^3 = \frac{H}{2 y_0} \sqrt{\frac{H}{2 y_0}}$$

und unter Berücksichtigung von Gleichung 28):

$$\sigma = \frac{H}{2 y_0} \cdot \sqrt{\frac{H}{2 y_0}} \cdot \frac{1}{\sqrt{2}} \cdot \frac{\sqrt{H \cdot y_0}}{H - y_0}$$

$$\text{29)} \quad \sigma = \frac{H}{4 \cdot y_0} \cdot \frac{H}{H - y_0}.$$

Somit wäre für ein Rohr mit den Daten:

$$y_0 = 100 \text{ m},$$
$$c_0 = 2 \text{ m/sec},$$
$$a = 1000 \text{ m/sec},$$

dann:

$$H = 304{,}100 \text{ m}$$

und nach 28):

$$\beta = \frac{1}{\sqrt{2}} \cdot \frac{\sqrt{304{,}1 \cdot 100}}{304{,}1 - 100} = 0{,}600$$

d. h. die lebendige Kraft des ausfließenden Wassers wächst, bis das Absperrorgan $^4/_{10}$ des normalen Ausflußquerschnittes geschlossen hat.

Nach Gleichung 29) berechnet sich der Maximalwert der lebendigen Kraft zu

$$\sigma = \frac{304{,}100}{4 \cdot 100} \cdot \frac{304{,}100}{304{,}1 - 100} = 1{,}130$$

d. h., die lebendige Kraft wächst um 13 % vom Beginn der Schließbewegung bis zum Punkte, wo $^4/_{10}$ des normalen Querschnittes geschlossen sind.

Eine mit obigen Daten arbeitende Turbine würde also schlechte Regulierverhältnisse aufweisen. (Siehe Fig. 4.)

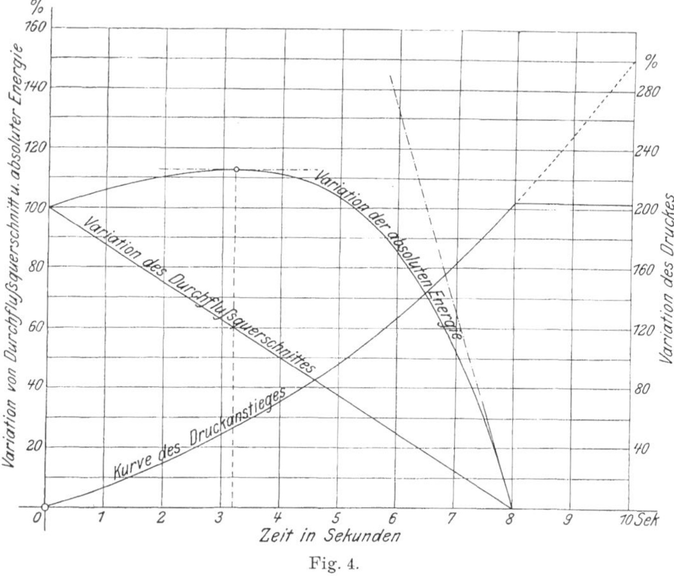

Fig. 4.

In den meisten praktisch vorkommenden Fällen ist aber die Sache wesentlich besser. Denn damit der oben angegebene Wert des Leistungsmaximums wirklich auftreten kann, ist erforderlich, das Absperrorgan so rasch zu schließen, daß das Maximum eintritt, bevor die vom Speisereservoir herkommende Reaktionswelle den Druckanstieg gedämpft hat. Damit also der aus Gleichung 29) zu berechnende Wert des Leistungsmaximums möglich wird, muß die Zeit T_m bis zum Eintreten des Maximums kleiner oder höchstens gleich $\frac{2\,L}{a}$ sein:

$$T_m \leqq \frac{2\,L}{a}$$

d. h. für eine Leitung von 400 bis 500 m Länge muß $T_m \leqq 1$ Sekunde sein.

Für die Regulierung der Turbinen ist es nun noch wichtig, das Gesetz zu kennen, nach welchem sich die lebendige Kraft des Wasserstrahles im ersten Augenblick ($t = 0$) des Schließens ändert.

Wir erhalten aus Gleichung 29):

$$\sigma' = \frac{\partial}{\partial t}\left\{\frac{u^3 . \psi(t)}{u_0^3 . \psi(0)}\right\}_{t=0}$$

$$\sigma' = \frac{1}{u_0^3 . \psi(0)} \cdot \left\{u^3 . \psi'(t) + 3 . u^2 . \psi(t)\frac{\partial u}{\partial t}\right\}$$

aus Gleichung 25 folgt:

$$\frac{\partial u}{\partial t} = -\frac{a . u . \psi'(t)}{u + a . \psi(t)},$$

somit:

$$\sigma' = \frac{1}{u_0^2 . \psi(0)}\left\{u^3 . \psi'(t) - \frac{3 . a . u^3 . \psi'(t) . \psi(t)}{u + a . \psi(t)}\right\}$$

$$\sigma' = \frac{u^3 . \psi'(t)}{u_0^3 . \psi(0)} \cdot \left\{1 - \frac{3 . a . \psi(t)}{u + a . \psi(t)}\right\}$$

wir bringen auf gemeinsamen Nenner und ziehen zusammen:

$$\sigma' = \frac{u^3 . \psi'(t)}{u_0^3 . \psi(0)} \cdot \left\{\frac{u - 2 . a . \psi(t)}{u + a . \psi(t)}\right\}$$

da für $t = 0$ $u = u_0$ ist, so folgt:

$$\sigma' = \frac{\psi'(0)}{\psi(0)} \cdot \frac{u_0 - 2 . a . \psi(0)}{u_0 + a . \psi(0)}$$

und unter Berücksichtigung der Gleichung 17):

$$H = y_0 + \frac{a . c_0}{g}$$

d. h.:

$$a . c_0 = (H - y_0) . g$$

sowie der Beziehungen:

$$u_0^2 = 2\, g\, y_0 \text{ und } c_0 = u_0 . \psi(0)$$

folgt:

$$\sigma' = \frac{\psi'(0)}{\psi(0)} \cdot \frac{u_0^2 - 2 . a . u_0 . \psi(0)}{u_0^2 + a . u_0 . \psi(0)}$$

$$= \frac{\psi'(0)}{\psi(0)} \cdot \frac{2\, g\, y_0 - 2 . a . c_0}{2\, g\, y_0 + a . c_0}$$

$$= \frac{\psi'(0)}{\psi(0)} \cdot \frac{2\, g\, y_0 - 2\, g\,(H - y_0)}{2\, g\, y_0 + g\,(H - y_0)}$$

und schließlich:

30) . . . $$\sigma' = -2\,\frac{\psi'(0)}{\psi(0)} \cdot \frac{H - 2 . y_0}{H + y_0}.$$

Das negative Zeichen kommt von dem für eine Schließbewegung negativen Wert von $\psi'(0)$,

Für lineares Schließgesetz (Gleichung 20) erhält man:

$$\frac{\psi'(0)}{\psi(0)} = -\frac{1}{T}.$$

Aus dieser Gleichung läßt sich dann bei gegebener Schließzeit T der Wert von $\psi'(0)$ berechnen und mit Hilfe von Gleichung 30) erhalten wir σ', welches hinwiederum zur Bestimmung der Änderung der lebendigen Kraft bei kleinern Bewegungen des Abschlußorganes dienen kann.

Für das umstehend angegebene numerische Beispiel würde sich ergeben:

$$\sigma' = \frac{2}{T} \cdot \frac{304,1 - 200}{304,1 + 100} = \frac{208,2}{404,1} \cdot \frac{1}{T} = \frac{0,51}{T}.$$

Die Erscheinung der Zunahme der lebendigen Kraft beim Abschließen einer Leitung wird bis heute gar nicht oder dann viel zu wenig gewürdigt, indem stets noch bei der Berechnung der Regulierungen von der willkürlichen und vollständig unbegründeten Annahme ausgegangen wird, daß die die Ausflußgeschwindigkeit u erzeugende Druckhöhe $\mathfrak{h}$ während der Dauer der Bewegung des Abschließorganes konstant bleibe.

III. Kapitel.

Stofs und Gegenstofs in einem Rohr von gegebener Länge L.

§ 7. Der Gegenstoß.

Die im vorigen Kapitel für ein ∞ langes Rohr abgeleiteten Resultate und Formeln gelten auch für ein Rohr von beliebiger gegebener endlicher Länge L für die Phase, innerhalb welcher sich der variable Überdruck im Sinne von + x fortpflanzt, ohne durch die vom Speisereservoir herkommende Reaktionswirkung gestört zu werden.

Wir wollen nun zum Studium dieser 2. Erscheinung (der Reaktionswirkung), welche durch die erste, d. h. durch den direkten Wasserstoß, bedingt wird, übergehen.

Um eine einfache Grundlage zu erhalten nehmen wir an, das horizontal liegende Leitungsrohr von der Länge L werde durch ein Reservoir mit konstantem Druck y_0 gespeist, wobei wir noch voraussetzen, daß die Bewegungsverhältnisse im Reservoir von der in der Rohrleitung auftretenden hydrodynamischen Störung in keiner Weise beeinflußt werden.

Es gelten dann wiederum (wie bereits in § 4 bemerkt) die Gleichungen 12) des direkten Wasserstoßes, doch nur bis zu dem Augenblick, wo $t = \frac{L}{a}$ ist. Von dieser Zeit an, d. h. für $t > \frac{L}{a}$ gelten die Gleichungen 12) nicht mehr, denn sie sind unter der Voraussetzung abgeleitet worden, der Druck im Einmündungsquerschnitt sei y_0[1]), während nach Gleichungen 12) dieser Druck dann gleich der variablen Druckhöhe y ist.

Wenn wir die im Einmündungsquerschnitt vorhandene Geschwindigkeitshöhe gegenüber y_0 vernachlässigen, so erhalten wir als Grenzbedingung:

Für

$$T > \frac{L}{a}$$

und

$$x = L$$

ist stets

$$y = y_0$$

d. h. konstant.

Die Gleichungen 12) sind dann nicht mehr der Ausdruck der hydrodynamischen Erscheinungen.

Der Einfluß der Grenzbedingungen macht sich aber nur allmählich, im Sinne von $-x$ fortschreitend, d. h. von der Einmündung ausgehend, bemerkbar.

Um die Sache näher zu verfolgen nehmen wir an, in Fig. 5 sei $P\,P_0$ die Druckverlauflinie im Augenblick, wo $t = \frac{L}{a}$ ist. Denken wir uns nun das Rohr O S über S hinaus verlängert, so würde für den folgenden Augenblick $t + \partial t$ die Drucklinie etwa nach $P'\,P_0'$ verlaufen. Das Vorhandensein des Reservoirs bedingt nun aber, daß alle Drucklinien durch den Punkt P_0 gehen müssen, und somit muß auch die neue Drucklinie sich dementsprechend gestalten, und wird sie etwa die in Fig. 5 angegebene Form annehmen.

Das Gesetz der hydrodynamischen Reaktionswirkung läßt sich dann etwa in folgender Weise aussprechen:

---

[1]) Wobei noch, genau genommen, die in dem betr. Querschnitt vorhandene Geschwindigkeitshöhe zu subtrahieren ist.

P'
P
P_0'
P_0
y_0
O
S
x
L − x
L

Fig. 5.

Absperrorgan
Reservoir
Druckfortpflanzungskurve
$t = \frac{L}{a}$
Rohrachse
L = Leitungslänge
$\frac{2L}{a} > t > \frac{L}{a}$
$Y - y_0$ = Druckanstieg
$t = \frac{2L}{a}$
$t > \frac{2L}{a}$

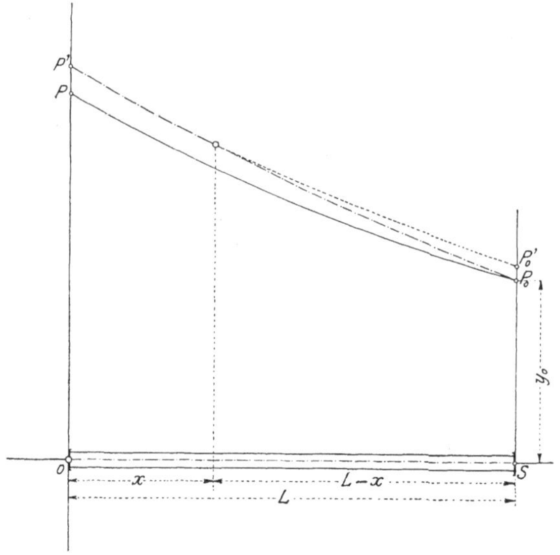

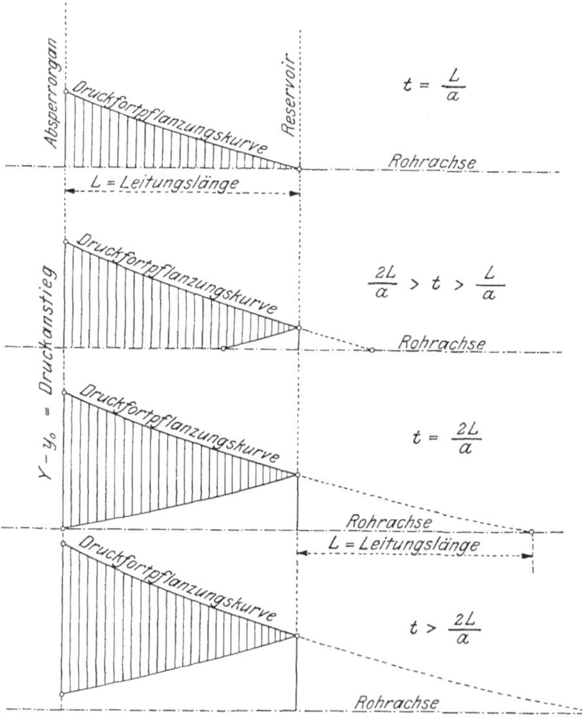

Fig. 5a.

Im Schnitte $x = L$ ruft jede vom direkten Wasserstoß herrührende Druckvariation ∂y eine gleichgroße, aber entgegengesetzt gerichtete Variation $-\partial y$ hervor welche sich vom Reservoir S aus mit der Geschwindigkeit a im Sinne von $-x$ fortpflanzt.

Diese aufeinanderfolgenden Variationen $-\partial y$ halten im Schnitte $x = L$ den Druck konstant auf der Höhe y_0 und indem sich diese Variationen längs des Rohres fortpflanzen, stören sie nach und nach den hydrodynamischen Zustand der sich im Rohre bewegenden Flüssigkeit.

Der Reaktionsstoß wird einen beliebigen Schnitt mit der Abszisse x in der Zeit $t = \frac{L-x}{a}$ erreichen, von $t = \frac{L}{a}$ an gerechnet, und in einer Zeit:

$$t = \frac{L-x}{a} + \frac{L}{a} = \frac{2L-x}{a}$$

von $t = 0$ an gerechnet, d. h. von dem Augenblick an, wo die Bewegung des Absperrorganes beginnt.

Von dem Zeitpunkt $t = \frac{2L-x}{a}$ an gelten also für einen Schnitt mit der Abszisse x die Gleichungen 12) nicht mehr, d. h. sie sind nicht mehr der gesetzmäßige Ausdruck der auftretenden Erscheinung.

Die hydrodynamische Störung wird von diesem Augenblick an durch die allgemeinen Gleichungen 14) ausgedrückt, von welchen wir nachgewiesen haben, daß sie die Koexistenz zweier sich in entgegengesetztem Sinne fortpflanzender Systeme veränderlicher Drücke darstellen.

Wir hatten:

$$10) \quad \ldots\ldots \quad \begin{cases} y = y_0 + F - f \\ c = c_0 - \frac{g}{a}(F + f) \end{cases}$$

wobei die unbekannten Funktionen F und f aus den Grenzbedingungen bestimmt werden müssen, d. h. den Bedingungen, denen der Durchfluß in den beiden Endquerschnitten unterworfen ist.

§ 8. Grenzbedingung konstanten Druckes in der Einmündung.

Wenn wir die Bedingung stellen, daß zu jeder beliebigen Zeit t für die Abszisse $x = L$, d. h. für den Einmündungsquerschnitt, der Druck $y = y_0$, d. h. konstant sein soll, so folgt aus der ersten Gleichung des Systems 10):

$$F = f,$$

oder mit den bezüglichen Variablen ($x = L$ gesetzt):

$$31) \quad \ldots\ldots \quad F\left(t - \frac{L}{a}\right) = f\left(t + \frac{L}{a}\right).$$

Diese Beziehung zwischen den beiden Funktionen F und f für sich unter dem Funktionszeichen befindende veränderliche Größen, läßt sich natürlich auch für einen beliebigen Schnitt mit der Abszisse x und der Zeit t' anwenden, sofern t' den Bedingungen:

$$32) \quad \ldots \quad \left\{ \begin{array}{l} t + \frac{L}{a} = t' + \frac{x}{a} \\ \text{oder} \\ t - \frac{L}{a} = t' + \frac{x}{a} - \frac{2L}{a} \end{array} \right.$$

genügt.

Aus obigen Gleichungen folgt dann:

$$t' = \frac{L - x}{a} + t.$$

Da nun Gleichung 31) vom Augenblicke an gültig ist, wo der Reaktionsstoß das Reservoir erreicht, d. h. für $t > \frac{L}{a}$, so reduziert sich die Grenzbedingung, welcher t' Genüge leisten muß, zu

$$t' \geqq \frac{L - x}{a} + \frac{L}{a}$$

oder:

$$t' \geqq \frac{2L - x}{a}.$$

Dies ist in Wirklichkeit ein unterer Grenzwert von t' (siehe vorigen Paragraphen), d. h. $t = t'$ entspricht der Zeit, in welcher der Reaktionsstoß den Querschnitt x erreicht, und von welchem Augenblicke an die Gleichungen 14) für die in dem betreffenden Querschnitt auftretenden hydrodynamischen Erscheinungen gültig werden.

Unter Berücksichtigung der Gleichungen 32) läßt sich dann Gleichung 31) in folgender Form schreiben:

$$33) \quad \ldots \quad f\left(t + \frac{x}{a}\right) = F\left(t + \frac{x}{a} - \frac{2L}{a}\right)$$

wobei der Index ' weggelassen werden konnte, da nun keine Gefahr der Verwechslung mehr vorliegt.

Gleichung 33) liefert uns eine charakteristische Beziehung für die Phase des Reaktionsstoßes.

Um die Bedeutung der Gleichung 33) genau studieren zu können, schreiben wir sie in der vereinfachten Form:

$$f\left(t+\frac{x}{a}\right)=F\left(\varphi-\frac{x}{a}\right)$$

wo:

$$\varphi=t-2\cdot\frac{L-x}{a}.$$

Nun bezeichnet aber nach Gleichung 12'):

$$F\left(\varphi-\frac{x}{a}\right)$$

den Überdruck des direkten Wasserstoßes für die Zeit φ, d. h. in einem Augenblick, welcher der betrachteten Zeit um das Intervall $\frac{2(L-x)}{a}$ vorangeht, oder, anders ausgedrückt, die Funktion f (Reaktionsstoß) besitzt in jedem beliebigen Querschnitt zu einer bestimmten Zeit denselben Wert, welchen die Funktion F (direkter Wasserstoß) daselbst $\frac{2(L-x)}{a}$ Sekunden früher hatte.

Das Intervall $\frac{2(L-x)}{a}$ stellt uns nun aber genau die Zeit dar, welche eine vom Querschnitt x ausgehende Druckvariation braucht, um zum Reservoir und von diesem wieder zurück (zu dem betreffenden Querschnitt) zu gelangen, die Stecke $L-x$ mit der Geschwindigkeit a somit zweimal zurücklegend.

Das Vorstehende läßt sich physikalisch folgendermaßen interpretieren:

Die sich im Sinne von $+x$ fortpflanzende Druckwelle des direkten Wasserstoßes wird durch die im Sinne von $-x$ vom Reservoir herkommende Reaktionswelle zurückgeworfen, wobei die Ordinaten der direkten Drucklinie um die Ordinaten der zurückgeworfenen Drucklinie zu vermindern sind.

Unter Berücksichtigung von Gleichung 33) läßt sich dann Gleichung 14) in folgender Form schreiben:

$$34)\quad \left\{\begin{aligned} y&=y_0+F\left(t-\frac{x}{a}\right)-F\left(\varphi-\frac{x}{a}\right)\\ c&=c_0-\frac{g}{a}\left\{F\left(t-\frac{x}{a}\right)+F\left(\varphi-\frac{x}{a}\right)\right\}\end{aligned}\right.$$

in welchen als einzige unbekannte Funktion F mit denjenigen Werten erscheint, welche sie im nämlichen Querschnitt in den Zeiten t und φ besitzt, wobei die Zeiten t und φ um das Intervall $2\frac{L-x}{a}$ voneinander differieren.

$$\left[t - \varphi = 2\frac{L-x}{a}\right].$$

Für den Eintrittsquerschnitt, d. h. für $x = L$, erhält man aus obigen Gleichungen:

$$34\text{ bis}) \quad . \quad . \quad y = y_0 \quad \text{und} \quad c = c_0 - \frac{2g}{a} F\left(t - \frac{L}{a}\right).$$

Es sei hier nochmals bemerkt, daß alle diese Gleichungen unter der Voraussetzung abgeleitet worden sind, daß die im Einmündungsquerschnitt vorhandene Geschwindigkeitshöhe $\frac{c^2}{2g}$ gegenüber der in demselben Querschnitt vorhandenen Druckhöhe y_0 vernachlässigt werden dürfe.

Die Gleichungen 34) werden praktisch verwendbar, wenn wir für eine Reihe von verschiedenen Werten der Veränderlichen t, d. h. für $t = t_1, t_2, t_3 \ldots . t_n$, die sich ergebenden Werte der Funktion F kennen, mit deren Hilfe wir dann leicht die Größen von y und c für jeden beliebigen Querschnitt und zu jeder beliebigen Zeit berechnen können.

Sind x und t gegeben, so genügt es, aus der Reihe t_1, t_2, t_3 bis t_n zwei Werte t_i und t_j zu wählen, welche der Bedingung

$$t_i = t - \frac{x}{a}$$

und

$$t_j = \varphi - \frac{x}{a}$$

genügen müssen, um die entsprechenden Werte von F, d. h. von $F(t_i)$ und $F(t_j)$ in Gleichung 34) einführen zu können.

Nun lassen sich die Werte von F(t) für die Phase $0 < t < \frac{2L}{a}$ mit Hilfe der Gleichung 18) und auf Grund der Ausführungen des vorigen Kapitels bestimmen. Für $t > \frac{2L}{a}$ ist, wie in folgenden Paragraphen gezeigt werden wird, diese Bestimmung ebenfalls durchführbar und zwar auf analogem Wege und durch eine ähnliche Gleichung wie Gleichung 18).

§ 9. Grenzbedingungen im Austrittsquerschnitt.

Setzt man in Gleichung 34) $x = 0$, so ergibt sich für den Endquerschnitt beim Absperrorgan:

$$\mathfrak{y} = y = y_0 + F(t) - F(\Phi)$$

$$C = c = c_0 - \frac{g}{a}\left\{F(t) + F(\Phi)\right\}$$

und durch Einführung der Substitution für Φ:

$$35) \quad \ldots \quad \begin{cases} \mathfrak{y} = y_0 + F(t) - F\left(t - \frac{2 \cdot L}{a}\right) \\ C = c_0 - \frac{g}{a}\left\{F(t) + F\left(t - \frac{2\,L}{a}\right)\right\} \end{cases}$$

welche Formeln von der Zeit $t = \frac{2\,L}{a}$ an anwendbar sind.

Es ist auch ohne weiteres einzusehen, daß die bei Anwendung von Gleichung 35) im Zeitraum

$$\frac{2\,L}{a} < t < \frac{4\,L}{a}$$

in Betracht kommenden Werte der Funktion

$$F\left(t - \frac{2\,L}{a}\right)$$

nichts anderes sind, als die für die vorhergehende Periode

$$0 < t < \frac{2\,L}{a}$$

gültigen Werte der Funktion $F(t)$, welche sich mit Hilfe der Gleichungen des § 5 bestimmen lassen.

Die einzige Unbekannte im Gleichungssystem 35) ist somit $F(t)$, welche Funktion sich aber durch dieselbe Methode (wie oben) vermittelst der Ausflußbedingung bestimmen läßt.

Für die folgenden Perioden

$$\frac{4\,L}{a} < t < \frac{6\,L}{a}$$

usf. bis

$$\frac{n \cdot L}{a} < t < \frac{(n+2)\,L}{a}$$

d. h. für die ganze Dauer der Erscheinung läßt sich auf Grund des oben angegebenen Verfahrens soweit es angemessen erscheint, die Untersuchung durchführen[1]).

I. Schließen des Absperrorganes.

Für die Dauer des Schließens würde die nach den in § 5 entwickelten Methoden umtransformierte Ausflußgleichung unter Einsetzen der in Formeln 35) für $\mathfrak{y}$ und C berechneten Werte eine Gleichung 2. Grades zur Bestimmung von F (t) ergeben. Diese Art der Lösung führt aber auf verwickelte Gleichungen, und es ist deshalb vorteilhafter $\mathfrak{y}$ als Unbekannte zu wählen.

Wenn man in der Ausflußgleichung C^2 vernachlässigt, was, wie bereits früher erwähnt, in den meisten Fällen zulässig ist, und wenn man für das bekannte Glied

$$F\left(t - \frac{2\,L}{a}\right) = f$$

setzt, so erhält man:

$$1) \quad \ldots\ldots\ldots \quad u^2 = 2\,.\,g\,.\,\mathfrak{y}$$

und die für einen beliebigen Zeitraum

$$\frac{n\,.\,L}{a} < t < \frac{(n+2)\,L}{a}$$

geltende Bestimmungsgleichung für $\mathfrak{y}$ erhält die Form[2]):

$$36) \quad . \quad \mathfrak{y}^2 - 2\,\mathfrak{y}\left(H - 2\,f + \frac{a^2\,.\,\psi^2\,(t)}{g}\right) + (H - 2\,f)^2 = 0$$

[1]) Wie wir später sehen werden, ergeben die Gleichungen für die Erscheinung der veränderlichen Bewegung eine ∞ lange Dauer derselben, da sie bei Annahme teilweisen Schließens ein asymptotisches Annähern an den neuen Beharrungszustand und bei totalem Schließen eine Pendelung resp. Schwingung ergeben. In letzterem Falle werden die Pendelungen durch den Einfluß der Widerstände gedämpft, so daß wir als Resultat gedämpfte Schwingungen erhalten.

[2]) Aus Gleichung 35) folgt:

$$\left.\begin{aligned} \mathfrak{y} &= y_0 + F\,(t) - f \\ \frac{a}{g}\,C &= \frac{a}{g}\,c_0 - F\,(t) - f \end{aligned}\right|$$

daraus durch Addition:

$$\mathfrak{y} + \frac{a}{g}\,C = y_0 + \frac{a}{g}\,c_0 - 2\,f$$

welche Gleichung sich von der in § 5 abgeleiteten Gleichung 18) nur dadurch unterscheidet, daß an Stelle von H in Gleichung 18) $H - 2f$ in Gleichung 36) steht.

Auf Grund der Gleichung 36) kann man in jedem beliebigen Augenblick den Druck $\mathfrak{y}$ berechnen der zu der angenommenen Zeit im Abschlußquerschnitt vorhanden ist; d. h., es ist uns möglich, die Kurve des Druckverlaufes in Funktion der Zeit zu konstruieren.

II. Stillstehen des Absperrorganes.

Angenommen, das Absperrorgan halte zur Zeit $t = t_1$ in seiner Schließbewegung inne und lasse also einen Teil des Durchflußquerschnittes offen. Wir haben somit von diesem Zeitpunkt $t = t_1$ an in Gleichung 36):

$$\psi(t) = \psi(t_1) = \text{konstant.}$$

Es ist nun ohne weiteres einleuchtend, daß in der auf das Stillstehen des Abschlußorganes folgenden Periode, die Druckhöhe $\mathfrak{y}$ sich allmählich der Druckhöhe y_0 des Beharrungszustandes nähern wird. Das Veränderlichkeitsgesetz von $\mathfrak{y}$ ist jedenfalls nur abhängig von den Werten, welche die Funktion $F(t)$ in der Periode von $\frac{2L}{a}$ Sekunden vor dem Stillstehen des Abschlußorganes gehabt hat.

---

und dann nach Gleichung 17):

$$1) \quad \ldots\ldots \quad \mathfrak{y} + \frac{a}{g} C = H - 2f.$$

Wenn man dann in der Ausflußgleichung für $u = \frac{C}{\psi(t)}$ setzt, so erhält man:

$$2) \quad \ldots\ldots\ldots \quad 2g\mathfrak{y} = \frac{C^2}{\psi^2(t)}$$

und wenn man aus Gleichung 1) C berechnet:

$$C = \frac{g}{a}(H - 2f - \mathfrak{y})$$

somit:

$$2g\mathfrak{y} = \frac{g^2}{a^2 \cdot \psi^2(t)}(H - 2f - \mathfrak{y})^2$$

woraus sich dann Gleichung 36) ableiten läßt.

Wenn wir Gleichung 36) nach t differenzieren und dabei $\mathfrak{y}$ und f als Funktionen von t betrachten, hingegen $\psi(t) = \psi(t_1) =$ konstant annehmen, so folgt:

$$\alpha) \quad \dots\dots \quad \frac{\partial \mathfrak{y}}{\partial t} = \frac{-2 \, . \, u}{a \, . \, \psi(t_1) + u} \cdot \frac{\partial f}{\partial t} \, .$$ [1])

Dann ergibt sich nach Gleichung 14):

$$\beta) \quad \dots\dots \quad \frac{\partial F}{\partial t} = \frac{a \, . \, \psi(t_1) - u}{a \, . \, \psi(t_1) + u} \cdot \frac{\partial f}{\partial t} \, .$$

Zu dieser Gleichung gelangt man durch Anwendung von Gleichung 14) auf den Absperrquerschnitt.

Es war

$$y = y_0 + F - f,$$

somit:

$$\mathfrak{y} = y_0 + F - f.$$

$$\frac{\partial \mathfrak{y}}{\partial t} = \frac{\partial F}{\partial t} - \frac{\partial f}{\partial t}$$

und unter Berücksichtigung von Gleichung α) erhält man:

$$\frac{\partial F}{\partial t} - \frac{\partial f}{\partial t} = \frac{-2 u}{a \, . \, \psi(t_1) + u} \cdot \frac{\partial f}{\partial t} \, ,$$

woraus sich dann Gleichung β) ableiten läßt.

---

[1]) Man erhält durch Differenzieren:

$$2 \mathfrak{y} \frac{\partial \mathfrak{y}}{\partial t} - 2 \left[-2 \mathfrak{y} \cdot \frac{\partial f}{\partial t} + \left(H - 2 f + \frac{a^2 \, . \, \psi^2(t_1)}{g} \right) \frac{\partial \mathfrak{y}}{\partial t} \right] = 4 (H - 2 f) \frac{\partial f}{\partial t}$$

$$\frac{\partial \mathfrak{y}}{\partial t} \left[\mathfrak{y} - \left(H - 2 f + \frac{a^2 \, . \, \psi^2(z_1)}{g} \right) \right] = (2 (H - 2 f) - 2 \mathfrak{y}) \frac{\partial f}{\partial t}$$

$$\frac{\partial \mathfrak{y}}{\partial t} = \frac{-2 (\mathfrak{y} - (H - 2 f))}{\mathfrak{y} - (H - 2 f) - \dfrac{a^2 \, . \, \psi^2(t_1)}{g}} \cdot \frac{\partial f}{\partial t} \, .$$

Nach früheren Ableitungen ist:

$$H - 2 f = \mathfrak{y} + \frac{a}{g} C$$

somit:

$$\frac{\partial \mathfrak{y}}{\partial t} = \frac{+2 \cdot \dfrac{a}{g} C}{-\dfrac{a}{g} C - \dfrac{a^2 \, . \, \psi^2(t_1)}{g}} \cdot \frac{\partial f}{\partial t} = \frac{-2 C}{C + a^2 \, . \, \psi^2(t_1)} \cdot \frac{\partial f}{\partial t}$$

da nun ebenfalls $C = u \, \psi(t_1)$, d. h. $u = \dfrac{C}{\psi(t_1)}$, so folgt durch Substitution:

$$\frac{\partial t}{\partial f} \cdot \frac{\partial \mathfrak{y}}{\partial t} = \frac{-2 \, . \, u \, . \, \psi(t_1)}{u \, . \, \psi(t_1) + a^2 \, \psi^2(t_1)} = \frac{-2 u}{a \, . \, \psi(t_1) + u} \, .$$

Die beiden Gleichungen α) und β) ermöglichen es uns, die allgemeinen Gesetze der hydrodynamischen Erscheinung zu analysieren.

Da $a \,.\, \psi(t_1)$ eine positive konstante und u eine veränderliche aber stets positive Größe ist, so folgt aus Gleichungen α) und β):

1. $\frac{\partial \mathfrak{y}}{\partial t}$ hat stets das entgegengesetzte Vorzeichen von $\frac{\partial f}{\partial t}$, was bedeutet, daß $\mathfrak{y}$ stets in entgegengesetztem Sinne von f, d. h. von

$$F\left(t - \frac{2\,L}{a}\right)$$

variiert.

2. $\frac{\partial F}{\partial t}$ ist stets kleiner als $\frac{\partial f}{\partial t}$, d. h. der Unterschied F — f von F und f nimmt fortwährend ab.

Unter Berücksichtigung von Gleichung 10) kann man auch sagen, die Variation von $\mathfrak{y}$ mit der Zeit t im konstanten Intervall $\frac{2\,L}{a}$ ist eine stetige Abnahme von $\mathfrak{y}$ bis zum Werte y_0 des Beharrungszustandes. (Im Falle des negativen Wasserstoßes hat man eine Zunahme von $\mathfrak{y}$ bis zum Werte y_0.)

In den Intervallen kann jedoch die Druckhöhe $\mathfrak{y}$ rhythmische Oszillationen von abnehmender Amplitude aufweisen. Diese Oszillationen, deren Periode $\frac{4\,L}{a}$ ist, bewirken ein sich Nähern und Entfernen der Druckhöhe $\mathfrak{y}$ vom Werte y_0.

Damit nach einem positiven Stoß eine erste Oszillation auftritt, muß für $t = t_1 + \frac{2\,L}{a}$, $\mathfrak{y} < y_0$ sein, welche Bedingung sich nach unsern Formeln auch in der Form

$$a \,.\, \psi(t_1) < \frac{u_0 + u_1}{2}$$

anschreiben läßt.

Ist diese Bedingung erfüllt, so erreicht die Druckhöhe $\mathfrak{y}$ in einer gewissen Zeit nach dem Stillstehen des Absperrorganes den Wert y_0 und sinkt nachher unter diesen Wert.

Es läßt sich auch leicht beweisen, daß, wenn die Druckhöhe $\mathfrak{y}$ den Wert y_0 in der Zeit t erreicht, dasselbe ebenfalls eintritt für die Zeiten:

$$t + \frac{2\,L}{a};\; t + \frac{4\,L}{a};\; t + \frac{6\,L}{a} \text{ usf.}$$

Denn wenn für den Zeitpunkt t, $\mathfrak{y} = y_0$ ist, so folgt aus Gleichung 35):

$$F(t) = F\left(t - \frac{2\,L}{a}\right)$$

d. h.:

$$\underline{F = f.}$$

Unter der Annahme eines stillstehenden Absperrorganes wird also der Funktionswert von F für den Zeitpunkt t gleich dem Funktionswert von F für den Zeitpunkt $t - \frac{2L}{a}$. Setzt man nun für t $t + \frac{2L}{a}$, so folgt, daß dann Gleichung 35) ebenfalls durch den Wert $\mathfrak{y} = y_0$ befriedigt wird.

Das gleiche ergibt sich, wenn man für t $t + \frac{4L}{a}$, $t + \frac{6L}{a}$ usf. setzt; woraus die Richtigkeit des vorstehend angegebenen Satzes folgt.

Unter der Annahme eines positiven Wasserstoßes $[u_t > u_0]$ kann man somit die zwei Fälle nach welchen der Druck $\mathfrak{y}$ nach dem Stillstehen des Abschlußorganes variieren kann, in folgender Weise zusammenfassen.

1. . . . . $a \cdot \psi(t_1) < \frac{u_0 + u_1}{2}$.

Die Druckhöhe $\mathfrak{y}$ nähert sich nach einer unendlichen Anzahl gedämpfter Oszillationen asymptotisch dem Werte y_0.

2. . . . . $a \cdot \psi(t_1) > \frac{u_0 + u_1}{2}$.

Die Druckhöhe $\mathfrak{y}$ nähert sich ohne Oszillationen asymptotisch dem Werte y_0.

III. Geschlossenes Absperrorgan. ($t \gtreqless T$).

Im Momente $t = T$ wo der vollständige Abschluß erfolgt, ist $a \cdot \psi(T) = 0$ und Gleichung 36) reduziert sich zu:

$$\mathfrak{y}^2 - 2\,\mathfrak{y}\,(H - 2f) + (H - 2f)^2 = 0$$

oder:

37) . . . . $\underline{\mathfrak{y} = H - 2f.}$

Es ist nun leicht zu beweisen, daß diese Gleichung für jede Zeit $t > T$ gültig ist, solange das Absperrorgan geschlossen bleibt; denn Gleichung 37) folgt unmittelbar aus Gleichung 35) für den Fall $C = 0$. Es war:

$$\mathfrak{y} = y_0 + F(t) - F\left(t - \frac{2L}{a}\right)$$

$$\frac{a}{g}\,C = \frac{a}{g}\,c_0 - F(t) - F\left(t - \frac{2L}{a}\right).$$

Durch Addition, mit $C = 0$ gesetzt, folgt:

$$\mathfrak{y} = y_0 + \frac{a}{g}\,c_0 - 2F\left(t - \frac{2L}{a}\right)$$

und mit den gewählten Abkürzungen:

$$\mathfrak{y} = H - 2f$$

w. z. b. w.

Die hydrodynamische Erscheinung zeigt dann eine Phase oszillatorischer Bewegungen, wie auch aus der 2. Gleichung des Systems 35) für C = 0 folgt:

$$37\text{ bis})\quad .\quad F(t) + F\left(t - \frac{2L}{a}\right) = \frac{a \cdot c_0}{g} = H - y_0.$$

Aus dieser Gleichung können wir entnehmen, daß die Summe der Funktionswerte der Funktion F für zwei um den Betrag $\frac{2L}{a}$ differierende Argumente konstant ist. Die durch Gleichung 37 bis) charakterisierte Funktion F muß also eine periodische Funktion sein und nach dem Intervall $t = \frac{4L}{a}$ wieder dieselben Werte annehmen.

Aus der 1. Gleichung des Systems 35) folgt dann, daß auch die Druckhöhe $\mathfrak{y}$ eine Funktion gleicher Art sein muß, d. h. sie hat von der Zeit t = T an einen oszillierenden Charakter, wobei der Druck $\mathfrak{y}$ ab- und zunimmt. Dementsprechend fließt das Wasser im Rohre ein und aus mit einer rhythmisch pulsierenden Bewegung von der Periode $\frac{4L}{a}$.

Bezeichnet man mit $\mathfrak{y}_1$ und f_1 die Werte von $\mathfrak{y}$ und f im Momente des Abschließens, so daß:

$$\begin{cases} f_1 = F\left(T - \frac{2L}{a}\right) \text{ und} \\ \mathfrak{y}_1 = H - 2f_1 \end{cases}$$

so bekommt man nach 37 bis)

$$F\left(T - \frac{2L}{a}\right) = F\left(T + \frac{2L}{a}\right) = F\left(T + \frac{6L}{a}\right) = \ldots = f_1$$

$$F(T) = F\left(T + \frac{4L}{a}\right) = F\left(T + \frac{8L}{a}\right) = \ldots = H - y_0 - f_1$$

und es ergeben sich für $\mathfrak{y}$ folgende Werte für:

$$t = T \qquad \mathfrak{y} = +\mathfrak{y}_1$$

$$t = T + \frac{2L}{a} \qquad \mathfrak{y} = -\mathfrak{y}_1 + 2y_0 \text{ [1])}$$

---

[1]) Es war:

$$\mathfrak{y} = y_0 + F(t) - F\left(t - \frac{2L}{a}\right).$$

Setzen wir

$$t = T + \frac{2L}{a}$$

$$t = T + \frac{4L}{a} \qquad \mathfrak{y} = +\mathfrak{y}_1$$

$$t = T + \frac{6L}{a} \qquad \mathfrak{y} = -\mathfrak{y}_1 + 2y_0$$

$$t = T + \frac{8L}{a} \qquad \mathfrak{y} = +\mathfrak{y}_1$$

usf. usf.

Der Druck $\mathfrak{y}$ beim Absperrorgan schwankt somit vom Zeitpunkt $t = T$ an zwischen den Werten $\mathfrak{y}_1$ und $2y_0 - \mathfrak{y}_1$. Es läßt sich nun leicht nachweisen, daß die obigen Werte Maximal- und Minimalgrenzwerte von $\mathfrak{y}$ in der Oszillationsperiode sind, und gilt dies ganz allgemein, sofern das Abschließen in den letzten $\frac{2L}{a}$ Sekunden allmählich und ohne Wiederöffnen erfolgt.

Da durch das Schließen tatsächlich ein positiver Wasserstoß, d. h. ein Druckanstieg, hervorgerufen wird, so muß jedenfalls $\mathfrak{y}_1 > y_0$ sein.

Aus Gleichung 35) folgt:

$$\mathfrak{y}_1 = y_0 + F(T) - F\left(T - \frac{2L}{a}\right).$$

Daraus ergibt sich nach obigem:

$$\underline{F(T) > F\left(T - \frac{2L}{a}\right)}$$

und folgt somit, daß unter der Annahme allmählichen Schließens die Funktion $F(t)$ von $t = T - \frac{2L}{a}$ an, bis $t = T$ fortwährend zunimmt.

Es ist auch ohne weiteres ersichtlich, daß die Funktion $F(t)$ vom Zeitpunkt $t = T$ an zwischen dem Maximum $F(T) = H - y_0 - f_1$ und dem Minimum

$$F\left(T - \frac{2L}{a}\right) = f_1$$

hin- und herschwankt. Da nun diese Maxima und Minima von $\mathfrak{y}$ nach Gleichung 35) und Gleichung 37 bis) den maximalen und minimalen Werten von $F(t)$ entsprechen müssen, so sind die extremen Werte dieser Funktion gleich $\mathfrak{y}_1$ bezw. $2y_0 - \mathfrak{y}_1$, wie bereits früher angegeben wurde.

---

dann wird:

$$\mathfrak{y} = y_0 + F\left(T + \frac{2L}{a}\right) - F(T)$$

und nach oben:

$$\mathfrak{y} = y_0 + f_1 - (H - y_0 - f_1)$$

somit:

$$\underline{\mathfrak{y} = 2y_0 - (H - 2f_1) = 2y_0 - \mathfrak{y}_1}.$$

Das Gesetz der rhythmischen Veränderlichkeit von $\mathfrak{y}$ ist im allgemeinen nicht symmetrisch (und kann demzufolge nicht durch eine trigonometrische Funktion dargestellt werden), denn es ist ausschließlich von den Werten abhängig, welche sich für die Funktion F (t) in den letzten $\frac{2L}{a}$ Sekunden ergeben. Diese Werte sind nun aber wieder in sehr komplizierter Weise vom Gesetz der Schließbewegung abhängig.

Eine differentielle Untersuchung zur allgemeinen Feststellung der extremen Werte von $\mathfrak{y}$, wäre schon aus dem Grunde aussichtslos, weil im Moment des Abschließens, d. h. für $t = T$, die Funktion, welche die Variation von $\mathfrak{y}$ angibt, eine algebraische Unstetigkeit aufweist[1]). Endlich ist noch zu bemerken, daß eine analytische Diskussion Kontinuität der Strömung voraussetzt, während für

$$H - 2 f_1 > 2 y_0 \text{ oder } \mathfrak{y}_1 > 2 y_0$$

d. h.:

$$\frac{a \cdot c_0}{g} - y_0 > 2 f_1$$

der Minimalwert von $\mathfrak{y}$ negativ wird, d. h. die Flüssigkeitssäule wird nach beendigtem Schließen zufolge der Elastizitätswirkungen mit einer so großen Wucht zurückgestoßen, daß in der Nähe des Abschließorganes Vakuum und Diskontinuität entstehen kann. Versuche haben gezeigt, daß diese Annahme in vielen Fällen, wenn nicht direkt gerechtfertigt, so doch nicht so weit von der Wirklichkeit entfernt ist, als man im ersten Augenblick denken möchte.

Das auf Grund der vorstehenden theoretischen Überlegungen gefundene Resultat, von nach dem Schließen des Absperrorganes oszillatorisch sich hin- und herbewegendem Überdruck hat, so viel uns bekannt ist, schon vielfach seine experimentelle Bestätigung gefunden, indem verschiedentlich beobachtet wurde, daß nach beendigtem Schließen das Wasser zwischen Rohrleitung und Reservoir hin- und herfloß. Die Periode dieser rhythmischen Oszillationen wurde zu $\frac{4L}{a}$ Sekunden festgestellt.

Wir wollen nun die abgeleiteten Gleichungen und Formeln durch ein numerisches Beispiel erläutern.

Zahlen-Beispiel.

Gegeben sei eine Rohrleitung mit folgenden Daten[2]):

$$L = 400 \text{ m} \qquad a = 1000 \text{ m/sec.}$$

[1]) Siehe Anhang.

[2]) Wie in § 2 gezeigt wurde, ist es überflüssig, den Durchmesser und die Wandstärke sowie den Elastizitätsmodul des Rohrmaterials anzugeben, da alle diese Größen im Parameter a enthalten sind.

Der Beharrungszustand sei charakterisiert durch:

$$y_0 = 90 \text{ m} \qquad c_0 = 2{,}5 \text{ m/sec.}$$

Wir nehmen an, das Abschlußorgan werde mit konstanter Geschwindigkeit, d. h. nach linearem Gesetz, in der Zeit

$$T = 3 \text{ Sek.}$$

vollständig geschlossen.

Die Dauer der Phase des direkten Wasserstoßes ist dann für den Querschnitt mit der Abszisse $x = 0$ gegeben durch:

$$t = \frac{2L}{a} = \frac{800}{1000} = 0{,}8 \text{ Sek.}$$

Wir haben ferner:

$$H = y_0 + \frac{a \cdot c_0}{g} = 90 + \frac{1000 \cdot 2{,}5}{9{,}81}$$

$$H = 345{,}1 \text{ m}$$

$$u_0 = \sqrt{2 \cdot g \cdot y_0} = 42{,}05 \text{ m/sec}$$

$$u_0 \cdot \psi(0) = c_0$$

somit:

$$\psi(0) = \frac{c_0}{u_0} = 0{,}0595\,.$$

Dann ist nach Gleichung 20)

$$\psi(t) = \left(1 - \frac{t}{T}\right)\psi(0)$$

$$\psi(t) = \left(1 - \frac{t}{3}\right)0{,}0595$$

und es folgt (unter Vernachlässigung von C^2):

$$\lambda(t) = \frac{a^2 \cdot \psi^2(t)}{g} = \frac{1}{g} \cdot \left(\frac{1000 \,.\, 0{,}0595}{3}\right)^2 (3 - t)^2$$

$$\lambda(t) = 40{,}17\,(3 - t)^2\,.$$

Wir haben dann nach Gleichung 18) für die Phase des direkten Wasserstoßes, d. h. für:

$$0 < t < 0{,}8 \text{ Sek.}$$

$$18^*) \quad . \quad \mathfrak{y}^2 - 2\,\mathfrak{y}\left(345{,}1 + 40{,}17\,(3 - t)^2\right) + 119074 = 0\,.$$

Für die Phasen des Gegenstoßes, d. h. für

$$0{,}8 \text{ Sek.} \leqq t \leqq 3 \text{ Sek.}$$

also bis zum Augenblick des Abschließens, ergibt sich:

$$36^*) \quad \mathfrak{y}^2 - 2\,\mathfrak{y}\left(345{,}1 - 2\,f + 40{,}17\,(3 - t)^2\right) + (345{,}1 - 2\,f)^2 = 0$$

und endlich für die Phasen rhythmischer Oszillation, d. h. für die Zeit nach dem Abschließen:

$$3 \text{ Sek.} \leqq t$$

erhält man:

$$37^*) \quad \ldots\ldots\ldots \quad \mathfrak{y} = 345{,}1 - 2\,.\,f\,.$$

Es sind nun vermittelst der Gleichungen 18*) 36*) und 37*) sowie der früher angegebenen Formeln für eine Dauer von 5 Sekunden, in Intervallen von 0,2 Sekunden, die im Querschnitt mit der Abszisse $x = 0$ auftretenden Werte von $\mathfrak{y}$ und C berechnet worden. Es wurden ferner ebenfalls die jeweiligen Werte von F (t) bestimmt und mit deren Hilfe die Werte von y und c für den mittleren Querschnitt mit der Abszisse $x = 200$ m ermittelt, und das gleiche für den Einmündungsquerschnitt ($x = 400$ m) ausgeführt.

Zur vollständigen Klarlegung der ausgeführten Berechnungen erscheint es uns nützlich, sie in ihrer Ausführung und Reihenfolge kurz zu skizzieren.

1. Für

$$0 \leqq t \leqq 0{,}8 \text{ Sek.}$$

ergeben sich für irgend eine im obigen Intervall liegende Zeit t die zugehörigen Werte von $\mathfrak{y}$ aus Gleichung 18*). Aus Gleichung 12 bis) sind dann die Werte von F (t) berechenbar, und mit deren Hilfe werden aus der 2. Gleichung des Systems 12 bis) die bez. Werte der Geschwindigkeit C berechnet[1]).

Rekapitulation:

Aus 18*) wird $\mathfrak{y}$ berechnet und dann aus 12 bis):

$$F(t) = \mathfrak{y} - y_0$$

und ferner:

$$C = c_0 - \frac{g}{a}\,F(t) = c_0 - \frac{g}{a}\,(\mathfrak{y} - y_0)\,.$$

---

[1]) Oder man berechnet zuerst aus der Gleichung:

$$12'') \quad \ldots\ldots\ldots \quad \mathfrak{y} + \frac{a}{g}\,C = H$$

die Geschwindigkeit C und dann mit deren Hilfe die Funktion F (t).

2) Für:

$$\underline{0{,}8 \leqq t \leqq 1{,}6 \text{ Sek.}}$$

verwendet man zur Berechnung der Druckhöhe $\mathfrak{y}$ die Gleichung 36*), indem zuvor die in dieser Gleichung enthaltene Funktion:

$$f = F\left(t - \frac{2\,L}{a}\right) = F\,(t - 0{,}8'')$$

durch die oben berechneten Werte von F (t) ersetzt worden ist. Nachdem man so $\mathfrak{y}$ für bel. Zeiten t, die innerhalb des oben angegebenen Intervalls liegen, gerechnet hat, findet man unter Berücksichtigung von 35):

$$\left(\mathfrak{y} + \frac{a}{g}\,C = H - 2\,f\right)$$

die Geschwindigket C und die Funktion F (t).

Durch Wiederholung dieses Berechnungsverfahrens für 1,6 Sek. bis 2,4 Sek. und von 2,4 Sek. bis 3 Sek. enthält man nach und nach die sukzessiven Werte, welche die Druckhöhe $\mathfrak{y}$ im Zeitintervall von 0,8 Sek. bis 3 Sek. annimmt.

3. Für:

$$\underline{t \geqq 3 \text{ Sek.}}$$

ergeben sich für eine beliebige Zeit t die zugehörigen Werte von $\mathfrak{y}$ aus Gleichung 37*), und aus Gleichung 37 bis) sind dann die bezüglichen Werte von F (t) berechenbar.

4. Die Werte von y und c für den mittleren Leitungsquerschnitt x = 200 m, bestimmen sich aus den vorstehend berechneten Werten von F (t) sowie aus:

a) den Relationen 12), welche für die Phase des direkten Wasserstoßes, d. h. für 0,4 Sek. bis 1,2 Sek., gelten.

b) den Gleichungen 14), welche für alle folgenden Phasen gelten, wobei in Gleichungen 12) und 14) für x = 200 m zu setzen ist.

5. Für die im Einmündungsquerschnitt x = 400 m auftretenden Werte der Geschwindigkeit c ist Gleichung 34 bis) maßgebend, wobei nun die früher ermittelten Werte der Funktion

$$F\left(t - \frac{L}{a}\right)$$

zu berücksichtigen sind.

Wie aus diesen Darlegungen zu ersehen ist, sind alle numerischen Operationen von der elementarsten Einfachheit.

Behufs übersichtlicher Darstellung der beim Schließen dieser Leitung eintretenden Druckvariationen sind die berechneten Werte nachstehend tabellarisch zusammengestellt sowie in Fig. 6, 7 und 8 zeichnerisch veranschaulicht.

Tabelle 1.

t	Wert von F (t)	x = 0 Abschlußquerschnitt		x = 200 mittl. Querschnitt		x = 400 Eintritt
		C m/sec	$\mathfrak{y}$ m	c m/sec	y m	c m/sec
0″	0,00	2,500	90,00	2,500	90,00	2,500
0,2	7,41	2,427	97,41	2,500	90,00	2,500
0,4	15,61	2,347	105,61	2,427	97,41	2,500
0,6	24,78	2,257	114,78	2,347	105,61	2,355
0,8	34,81	2,159	124,81	2,184	107,37	2,194
1,0	45,11	1,985	128,70	2,006	109,20	2,014
1,2	55,89	1,799	130,28	1.815	110,33	1,818
1,4	66,02	1,610	131,24	1,611	111,08	1,616
1,6	76,34	1,411	131,53	1,411	110,91	1,405
1,8	86,64	1,209	131,53	1,204	110,45	1,206
2,0	96,70	1,004	130,81	1,004	110,62	1,004
2,2	107,01	0,804	130,99	0,804	110,36	0,802
2,4	117,23	0,602	130,89	0,602	110,37	0,602
2,6	127,45	0,401	130,81	0,404	110,53	0,403
2,8	137,85	0,202	131,15	0,202	110,44	0,202
3,0	148,09	0,000	131,08	0	110,62	0
3,2	137,87	—	110,64	— 0,202	110,64	— 0,202
3,4	127,65	—	90,20	— 0,202	90,02	— 0,403
3,6	117,25	—	69,40	— 0,202	69,56	— 0,202
3,8	107,01	—	48,92	0	69,38	0
4,0	117,23	—	69,38	+ 0,202	69,36	+ 0,202
4,2	127,45	—	89,80	+ 0,202	89,98	+ 0,403
4,4	137,85	—	110,60	+ 0,202	110,44	+ 0,202
4,6	148,09	—	131,08	0	110,62	0
4,8	137,87	—	110,64	— 0,202	110,64	— 0,202
5,0	127,85	—	90,20	— 0,202	90,02	— 0,403
5,2	117,25	—	69,40	— 0,202	69,56	— 0,202
5,4	107,01	—	48,92	0	69,38	0

Wie aus der vorstehenden Tabelle zu ersehen ist, tritt, wie bereits früher bemerkt, nach dem Abschließen der Leitung ein rhythmisches Pulsieren mit der Periode $t = \frac{4\,L}{a} = 1{,}6$ Sekunden ein.

Die Druckhöhe $\mathfrak{y}_1$ beim Abschlußorgan schwankt zwischen dem Maximum $\mathfrak{y}_1 = 131{,}08$ und dem Minimum $2\,y_0 - \mathfrak{y}_1 = 180 - 131{,}08 = 48{,}92$ m, wobei die Geschwindigkeit c im Einmündungsquerschnitt sich zwischen den Werten $+ 0{,}403$ m/sec und $- 0{,}403$ m/sec bewegt.

Man ersieht ferner aus der Tabelle, daß für den mittleren Querschnitt (x = 200 m) sich Druckhöhe y und Geschwindigkeit c innerhalb engerer Grenzen bewegen.

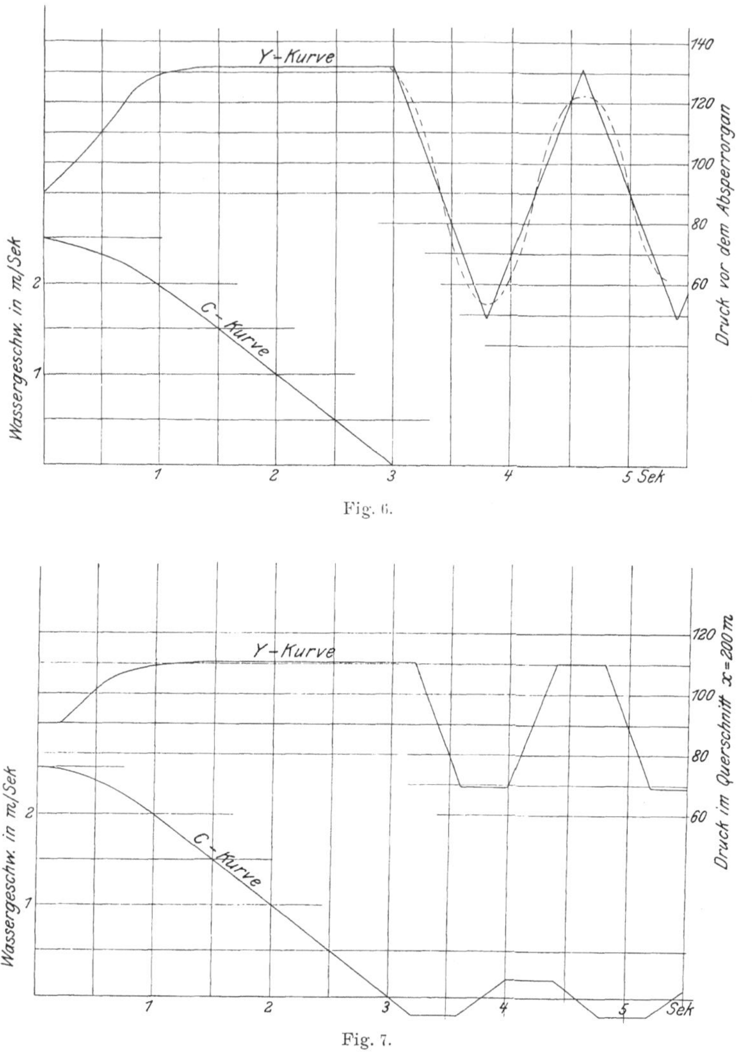

Fig. 6.

Fig. 7.

Im Falle unvollständigen Schließens des Absperrorganes könnten wir (wie bereits früher bemerkt) nach dem Stillstand ein rhythmisches Pulsieren der Wassersäule bekommen, sofern $a \cdot \psi(t_1) < u_0$, welche Bedingung für $^1/_3$ Abschließen erfüllt ist.

Wir nehmen nun an, das Abschlußorgan stehe nach 2″ still und lasse also noch $^1/_3$ Durchflußquerschnitt offen.

Die sich dann nach 2 Sekunden ergebenden Werte der Druckhöhe $\mathfrak{y}$ sind auf Grund der in § 9, II abgeleiteten Formeln zu berechnen, und es sind die Resultate der Rechnungen in nachstehender Tabelle eingetragen.

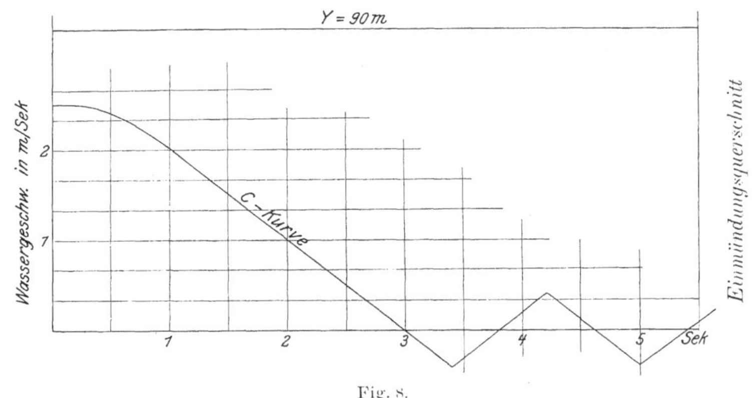

Fig. 8.

Tabelle 2.

t Sek.	$\mathfrak{y}$ m	t Sek.	$\mathfrak{y}$ m	t Sek.	$\mathfrak{y}$ m
2,0	130,81	3,2	85,62	4,4	88,04
2,2	116,37	3,4	90,64	4,6	88,75
2,4	101,93	3,6	95,38	4,8	89,45
2.6	87,62	3,8	93,46	5,0	90,07
2,8	74,39	4,0	91,55	5,2	90,71
3,0	80.10	4,2	89,77	usf.	. . .

Aus dieser Tabelle ist zu ersehen[1]), daß sich die Druckhöhe $\mathfrak{y}$ durch eine Reihe gedämpfter Oszillationen asymptotisch der Druckhöhe $y_0 = 90$ m (Beharrungszustand) nähert, wobei die Maxima von $\mathfrak{y}$ in den Zeiten t = 2″; 3,6″; 5,2″ . . ., die Minima in den Zeiten t = 2,8″; 4,4″; . . . eintreten, woraus sich wieder eine Schwingungsperiode von $t = 1{,}6'' = \frac{4\,L}{a}$ ergibt.

Wenn wir die in Tabelle 1 notierten Werte von Druckhöhe $\mathfrak{y}$ (y) und Geschwindigkeit C (c) betrachten, so sehen wir, daß während der Zeit der Gegenstoßphasen, d. h. von t => 1 Sek. bis t = T = 3 Sek.,

[1]) Siehe auch Fig. 9.

A. Die Druckhöhe $\mathfrak{y}$ vor dem Absperrorgan konstant und zwar ca. gleich 131 m bleibt und

B. Die Druckhöhe y im mittleren Querschnitt ($x = 200$ m) ebenfalls konstant, und zwar gleich dem Mittelwert zwischen $\mathfrak{y}$ und y_0 ist, woraus geschlossen werden kann, daß die durch Abschließen hervorgerufene Druckerhöhung sich längs der Rohrleitung linear verteilt. (Die Drucklinie ist eine Gerade.)

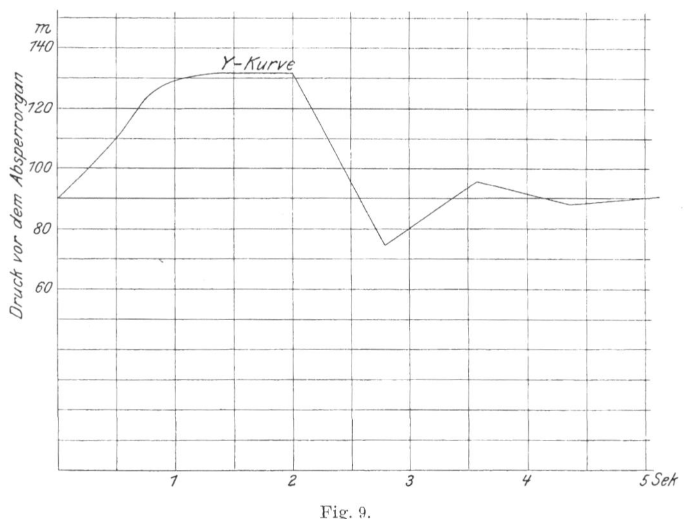

Fig. 9.

C. Die Wassergeschwindigkeit C (c) an den beiden Enden und im mittleren Querschnitt dieselbe ist; woraus folgt, daß die ganze Wassersäule sich mit derselben abnehmenden Geschwindigkeit bewegt.

Wenn wir diese 3 Bemerkungen zusammenfassen, so können wir sagen, daß während der Gegenstoßphase (Schließperiode) mit guter Annäherung die Bedingung:

$$\frac{\partial y}{\partial t} = 0$$

und

$$\frac{\partial c}{\partial x} = 0$$

erfüllt ist.

Wir wollen nun untersuchen, welche Bedingungen erfüllt werden müssen, damit den obigen Gleichungen mathematisch genau Genüge geleistet wird.

§ 10. Bedingungen für konstante Druckhöhen während der Gegenstoßphasen.

Unter Berücksichtigung des Taylorschen Lehrsatzes kann man die Funktion F in folgende Reihen entwickeln:

$$38 \;.\;.\; \left\{\begin{array}{l} F\left(t - \frac{x}{a}\right) = \ldots\ldots = F(t) - \frac{x}{a} F'(t) + \Sigma_1 \\ F\left(\Phi - \frac{x}{a}\right) = F\left(t - \frac{2L - x}{a}\right) = F(t) - \frac{2L - x}{a} F'(t) + \Sigma_2 \end{array}\right.$$

worin Σ_1 und Σ_2 die Summen der Glieder bezeichnen, welche die Ableitungen höherer Ordnung F'' und F''' etc. enthalten. Wir nehmen nun an diese Ableitungen höherer Ordnung, d. h. Σ_1 und Σ_2, seien gleich Null, welche Bedingung für $F'(t) =$ konstant erfüllt ist.

Setzen wir dann in der allgemeinen Gleichung 34) die bezüglichen Ausdrücke für die Funktion F ein, so folgt:

$$39 \;.\;.\;.\;.\; \left\{\begin{array}{l} y - y_0 = 2 \frac{L - x}{a} F'(t) \\ c - c_0 = -2 \frac{g}{a} \left(F(t) + \frac{L}{a} F'(t)\right). \end{array}\right.$$

Wenn wir nun berücksichtigen, daß nach den Bedingungsgleichungen $F'(t)$ konstant anzunehmen ist [vide auch Gleichung 34)], so folgt aus den obigen Gleichungen 39) unmittelbar, daß während der Gegenstoßphase die Geschwindigkeit c von der Abszisse x unabhängig, d. h. mit dem Ort konstant ist, während sich hingegen die Druckhöhe y als lineare Funktion von x, d. h. des Ortes, darstellt.

Es kann nun, wie folgt, leicht nachgewiesen werden, daß der Bedingung $F'(t) =$ konstant, durch Bewegung des Absperrorganes mit konstanter Geschwindigkeit [d. h. $\psi(t) =$ lineare Funktion wie Gleichung 20)] genügt wird. Wir vernachlässigen nun wiederum [wie bei der Ableitung von Gleichung 34)] die der Geschwindigkeit C entsprechende Druckhöhe $\frac{C^2}{2g}$ gegenüber der im Rohre herrschenden Druckhöhe $\mathfrak{y}$. Nehmen wir also $F'(t) =$ konstant an, so folgt aus Gleichung 39):

$$\frac{\partial y}{\partial t} = 0 \text{ und } \frac{\partial^2 c}{\partial t^2} = 0$$

oder für den Querschnitt mit der Abszisse $x = 0$ folgt:

$$\frac{\partial \mathfrak{y}}{\partial t} = 0 \text{ und } \frac{\partial^2 C}{\partial t^2} = 0.$$

Die Ausflußgleichung lautet:

$$u^2 = 2 . g . \mathfrak{y}$$

es war ferner:

$$C = u . \psi(t) \qquad u^2 = \frac{C^2}{\psi^2(t)}$$

somit:

$$2 . g . \mathfrak{y} = \frac{C^2}{\psi^2(t)} .$$

Differenzieren wir diese Gleichung 3 mal nach der Zeit t, so folgt:

$$2 . g \frac{\partial \mathfrak{y}}{\partial t} = \ldots\ldots$$

Berücksichtigen wir dann, daß $\frac{\partial y}{\partial t} = 0$ und daß auch $\frac{\partial^2 C}{\partial t^2} = 0$ ist, so erhalten wir:

$$3 . \psi'(t) . \psi''(t) + \psi(t) . \psi'''(t) = 0 .$$

Diese Bedingung ist stets befriedigt, sobald $\psi(t)$ eine lineare Funktion der Zeit ist, da dann $\psi''(t) = 0$ und $\psi'''(t) = 0$.

Damit wäre bewiesen, daß, wenn das Abschließen des Absperrorganes mit konstanter Geschwindigkeit erfolgt (was annäherungsweise gewöhnlich der Fall ist) die Phase des Gegenstoßes:

$$\frac{2L}{a} < t < T$$

sozusagen eine Beharrungsphase der veränderlichen Strömung wird, indem die Druckhöhenvariation längs der Leitung durch eine bis zum Augenblick vollständigen Abschlusses $t = T$ in ihrer Lage unverändert bleibende Gerade dargestellt wird.

Die Ordinate $\mathfrak{y}$ dieser Drucklinie, d. h. der Druck vor dem Absperrorgan, ist somit die einzige zu berechnende Unbekannte und es kann deren Bestimmung, wie nun gezeigt werden soll, direkt auf sehr einfache Weise durchgeführt werden, ohne daß dabei die Auflösung mehrerer Gleichungen 2. Grades notwendig wird.

§ 11. Bestimmung der durch den Gegenstoß in einem Rohr von bestimmter Länge hervorgerufenen Druckhöhe.

Wir gehen von der Ausflußgleichung:

$$u^2 = 2 . g . \mathfrak{y}$$

aus, und erhalten durch einmaliges Differenzieren derselben nach der Zeit:

$$2 . u . \frac{\partial u}{\partial t} = 2 . g . \frac{\partial \mathfrak{y}}{\partial t} .$$

Setzen wir dann:

$$\frac{\partial \mathfrak{y}}{\partial t} = 0$$

und berücksichtigen wir, daß:

$$C = u \,.\, \psi(t)$$

$$u = \frac{C}{\psi(t)}$$

so folgt:

$$2 \cdot \frac{C}{\psi(t)} \cdot \frac{\psi(t) \,.\, \frac{\partial C}{\partial t} - C \,.\, \psi'(t)}{\psi^2(t)} = 0$$

somit:

$$C\left[\psi(t) \frac{\partial C}{\partial t} - C\,\psi'(t)\right] = 0$$

oder:

$$\frac{\partial C}{\partial t} = C \,.\, \frac{\psi'(t)}{\psi(t)} = \frac{C \,.\, \psi'(t)}{C}\, u$$

und schließlich:

$$\frac{\partial C}{\partial t} = \psi'(t) \sqrt{2 g \mathfrak{y}} \,.$$

Wenn wir ferner die zweite Gleichung des Systems 39) nach der Zeit differenzieren und sie dabei auf den Querschnitt mit der Abszisse $x = 0$ anwenden, so folgt; unter Berücksichtigung daß $F'(t)$ als konstant zu betrachten ist:

$$\frac{\partial C}{\partial t} = -\frac{2 g}{a} \cdot F'(t) \,.$$

Aus diesen beiden letzten Gleichungen erhalten wir durch Gleichsetzung:

$$F'(t) = -\frac{a}{2 g} \cdot \psi'(t) \sqrt{2 g \mathfrak{y}}$$

$$F'(t) = -\frac{a}{2} \cdot \psi'(t) \sqrt{\frac{2 \mathfrak{y}}{g}} \,.$$

Setzen wir diesen Wert von $F'(t)$ in die erste Gleichung des Systems 39) ein und beachten wir daß für den betrachteten Querschnitt $x = 0$ ist, so folgt:

$$\boldsymbol{\mathfrak{y} = y_0 - L \,.\, \psi'(t) \sqrt{\frac{2 \mathfrak{y}}{g}}}$$

d. h. wir erhalten eine Gleichung zweiten Grades zur Berechnung der Druckhöhe $\mathfrak{y}$, wobei $\psi'(t)$ als bekannt vorausgesetzt ist.

Nehmen wir an, das Schließen erfolge mit konstanter Geschwindigkeit, d. h. $\psi(t)$ sei eine lineare Funktion der Zeit, so folgt nach Gleichung 20):

$$\psi'(t) = -\frac{1}{T} \cdot \psi(0)$$

und da:

$$\psi(0) = \frac{c_0}{u_0}$$

so folgt:

$$\psi'(t) = -\frac{1}{T} \cdot \frac{c_0}{u_0}.$$

Es ist ferner:

$$u_0 = \sqrt{2 g y_0}$$

somit:

$$\psi'(t) = -\frac{1}{T} \cdot \frac{c_0}{\sqrt{2 g y_0}}.$$

Setzen wir dann diesen Wert von $\psi'(t)$ in die vorstehende Gleichung für $\mathfrak{y}$ ein, so erhalten wir:

$$\mathfrak{y} = y_0 + \frac{L \cdot c_0}{T \cdot \sqrt{2 g y_0}} \sqrt{\frac{2 \cdot \mathfrak{y}}{g}}$$

oder:

$$\frac{\mathfrak{y}}{y_0} = 1 + \frac{L \cdot c_0}{g \cdot T \cdot y_0} \sqrt{\frac{\mathfrak{y}}{y_0}}.$$

Der Kürze halber sei:

$$\frac{\mathfrak{y}}{y_0} = z; \qquad \frac{L \cdot c_0}{g \cdot T \cdot y_0} = n.$$

Dann läßt sich die Bestimmungsgleichung für $\mathfrak{y}$ in folgender Weise anschreiben:

$$40) \quad \ldots\ldots \quad \mathbf{z^2 - z\,(2 + n^2) + 1 = 0}$$

aus welcher Gleichung sich z und damit auch $\mathfrak{y}$ leicht berechnen läßt.

Die Beziehung 40) stellt uns, wie in § 11 bis gezeigt werden wird, eines der bedeutendsten Resultate dieser Untersuchung dar, denn sie liefert uns die vor dem Absperrorgan während der Schließbewegung auftretende Druckhöhe [1]).

[1]) Im Traité des Turbo-Machines von A. Rateau (Dunod 1900) findet man eine Formel, die innerhalb gewisser Grenzen als eine angenäherte Lösung von Gleichung 40) betrachtet werden kann. Die von Rateau zur Berechnung der

Aus Gleichung 40) erhalten wir:

$$\text{40 bis)} \quad . \quad . \quad . \quad z = 1 + \frac{1}{2} n \cdot \left(n \pm \sqrt{n^2 + 4}\right)$$

woraus folgt, daß die beiden Wurzeln, d. h. die Lösungen für z, größer und kleiner als die Einheit sind.

Die erstere, d. h. die Lösung $z_1 > 1$, gilt, wenn es sich um einen positiven Wasserstoß, d. h. um eine Schließbewegung des Absperrorganes handelt; während die zweite Lösung $z_2 < 1$ für den negativen Wasserstoß, d. h. für die Öffnungsbewegung zu nehmen ist. (Negativer Wasserstoß $\mathfrak{y} < y_0$; § 13.) Wenden wir die Gleichung 40) auf unser Zahlenbeispiel an, so folgt:

$$z^2 - 2{,}143\, z + 1 = 0$$

max. durch einen Wasserstoß hervorgerufenen Druckhöhe abgeleitete Formel (149, Seite 125) lautet bei Anwendung unserer Bezeichnungen:

$$z = \frac{2 + n}{2 - n}.$$

Solange nun n genügend klein ist gegenüber 1, kann in der Tat die obige Gleichung als angenäherte Lösung von Gleichung 40) betrachtet werden.

Bei dem früher angeführten Zahlenbeispiel hätten wir:

$$n = 0{,}378$$

und daraus:

$$z = 1{,}466$$

welcher Wert ziemlich genau mit dem aus Gleichung 40) berechneten übereinstimmt.

Ist aber n gegenüber der Einheit nicht klein genug, d. h. wie z. B. in unserem Falle:

$$y_0 = 60 \text{ m statt } 90 \text{ m}$$

und

$$l = 700 \text{ m statt } 400 \text{ m},$$

so würde sich für

$$n = 0{,}992$$

ergeben, und nach Gleichung 40) hätten wir:

$$z^2 - 2{,}984\, z + 1 = 0$$

woraus:

$$z = 2{,}107$$

während die angenäherte Formel von Rateau:

$$z = 2{,}967$$

d. h. rd. 40 % Abweichung ergibt.

woraus:

$$\underline{z_1 = 1,456}$$

und damit:

$$\underline{\mathfrak{y}_1 = 131,04 \text{ m}}$$

welcher Wert genau ein Mittelwert der in Tabelle 1 (t = 1 : 3 Sek.) niedergelegten Werte ist. (Druck vor dem Absperrorgan in der Periode t = 1 bis 3 Sek.)

Zu bemerken ist noch, daß Gleichung 40) von a, d. h. von E, γ, ε, d und D unabhängig ist, da die elastische Deformation und die Kompressibilität des Wassers keine Rolle spielen kann, solange der Druck in jedem Querschnitt konstant bleibt, welche Bedingung der Ableitung von Gleichung 40) zugrunde gelegt wurde.

Betreffs Anwendung von Gleichung 40) möchten wir nochmals folgende Punkte hervorheben:

1. Die nötigen, aber auch genügenden Bedingungen, damit die aus Gleichung 40) zu berechnende Druckhöhe $\mathfrak{y}_1$ wirklich eintritt, sind:

a) Die Schließbewegung des Absperrorganes muß mit konstanter Geschwindigkeit geschehen, d. h. ψ (t) muß eine lineare Funktion der Zeit sein.

b) Die Dauer der Schließbewegung, d. h. T, muß größer als $\frac{2\,L}{a}$ sein, damit der Reaktionsstoß zur Wirksamkeit gelangen kann.

2. Bei der Annahme partiellen Schließens muß für T derjenige Wert in n eingeführt werden, den man erhalten würde, wenn man das Absperrorgan mit der gleichen konstanten Geschwindigkeit vollständig schließen würde.

Eine vom technischen Standpunkt aus sehr interessante Anwendung der Gleichung 40) ist die Bestimmung der Schließgeschwindigkeit, d. h. der Schließzeit T, bei welcher die hydrodynamische Erscheinung bestimmten gegebenen Bedingungen genügt.

A. Es soll der Wert der Schließzeit T so bestimmt werden, daß die Druckhöhe $\mathfrak{y}_1$ einen vorgeschriebenen Wert nicht überschreitet.

Wenn wir in Gleichung 40) die Schließzeit T als Unbekannte betrachten, so erhalten wir:

$$\mathbf{T = \frac{L \cdot c_0}{g\,(\mathfrak{y}_1 - y_0)} \sqrt{\frac{\mathfrak{y}_1}{y_0}}}$$

denn es war:

$$\frac{\mathfrak{y}_1}{y_0} = 1 + \frac{L \cdot c_0}{g \cdot T \cdot y_0} \sqrt{\frac{\mathfrak{y}_1}{y_0}}$$

somit:

$$T\left(\frac{\mathfrak{y}_1}{y_0}-1\right)=\frac{L \cdot c_0}{g \cdot y_0}\sqrt{\frac{\mathfrak{y}_1}{y_0}}$$

daraus:

$$T=\frac{L \cdot c_0}{g\,(\mathfrak{y}_1-y_0)}\sqrt{\frac{\mathfrak{y}_1}{y_0}}$$

w. z. b. w.

B. Es soll der Wert von T so bestimmt werden, daß, wenn die Schließbewegung bis zum vollständigen Abschluß fortgesetzt wird, die minimale Druckhöhe $2\,y_0-\mathfrak{y}_1$ während der Unterdruckwellen der Oszillationsperiode nicht negativ wird.

Die Bedingung:

$$2 \cdot y_0-\mathfrak{y}_1>0$$

läßt sich nach den vorhergehenden Ableitungen auch in der Form:

$$z<2$$

schreiben[1]).

Die Bedingung:

$$\underline{z<2}$$

liefert aber nach Gleichung 40 bis):

$$\underline{n \cdot \sqrt{2}<1}\ ^{2)}$$

[1]) Es war:

$$\frac{\mathfrak{y}_1}{y_0}=z$$

somit:

$$2\,y_0=\frac{2\,\mathfrak{y}_1}{z}$$

und damit:

$$2\,y_0-\mathfrak{y}_1=\frac{2\,\mathfrak{y}_1}{z}-\mathfrak{y}_1=\mathfrak{y}_1\left(\frac{2}{z}-1\right).$$

Es muß also:

$$\mathfrak{y}_1\left(\frac{2}{z}-1\right)>0$$

sein, d. h.:

$$z<2.$$

[2]) Es muß:

$$\frac{1}{2}\,n\,(n+\sqrt{n^2+4})<1$$

sein, somit:

$$n^2+n\sqrt{n^2+4}<2$$
$$n^2\,(n^2+4)<(2-n^2)^2$$
$$n^4+4\,n^2<4-4\,n^2+n^4$$
$$8\,n^2<4$$

und schließlich:

$$\underline{n\sqrt{2}<1.}$$

und wenn man für n den bezüglichen Wert einsetzt:

$$\frac{L \cdot c_0}{g \cdot T \cdot y_0} \sqrt{2} < 1$$

daraus:

$$T > 0{,}144 \frac{L \cdot c_0}{y_0}.$$

Wenden wir diese Formel auf unser Zahlenbeispiel an, so folgt für:

$$L = 400 \text{ m} \qquad c_0 = 2{,}5 \text{ m/sec} \qquad y_0 = 90 \text{ m}$$

$$\underline{T > 1{,}6 \text{ Sek.}}$$

Wie aus dem Vorstehenden zu ersehen ist, sind die Gleichungen, welche den hydrodynamischen Vorgang mathematisch formulieren, viel einfacher geworden, als man zu Anfang unserer Betrachtungen geneigt war anzunehmen.

Bemerkungen zu Kapitel II und III.

Wie wir in den vorigen Kapiteln gesehen haben, sind beim Eintreten eines Wasserstoßes verschiedene Phasen der Erscheinung zu beobachten, und lassen sich dieselben etwa in folgender Weise zusammenfassen:

1. Phase des einfachen oder direkten Wasserstoßes, dadurch charakterisiert, daß sich der Druck während der Dauer der Bewegung des Abschließorganes:

$$\left(t = 0 \text{ bis } \frac{2\,L}{a}\right)$$

mit einer einzigen Schwingungserscheinung längs der Leitung im Sinne von $+x$ fortpflanzt. Die Dauer dieser Phase ist für einen beliebigen Querschnitt mit der Abszisse x gegeben durch $\frac{2\,L - x}{a}$.

2. Phase des Reaktions- oder Gegenstoßes während der Bewegung des Absperrorganes von $t = \frac{2\,L}{a}$ bis T. Diese Phase ist durch die Superposition zweier Schwingungserscheinungen charakterisiert, die sich in jeweilen entgegengesetzten Richtungen, $+x$ und $-x$, mit der Geschwindigkeit a fortpflanzen. Die eine Schwingung $(+x)$ entsteht durch die Schließbewegung des Absperrorganes, während die andere $(-x)$ durch die Reaktion des Reservoirs hervorgerufen wird.

Ist die Bewegung des Absperrorganes eine gleichmäßige (d. h. $\psi(t)$ eine lineare Funktion der Zeit), so ist diese 2. Phase eine Beharrungsphase der veränderlichen Strömung, d. h. der Druck ist in jedem Querschnitt konstant (y keine Funktion der Zeit, $\frac{\partial y}{\partial t} = 0$), und die Geschwindigkeit c ist in jedem Punkt der Flüssigkeitssäule dieselbe (c keine Funktion des Ortes, $\frac{\partial c}{\partial x} = 0$).

3. Phase des Gegenstoßes nach dem Stillstehen des Absperrorganes $t = T$ bis ∞. Während dieser Phase erzeugen die oben (siehe 2) angeführten 2 Schwingungserscheinungen rhythmische Pendelungen des Druckes und der Geschwindigkeit. Die Periode dieser Pendelungen ist $\frac{4L}{a}$.

Falls die Schließbewegung bis zum vollständigen Abschluß fortgesetzt wird, treten die Pendelungen mit konstanter Amplitude in unbegrenzter Anzahl auf.

Bleibt hingegen das Abschließorgan vor dem vollständigen Abschließen stehen, so können 2 Fälle eintreten:

a) Die Pendelungen treten gar nicht auf.

b) Es gibt unendlich viele Pendelungen.

Der allgemeine Verlauf ist in jedem Falle asymptotisch zum neuen Beharrungszustand.

Tritt das vollständige Abschließen des Absperrorganes in einer Zeit $T < \frac{2L}{a}$ ein, so gelangt die 2. Phase auf einer Strecke $L - \frac{1}{2} a . T$, vom Absperrorgan aus gerechnet, nicht zur Wirkung, und die Druckhöhe erreicht in jedem Querschnitt dieser Strecke in einer Zeit $t = T + \frac{x}{a}$ den maximalen Wert H. Wir haben also auf dieser Rohrstrecke während eines Teiles der Phase des direkten Wasserstoßes die Erscheinung einer konstanten Druckhöhe H. Die Dauer dieser Erscheinung ist für einen beliebigen Querschnitt mit der Abszisse x gegeben durch:

$$\left[\frac{2(L-x)}{a} - T\right]$$

und es nimmt der Druck für den Absperrquerschnitt ($x = 0$) von der Zeit $t = \frac{2L}{a} - T$ an ab; er sinkt bis Null für den Querschnitt mit der Abszisse $x = L - \frac{1}{2} a . T$.

Für die Querschnitte der betreffenden Rohrstrecke:

$$\left(x = L - \frac{1}{2} a . T\right)$$

folgt, daß in ihnen dem Druck der Phase des direkten Wasserstoßes unmittelbar die Schwingungen der Gegenstoßphase folgen, wobei in ihnen die Druckhöhe zwischen den Werten H und $2\,y_0 - H$ schwankt, mit Intervallen konstanten Druckes.

Die maximale Druckabnahme wird negativ, falls $2\,y_0 < H$, und ist dies der Fall, so nimmt die lebendige Kraft des ausfließenden Wasserstrahles während der ersten Augenblicke des Schließens zu (siehe § 6).

Die Bedingung $H > 2\,y_0$ ist, wie wir schon in § 6 bemerkt haben, bei hydraulischen Anlagen für Kraftgewinnung gewöhnlich befriedigt, jedoch hält es schwer, bei solchen Anlagen eine so große Regulier- bzw. Schließgeschwindigkeit zu erreichen.

§ 11 bis. Bestimmung der durch eine gleichmäßige Schließbewegung des Absperrorganes hervorgerufenen maximalen Drucksteigerung.

(Vom Verfasser nachträglich hinzugefügt.)

$$T > \frac{2\,L}{a}$$

Wird das Absperrorgan mit konstanter Geschwindigkeit geschlossen (der Austrittsquerschnitt sei eine lineare Funktion der Zeit), so tritt die maximale Drucksteigerung des direkten Stoßes am Ende der ersten Phase, d. h. im Augenblick $t = \frac{2\,L}{a}$ Sekunden, ein. Das Druckmaximum der ersten Phase ist dann mit Hilfe der Gleichung 18) zu berechnen, wohingegen zur Bestimmung der während der zweiten Phase stattfindenden mittleren Grenzdrucksteigerung des Gegenstoßes die Gleichung 40) zu benutzen ist.

Im folgenden soll nun untersucht werden, für welche Verhältnisse das meist interessierende absolute Druckmaximum in der ersten oder zweiten Phase liegt.

Es bezeichne T_1 diejenige totale Schließzeit des Absperrorganes, bei welcher am Ende der Phase des direkten Stoßes die Druckhöhe $\mathfrak{y}$ auftritt (T = allgemeine totale Schließzeit); wohingegen wir unter T_2 diejenige totale Schließzeit verstehen wollen, für welche während der Gegenstoßphase die nämliche Druckhöhe $\mathfrak{y}$ vorhanden ist.

Dann ist nach Gleichung 20):

$$\psi(t) = \left(1 - \frac{2\,.\,L}{a\,.\,T_1}\right)\psi(0) = \left(1 - \frac{2\,.\,L}{a\,.\,T_1}\right)\frac{c_0}{u_0}$$

und nach Gleichung 18 bis) war:

$$\psi(t) = \frac{H - \mathfrak{y}}{a}\sqrt{\frac{g}{2\,.\,\mathfrak{y}}}$$

somit:

$$\left(1 - \frac{2 \cdot L}{a \cdot T_1}\right) = \frac{H - \mathfrak{y}}{a} \cdot \frac{u_0}{c_0} \sqrt{\frac{g}{2 \cdot \mathfrak{y}}}$$

und daraus:

$$\alpha) \quad . \quad T_1 = \frac{L \cdot c_0}{g} \cdot \frac{2 \cdot \sqrt{\mathfrak{y}}}{(H - y_0)\sqrt{\mathfrak{y}} - (H - \mathfrak{y})\sqrt{y_0}} .$$

Analog kann auch Gleichung 40) in der Form:

$$\beta) \quad . \quad . \quad . \quad . \quad . \quad T_2 = \frac{L \cdot c_0}{g(\mathfrak{y} - y_0)} \cdot \sqrt{\frac{\mathfrak{y}}{y_0}}$$

geschrieben werden.

Wenn man nun die beiden letzten Gleichungen α und β) durcheinander dividiert, so folgt nach einigen Reduktionen:

$$\gamma) \quad . \quad . \quad . \quad \sqrt{\frac{\mathfrak{y}}{y_0}} = \frac{a \cdot c_0}{g \cdot y_0} \cdot \frac{T_1}{2 \cdot T_2 - T_1} - 1 .$$

Da infolge der Schließbewegung $\mathfrak{y}$ stets größer als y_0 ist, so muß die rechte Seite der Gleichung γ) stets größer als 1 sein.

Daraus ergibt sich die Bedingung:

$$\delta) \quad . \quad . \quad . \quad . \quad . \quad a \cdot c_0 > 2 \cdot g \cdot y_0 \cdot \left(2 \frac{T_2}{T_1} - 1\right)$$

mit deren Hilfe die eingangs erwähnte Untersuchung nun leicht durchgeführt werden kann.

Zwecks leichteren Verständnisses der nachfolgenden Deduktionen empfiehlt es sich, drei Fälle zu unterscheiden, deren jeder durch einen bestimmten Zusammenhang der drei Größen a, c_0 und y_0 charakterisiert ist.

1. Fall:

$$a \cdot c_0 < 2 \cdot g \cdot y_0$$

d. h.:

$$\frac{a \cdot c_0}{2 \cdot g \cdot y_0} < 1$$

oder anders ausgedrückt:

$$\underline{H < 3 \cdot y_0} .$$

Dann kann Gleichung δ) nur befriedigt sein, wenn:

$$2 \cdot \frac{T_2}{T_1} - 1 < 1$$

d. h.:

$$a) \quad . \quad . \quad . \quad . \quad . \quad . \quad . \quad . \quad . \quad . \quad . \quad . \quad T_2 < T_1$$

ist.

Diese Ungleichung ergibt folgendes bemerkenswerte Resultat:

Ist $a \cdot c_0 < 2 g y_0$, und wird das Absperrorgan mit konstanter Geschwindigkeit in der Zeit T_1 geschlossen, so tritt am Ende der Phase des direkten Wasserstoßes eine Druckhöhe $\mathfrak{y}$ auf, die größer ist als die während der Gegenstoßphase eintretende mittlere Grenzdrucksteigerung, oder, anders ausgedrückt: soll die Drucksteigerung am Ende der ersten Phase gleich sein der während der Gegenstoßphase eintretenden mittleren Grenzdrucksteigerung, so muß das Absperrorgan in letzterem Falle rascher geschlossen werden ($T_2 < T_1$).

Daraus erhellt, daß während der mit konstanter Geschwindigkeit ausgeführten (ein und derselben) Schließbewegung die aus Gleichung 18) für den Augenblick $t = \frac{2L}{a}$ zu berechnende Druckhöhe $\mathfrak{y}$ des direkten Wasserstoßes immer größer sein wird, als die während der Gegenstoßphase eintretende und aus Gleichung 40) zu berechnende mittlere Grenzdrucksteigerung des Gegenstoßes. Wie später gezeigt werden wird, tritt dieser Fall hauptsächlich bei größeren Gefällen auf.

2. Fall:

$$a \cdot c_0 > 2 g \cdot y_0$$

d. h.:

$$\frac{a \cdot c_0}{2 g y_0} > 1$$

oder anders ausgedrückt:

$$H > 3 \cdot y_0 .$$

Dann ist Gleichung δ) befriedigt für:

$$2 \cdot \frac{T_2}{T_1} - 1 \gtreqless 1$$

d. h.:

$$\text{b)} \quad \ldots\ldots\ldots \quad \mathbf{T_2 \gtreqless T_1} .$$

In diesem Falle ist es also möglich, die Schließgeschwindigkeit, d. h. die totale Schließzeit T, so zu wählen, daß die am Ende der Phase des direkten Stoßes, d. h. nach $t = \frac{2L}{a}$ Sek. auftretende Druckhöhe gleich ist der Druckhöhe der Gegenstoßphase[1]).

Die betr. Schließgeschwindigkeit, d. h. totale Schließzeit T, läßt sich in folgender Weise leicht ermitteln.

---

[1]) Wie später sub Gleichung η) gezeigt werden wird, bedarf dieser Satz einiger Einschränkung.

Für:

$$T_1 = T_2 = T$$

folgt aus Gleichung δ):

$$\sqrt{\frac{\mathfrak{y}}{y_0}} = \frac{a \cdot c_0 - g \cdot y_0}{g \cdot y_0}$$

und vermittelst Gleichung β) ergibt sich:

$$\varepsilon) \quad . \quad . \quad . \quad \mathbf{T = \frac{a \cdot c_0 - g \cdot y_0}{a \cdot c_0 - 2\,g\,y_0} \cdot \frac{L}{a}}$$

oder:

$$T = \frac{H - 2\,y_0}{H - 3\,y_0} \cdot \frac{L}{a}.$$

Für diesen Wert der totalen Schließzeit T wird also die maximale Druckhöhe der Phase des direkten Stoßes gleich der maximalen Druckhöhe der Gegenstoßphase. Damit nun aber diese Erscheinung wirklich eintreten kann, ist es natürlich notwendig, daß die Beziehung ε einen solchen Wert von T ergibt, daß während der Schließbewegung eine Gegenstoßphase möglich ist, d. h. es muß:

$$\mathbf{T > \frac{2\,L}{a}\,Sek.}$$

sein.

Wenden wir diese Bedingung auf Gleichung ε) an, so folgt hinwiederum, daß:

$$\mathbf{a \cdot c_0 < 3\,g \cdot y_0}$$

bzw.:

$$H < 4\,y_0$$

sein muß.

In Gleichung b) kann also nur dann das Gleichheitszeichen Berücksichtigung finden, wenn:

$$\eta) \quad . \quad . \quad . \quad . \quad \mathbf{2 \cdot g \cdot y_0 < a \cdot c_0 < 3 \cdot g \cdot y_0}$$

ist, d. h. es ist nur in diesem Falle möglich, vermittelst der Gleichung ε) eine solche Schließzeit zu berechnen, für welche die maximale Druckhöhe der Phase des direkten Stoßes gleich ist der Druckhöhe der Gegenstoßphase.

Ist die Schließzeit größer oder kleiner als diejenige, welche sich aus Gleichung ε) ergibt, so ist die maximale Druckhöhe des direkten Stoßes größer oder kleiner als diejenige des Gegenstoßes.

Für den speziellen Fall:

$$a \cdot c_0 = 2\, g\, y_0 \qquad (H = 3 \cdot y_0)$$

erhält man aus Gleichung ε):

$$T = \infty$$

für welche Zeit natürlich weder in der ersten noch in der zweiten Phase eine Drucksteigerung eintritt, weil keine Schließbewegung ausgeführt wird.

Ist hingegen:

$$a \cdot c_0 = 3\, g\, y_0 \qquad (H = 4 \cdot y_0)$$

so ergibt Gleichung ε):

$$T = \frac{2\,L}{a}$$

welches Resultat ebenfalls leicht interpretierbar ist.

3. Fall:

$$a \cdot c_0 > 3 \cdot g \cdot y_0$$

d. h.:

$$\frac{a \cdot c_0}{3 \cdot g \cdot y_0} > 1$$

oder, was dasselbe ist:

$$H > 4\, y_0 .$$

Dieser dritte Fall ist, wie die vorstehenden Ausführungen zeigen, zufolge der beim zweiten Fall notwendig gewordenen Einschränkung (Gleichung η) entstanden.

In diesem Falle (d. h. wo $H > 4\, y_0$) ergibt nun Gleichung ε) für T Werte, die kleiner als $\frac{2\,L}{a}$ sind, und es ist somit ohne weiteres klar, daß, wenn das Schließen langsam genug geschieht:

$$\left(T > \frac{2\,L}{a}\right)$$

um das Eintreten eines Gegenstoßes zu ermöglichen, die maximale Druckhöhe des direkten Stoßes im Augenblicke $t = \frac{2\,L}{a}$ kleiner sein wird als die Druckhöhe der Gegenstoßphase.

Die Resultate der vorstehenden Untersuchung können somit in folgender Weise zusammengefaßt werden.

1. Fall:

$$a \cdot c_0 < 2 \cdot g \cdot y_0$$

oder bei einer abgestuften Leitung mit n Stufen annähernd:

$$\frac{\Sigma (a \cdot c_0)}{n} < 2 g y_0$$

wo das Produkt $a \cdot c_0$ jeweilen für die einzelnen Stufen zu bilden ist.

In diesem Falle tritt die maximale Druckhöhe während des direkten Stoßes, und zwar im Augenblicke $t = \frac{2 L}{a}$ Sek. auf und ist demzufolge mit Hilfe der Gleichung 18) zu berechnen.

2. Fall:

$$2 g y_0 < a \cdot c_0 < 3 \cdot g \cdot y_0$$

oder, wie oben, annähernd:

$$2 \cdot g \cdot y_0 < \frac{\Sigma (a \cdot c_0)}{n} < 3 \cdot g \cdot y_0$$

dann kann die maximale Druckhöhe in der ersten oder in der zweiten Phase auftreten; es richtet sich dies ganz nach der Größe der Schließgeschwindigkeit, d. h. der totalen Schließzeit T.

Wird die totale Schließzeit aus Gleichung ε) berechnet, so ist die maximale Druckhöhe in beiden Phasen die gleiche.

3. Fall:

$$a \cdot c_0 > 3 \cdot g \cdot y_0$$

oder allgemein:

$$\frac{\Sigma (a \cdot c_0)}{n} > 3 \cdot g \cdot y_0$$

dann tritt die maximale Druckhöhe während der Gegenstoßphase auf und ist somit aus Gleichung 40) zu berechnen.

Zwecks Feststellung der zahlenmäßigen Grenzwerte, innerhalb welcher sich die drei Fälle bewegen, dürfte es vorteilhaft sein, unter Zugrundelegung einer bestimmten gegebenen Rohrleitung (Material der Wandungen sei Flußeisen) die bezüglichen Berechnungen durchzuführen.

Die Blechstärke d sei für den Druck y_0 des Beharrungszustandes, mit einer bestimmten spez. Beanspruchung σ_z berechnet worden.

Es ist dann:

$$\sigma_z = \frac{\gamma \cdot y_0 \cdot D}{2 \cdot d}$$

oder:

$$\frac{D}{d} = \frac{2 \cdot \sigma_z}{1000 \cdot y_0}$$

wenn σ_z in kg/m² und y_0 in Metern eingesetzt wird.

Aus Gleichung 9) folgt dann:

$$\frac{1}{a^2} = \frac{1000}{g \cdot \varepsilon} + \frac{2 \cdot \sigma_z}{g \cdot E \cdot y_0}$$

Wählt man nun, um einige Sicherheit für den Fall einer hydrodynamischen Drucksteigerung zu haben:

$$\sigma_z = 7 \cdot 10^6 \text{ kg/m}^2 \text{ (bzw. 700 kg/cm}^2\text{)}$$

und setzt man:

$$E = 2 \cdot 10^{10} \text{ kg/m}^2 \text{ (für Schweißeisen)}$$

$$\varepsilon = 2{,}07 \cdot 10^8 \text{ kg/m}^2 \text{ (für Wasser)}$$

so kann leicht nachgewiesen werden, daß die Bedingung:

$$\alpha) \quad \ldots\ldots\ldots \quad a \cdot c_0 < 2 \cdot g \cdot y_0$$

auch in der Form:

$$c_0 < \sqrt{0{,}0274 \cdot y_0 + 0{,}00019 \cdot y_0^2}$$

geschrieben werden kann.

Ebenso ergibt dann die Bedingung:

$$\beta) \quad \ldots\ldots\ldots \quad a \cdot c_0 > 3 \cdot g \cdot y_0$$

die Beziehung:

$$c_0 > \sqrt{0{,}0615\, y_0 + 0{,}000\,43 \cdot y_0^2}.$$

Rechnet man mit Hilfe der beiden letzteren Beziehungen [α und β)] für einige Geschwindigkeiten c_0 die bezüglichen Druckhöhen y_0 aus, so ergibt sich folgende Tabelle:

Ist	$c_0 =$	1,5	2,0	2,5	3,0 m/sec
so tritt die maximale Druckhöhe in der ersten Phase auf, wenn	$y_0 >$	60	90	120	160 m
und in der zweiten Phase, wenn . .	$y_0 <$	30	50	70	90 m

Liegt hingegen der Wert von y_0 zwischen den beiden Grenzwerten (d. h. ist die Bedingung erfüllt: $2\,g\,y_0 < a\,c_0 < 3\,g\,y_0$), so tritt die maximale Druckhöhe in der ersten oder in der zweiten Phase auf, je nachdem die totale Schließzeit T größer oder kleiner als der durch Gleichung ε) definierte Wert ist.

An Hand von Zahlenbeispielen fällt es leicht, die vorstehend erläuterten Eigenschaften der hydrodynamischen Drucksteigerung auf ihre mathematische Richtigkeit zu prüfen.

Zahlenbeispiele.

1. Fall:

$$a \cdot c_0 < 2 \cdot g \cdot y_0 \,.$$

Es sei:

$a = 1000$ m/sec $\qquad c_0 = 2{,}50$ m/sec $\qquad y_0 = 150$ m.

Dann ist:

$$a \cdot c_0 = 2500 \text{ m}^2/\text{sec}^2$$
$$2 \cdot g \cdot y_0 = 2940 \text{ m}^2/\text{sec}^2.$$

Die Druckhöhe des direkten Wasserstoßes ist somit größer als diejenige des Gegenstoßes.

Nimmt man die Leitungslänge

$$L = 750 \text{ m}$$

an, so folgt:

$$\frac{2\,L}{a} = 1{,}5 \text{ Sek.}$$

Man hat dann auch:

$$H = 150 + \frac{2500}{9{,}81} = 405 \text{ m}\,.$$

Es sollen nun die Druckhöhen für verschiedene Schließzeiten T berechnet werden.

a) T = 3 Sekunden.

Die Druckhöhe $\mathfrak{y}$ am Ende der Phase des direkten Wasserstoßes, d. h. nach t = 1,5 Sekunden, ist dann zu berechnen aus:

$$\mathfrak{y}^2 - 2 \cdot \mathfrak{y} \cdot 459 + 405^2 = 0 \text{ (Gleichung 18.)}$$

$$\mathbf{\mathfrak{y} = 243 \text{ m.}}$$

Für die Druckhöhe während der Gegenstoßphase ergibt sich nach Gleichung 40):

$$z^2 - 2 \cdot z \cdot 1{,}0903 + 1 = 0.$$

Daraus:

$$z = 1{,}53$$

$$\mathfrak{y} = \mathbf{229{,}6\ m.}$$

b) T = 6 Sekunden.

Für diese Schließzeit ist die Druckhöhe am Ende der Phase des direkten Wasserstoßes zu berechnen aus der Gleichung:

$$\mathfrak{y}^2 - 2 \,.\, \mathfrak{y} \,.\, 526 + 405^2 = 0$$

$$\mathfrak{y} = \mathbf{190\ m.}$$

Die Druckhöhe $\mathfrak{y}$ während der Gegenstoßphase ergibt sich aus:

$$z^2 - 2 \,.\, z \,.\, 1{,}0226 + 1 = 0$$

$$z = 1{,}237$$

$$\mathfrak{y} = \mathbf{185{,}5\ m.}$$

c) T = 12 Sekunden:

Nach Gleichung 18) ist dann die Druckhöhe $\mathfrak{y}$ am Ende der Phase des direkten Wasserstoßes aus der Gleichung:

$$\mathfrak{y}^2 - 2 \,.\, \mathfrak{y} \,.\, 570 + 405^2 = 0$$

zu berechnen, man erhält:

$$\mathfrak{y} = \mathbf{168{,}8\ m}$$

während sich für die Gegenstoßphase die Druckhöhe $\mathfrak{y}$ aus der Gleichung:

$$z^2 - 2 \,.\, z \,.\, 1{,}0057 + 1 = 0$$

zu:

$$z = 1{,}109$$

$$\mathfrak{y} = \mathbf{166{,}3\ m}$$

ergibt.

Vergleicht man die oben erhaltenen Resultate miteinander, so erhellt, daß mit Zunahme der Schließzeit T die Differenz zwischen der Druckhöhe am Ende der ersten Phase und der Druckhöhe der Gegenstoßphase stets kleiner wird.

2. Fall.

$$\underline{2 \,.\, g \,.\, y_0 < a \,.\, c_0 < 3 \,.\, g \,.\, y_0 \,.}$$

Es sei:

$$a = 1000\ \text{m/sec}$$

$$c_0 = 2{,}5\ \text{m/sec}$$

$$y_0 = 100\ \text{m.}$$

Die Leitungslänge L sei wiederum wie früher = 750 m.

Dann ist:

$$\frac{2\,L}{a} = 1{,}50\ \text{Sek.}$$

Nach Gleichung ε) des vorigen Abschnittes ergibt sich dann für den Grenzwert der Schließzeit T der Ausdruck:

$$T = \frac{a \cdot c_0 - g \cdot y_0}{a \cdot c_0 - 2 \cdot g \cdot y_0} \cdot \frac{L}{a} = 2{,}110\ \text{Sek.}$$

d. h. die Druckhöhe am Ende der Phase des direkten Wasserstoßes ist größer oder kleiner als die Druckhöhe während der Gegenstoßphase, je nachdem die Schließzeit T kleiner oder größer als 2,110 Sekunden ist.

a) T = 2 Sekunden (d. h. T < 2,11 Sek.).

Nach Gleichung 18) ist dann die Druckhöhe am Ende der Phase des direkten Wasserstoßes zu berechnen aus:

$$\mathfrak{y}^2 - 2 \cdot \mathfrak{y} \cdot 375 + 355^2 = 0$$

$$\mathfrak{y} = 253{,}50\ \text{m.}$$

Für die Druckhöhe während der Gegenstoßphase findet man aus Gleichung 40):

$$z^2 - 2 \cdot z \cdot 1{,}458 + 1 = 0$$

$$z = 2{,}519$$

$$\mathfrak{y} = 251{,}90\ \text{m.}$$

b) T = 4 Sekunden (d. h. T > 2,11 Sek.).

Die Druckhöhe am Ende der Phase des direkten Wasserstoßes ergibt sich aus der Gleichung:

$$\mathfrak{y}^2 - 2 \cdot \mathfrak{y} \cdot 481 \cdot + 355^2 = 0$$

$$\mathfrak{y} = 155{,}00\ \text{m.}$$

und die Druckhöhe während der Gegenstoßphase erhält man aus:

$$z^2 - 2 \cdot z \cdot 1{,}114 + 1 = 0$$

$$z = 1{,}605$$

$$\mathfrak{y} = 160{,}50\ \text{m.}$$

Durch Vergleichung der unter a) und b) erhaltenen Resultate folgt ohne weiteres die Richtigkeit des eingangs erwähnten Satzes.

3. Fall.

$$a \cdot c_0 > 3 \cdot g \cdot y_0.$$

Es sei nunmehr:

$$a = 900 \text{ m/sec.}$$
$$c_0 = 2{,}50 \text{ m/sec.}$$
$$y_0 = 50 \text{ m.}$$

Dann ist:

$$a \cdot c_0 = 2250$$
$$3 \cdot g \cdot y_0 = 1470.$$

Die Druckhöhe am Ende der Phase des direkten Wasserstoßes ist also stets kleiner als die Druckhöhe während der Gegenstoßphase.

Die Rohrleitungslänge sei wiederum:

$$L = 750 \text{ m}$$

somit:

$$\frac{2\,L}{a} = 1{,}66 \text{ Sek.}$$

a) T = 3 Sekunden.

Die Druckhöhe am Ende der Phase des direkten Wasserstoßes ist dann aus der Gleichung:

$$\mathfrak{y}^2 - 2 \cdot \mathfrak{y} \cdot 401 + 279^2 = 0$$
$$\mathfrak{y} = 113 \text{ m}$$

zu berechnen, und die Druckhöhe während der Gegenstoßphase ergibt sich aus:

$$z^2 - 2 \cdot z \cdot 1{,}813 + 1 = 0$$
$$z = 3{,}325$$
$$\mathfrak{y} = 166{,}2 \text{ m.}$$

b) T = 6 Sekunden.

Am Ende der Phase des direkten Wasserstoßes ist dann die Druckhöhe $\mathfrak{y}$ aus der Gleichung:

$$\mathfrak{y}^2 - 2 \cdot \mathfrak{y} \cdot 569 \cdot + 279^2 = 0$$

zu berechnen, und man erhält:

$$\mathfrak{y} = 73{,}0 \text{ m.}$$

Die Druckhöhe während der Gegenstoßphase ergibt sich aus:

$$z^2 - 2 \cdot z \cdot 1{,}203 + 1 = 0$$
$$z = 1{,}872$$
$$\mathfrak{y} = 93{,}6 \text{ m.}$$

c) T = 12 Sekunden.

Die Druckhöhe am Ende der Phase des direkten Wasserstoßes ergibt sich dann aus:

$$\mathfrak{y}^2 - 2 \cdot \mathfrak{y} \cdot 695 + 279^2 = 0$$

zu:

$$\underline{\mathfrak{y} = 58{,}00 \text{ m}}$$

während die Druckhöhe der Gegenstoßphase aus der Gleichung:

$$z^2 - 2 \cdot z \cdot 1{,}051 + 1 = 0$$

zu berechnen ist. Man erhält:

$$\underline{\mathfrak{y} = 68{,}70 \text{ m.}}$$

Durch Vergleichung der unter a), b) und c) erhaltenen Resultate erhellt ohne weiteres, daß auch hier, wie im ersten Falle, die Differenz zwischen der Druckhöhe am Ende der ersten Phase und der Druckhöhe während der Gegenstoßphase mit wachsender Schließzeit abnimmt.

IV. Kapitel.

Verschiedene Aufgaben.

§ 12. Wasserstoß in einem geneigten Rohr.

Die Rohrleitungen, welche den Wasserkraftanlagen das nötige Betriebswasser zuführen, sind nun im allgemeinen geneigt (und nicht horizontal, wie in den vorigen Kapiteln angenommen wurde) und so disponiert, daß das Wasser einem oberen offenen Reservoir (Wasserschloß) entnommen und unten den Turbinen oder sonstigen Wasserkraftmaschinen zugeführt wird. Geneigte Rohrleitungen findet man auch bei den Hebern der Wasserversorgungsleitungen.

Es ist deshalb für die Praxis von großer Wichtigkeit, die in einem geneigten Rohr auftretenden veränderlichen Strömungen möglichst genau zu kennen.

Wir wollen nun nachsehen, inwieweit sich die in den vorigen Kapiteln für ein horizontales Rohr gewonnenen Gesetze und Formeln ohne weiteres auf ein geneigtes Rohr übertragen lassen.

Wir nehmen an, die Rohrachse[1]) sei geradlinig und bilde mit dem Horizont (d. h. der + x-Achse) den Winkel α. Das untere Rohrende sei (wie früher) der Ursprung eines Koordinatensystems und die Abszissen seien längs der Rohrachse zu messen.

Es kann nun leicht nachgewiesen werden, daß zufolge ihrer Ableitungsmethode die Differentialgleichungen 11) auch ohne weiteres auf den Fall eines geneigten Rohres anwendbar sind, sofern man die erste Gleichung des Systems 11) durch die Schwerkraftskomponente $g . \sin \alpha$ ergänzt.

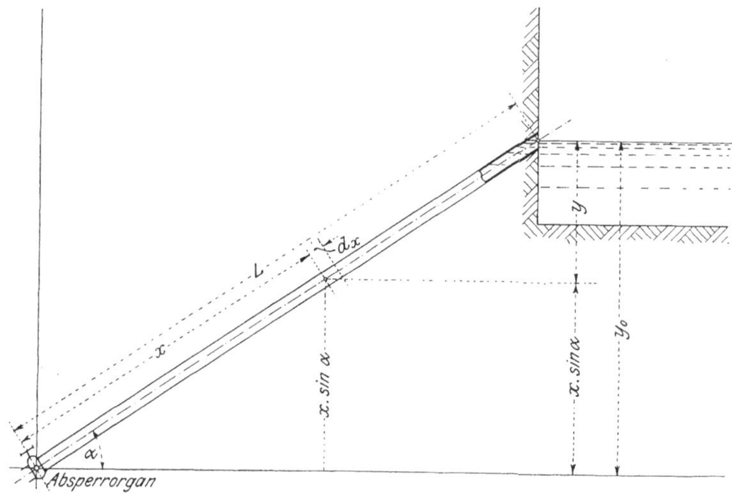

Fig. 10.

Wir haben dann:

$$41) \quad \ldots\ldots \quad \left\{ \begin{array}{l} \dfrac{\partial c}{\partial t} = g \cdot \dfrac{\partial y}{\partial x} + g \cdot \sin a \\[2ex] \dfrac{\partial c}{\partial x} = \dfrac{g}{a^2} \cdot \dfrac{\partial y}{\partial t} \quad . \end{array} \right.$$

Die Integration dieser Differentialgleichungen, d. h. die Darstellung des allgemeinen Integrals in geschlossener Form, ist nur durchführbar, wenn man den Parameter a als konstant annimmt. Diese Annahme ist bei einem horizontalen Rohr vollständig richtig, trifft aber bei einem geneigten Rohr nicht mehr genau zu, da die Wandstärke (d) bei einem solchen Rohr von unten nach oben abnimmt. Wie wir in § 3 gesehen haben, variiert nun aber a innerhalb ziemlich enger Grenzen, so daß man in

[1]) Siehe auch Figur 10.

einem konkreten Fall mit guter Annäherung für a einen Mittelwert wählen darf. Unter der Annahme a = konstant, liefert dann die Integration von Gleichung 41):

$$42) \quad \ldots\ldots \quad \begin{cases} y = y_0 - x \,.\, \sin\alpha + F - f \text{ [1]} \\ c = c_0 - \frac{g}{a}(F + f)\,. \end{cases}$$

Diese Gleichungen unterscheiden sich von den früher abgeleiteten Gleichungen 11) nur durch Hinzukommen des Gliedes $- x \,.\, \sin\alpha$.

Aus dem Gleichungssystem 42) geht unmittelbar hervor, daß die für das horizontale Rohr aufgestellten Formeln und Gesetze auch ohne weiteres für ein geneigtes Rohr gelten.

Im besondern gilt dies für die analytischen Verfahren zur Bestimmung der Druckvariation $\mathfrak{y}$ vor dem Absperrorgan und die Untersuchungen betreffs der Änderung der lebendigen Kraft des austretenden Wasserstrahles etc., da für $x = 0$ die Gleichungen 42) und 14) identisch werden.

Der einzige Unterschied besteht bezüglich der Druckverteilung längs der Rohrleitung, indem die Ordinaten der Drucklinie für das geneigte Rohr jeweilen um $x \,.\, \sin\alpha$ kleiner werden. Dies ist auch bei den Gegenstoßphasen der Fall. Die Grenzbedingung für die Einmündung ($x = L$) ist für das geneigte Rohr $y = 0$, und gleichzeitig wird dann $L \,.\, \sin\alpha = y_0$. Wenden wir also Gleichung 41) auf den Einmündungsquerschnitt an, so wird sie mit der für das horizontale Rohr abgeleiteten Gleichung 33) identisch.

Alle für das horizontale Rohr abgeleiteten Formeln und Bedingungen sind somit ohne weiteres auf das geneigte Rohr übertragbar; es müssen nur jeweilen die Ordinaten der Drucklinie des horizontalen Rohres, für das geneigte Rohr um den Betrag $x \,.\, \sin\alpha$ vermindert werden.

§ 13. Der negative Wasserstoß.

Wir bezeichnen mit negativem Wasserstoß die Erscheinung des Unterdruckes oder Druckabfalls, welcher entweder beim Öffnen eines talwärts oder beim Schließen eines bergwärts gelegenen Absperrorganes auftritt, und sich wie der Überdruck längs der Leitung fortpflanzt.

Typische Fälle sind z. B. im ersten Falle die Inbetriebsetzung einer Leitung (Öffnen der Turbinen) und im zweiten Falle ihre Abstellung.

[1]) Wie aus der Figur 10 hervorgeht, ist die zur Abszisse x gehörige Druckhöhe y, jeweilen um die bezügliche Höhenlage des Punktes über der Horizontalen zu vermindern.

Die in den vorigen Kapiteln für die veränderliche Strömung[1]) abgeleiteten Formeln und Gesetze sind (vide § 1) auf allgemeinster Grundlage abgeleitet worden, und gestattet uns dieser Umstand (ohne neue theoretische Untersuchungen, einfach vermittelst sinngemäßer Anwendungen der abgeleiteten Formeln), unmittelbar auf die Diskussion des negativen Wasserstoßes überzugehen.

Wir wollen nun als Beispiele diejenigen Formeln entwickeln, welche sich auf die Lösung folgender Probleme beziehen.

A. Inbetriebsetzung einer Leitung vermittelst Öffnens eines talwärts gelegenen Absperrorganes. (Öffnen von Turbinen etc.)

B. Bewegung eines in einem beliebigen Querschnitt (d. h. an beliebiger Stelle) der Rohrleitung sich befindenden Absperrorganes.

A. Inbetriebsetzung einer Leitung.

Unter Beibehaltung unserer bisherigen Bezeichnungsweise haben wir in unsere Formeln nun folgende Bedingungen einzuführen:

$$\psi(0) = 0\ ;\ c_0 = 0$$

und folglich:

$$H = y_0 .$$

Aus Gleichung 18) erhalten wir dann zur Bestimmung der Druckhöhenvariation während der Phase des direkten Wasserstoßes:

$$43) \quad \ldots \quad \mathfrak{y}^2 - 2\,\mathfrak{y}\left(y_0 + \frac{a^2 \cdot \psi^2(t)}{g}\right) + y_0^2 = 0\,^{2)}$$

oder:

$$43\,\text{bis}) \quad \ldots\ldots \quad a \cdot \psi(t) = (y_0 - \mathfrak{y})\sqrt{\frac{g}{2\,\mathfrak{y}}}\,.$$

Ebenso folgt aus Gleichung 36) für die Berechnung der Druckhöhe während der Gegenstoßphasen:

$$44) \quad .\ \mathfrak{y}^2 - 2\,\mathfrak{y}\left(y_0 - 2\,f + \frac{a^2 \cdot \psi^2(t)}{g}\right) + (y_0 - 2\,f)^2 = 0\,.$$

[1]) Positiver Wasserstoß.

[2]) Kann auch in der Form:

$$\mathfrak{y}^2 - 2\,\mathfrak{y}\,y_0 + y_0^2 + 2\,\mathfrak{y}\,\frac{a^2 \cdot \psi^2(t)}{g} = 0$$

geschrieben werden.

Wir nehmen nun wieder an, die Öffnungsbewegung finde nach linearem Gesetze statt, d. h. es sei die Gleichung:

$$45) \quad \psi(t) = \psi(T) \cdot \frac{t}{T}$$

erfüllt, welche auch in der Form:

$$45 \text{ bis}) \quad \psi(t) = \frac{c_1}{\sqrt{2 g y_0}} \cdot \frac{t}{T}$$

geschrieben werden kann, wobei $\psi(T)$ der Wert von $\psi(t)$ am Ende der Öffnungsbewegung (deren Dauer gleich T sei) und c_1 die entsprechende Beharrungsgeschwindigkeit bezeichnet.

Unter der Voraussetzung linearen Öffnens, können wir dann auch für $T > \frac{2L}{a}$ die in § 11 gemachten Überlegungen unmittelbar auf unsern Fall übertragen, d. h. wir können annehmen, daß die Druckhöhe $\mathfrak{y}$ vor dem Absperrorgan bis zum Stillstehen desselben, also während der Zeit der Gegenstoßphasen, in jedem Querschnitt konstant bleibt.

Die Druckhöhe $\mathfrak{y}$ ist dann durch die negative Wurzel der mit Gleichung 40) identischen Gleichung:

$$46) \quad z^2 - z(2 + n^2) + 1 = 0$$

gegeben, wo:

$$n = \frac{L \cdot c_0}{g \cdot T \cdot y_0} \qquad \text{und } z = \frac{\mathfrak{y}_1}{y_0}.$$

Der kleinste Druck, d. h. die größte Druckabnahme, tritt (vide § 9) zu Ende der Phase des direkten Wasserstoßes ein. Ist uns also die Aufgabe gestellt, die Öffnungsgeschwindigkeit des Absperrorganes, d. h. die Öffnungszeit T so zu bestimmen, daß der Druck nicht unter einen gewissen vorgeschriebenen Druck $\mathfrak{y}_s$ fällt, so hat man einfach in Gleichung 43 bis) und Gleichung 45) für $t = \frac{2L}{a}$ zu setzen und dann $\psi(t)$ zu eliminieren.

Es folgt:

$$47) \quad T = \frac{L \cdot c_1}{g \cdot y_0} \cdot \frac{2\sqrt{s}}{1 - s}$$

wo:

$$s = \frac{\mathfrak{y}_s}{y_0}.$$

Bleibt aber das Absperrorgan vor dem Ende der Phase des direkten Wasserstoßes stehen, so bleibt die Druckhöhe $\mathfrak{y}$ für den Rest der Phase konstant und ist mit Hilfe der Gleichung 43) zu berechnen, indem man in ihr für $\psi(t)$, den Wert von $\psi(T)$ setzt.

Vom Moment des Stillstehens des Absperrorganes an, falls $T > \frac{2L}{a}$, oder vom Zeitpunkt $t = \frac{2L}{a}$ an, falls $T < \frac{2L}{a}$, nähert sich die Druckhöhe $\mathfrak{y}$ wieder dem Druck y_0, d. h. die hydrodynamischen Verhältnisse der Wassersäule gehen langsam in diejenigen des Beharrungszustandes über.

Das Gesetz des Druckverlaufes in dieser asymptotischen Phase ist durch die Gleichung 44) gegeben, und man kann nach den Darlegungen des § 9 folgendes sagen:

1. Ist $a \,.\, \psi(T) > u_0$, so nähert sich die hydrodynamische Erscheinung asymptotisch dem neuen Beharrungszustand.

2. Ist $a \,.\, \psi(T) < u_0$, so hat die Erscheinung einen oszillatorischen Charakter von der Periode $\frac{4L}{a}$. Es entstehen eine Reihe positiver Wasserstöße, deren Intensität aber mit wachsender Zeit abnimmt.

Man kann die Bedingung $a \,.\, \psi(t) \gtrless u_0$ auch in anderer Weise anschreiben, wenn man berücksichtigt, daß $c_1 = u_0 \,.\, \psi(T)$ ist; so folgt $c_1 \gtrless \frac{2g}{a} y_0$[1]. Setzt man die bezüglichen mittleren Zahlenwerte ein, so erhält man $c_1 \gtrless 0{,}02\, y_0$, d. h. wir bekommen Werte für c_1, wie sie in der Praxis öfters auftreten.

Wenn $a \,.\, \psi(T) < u_0$ so ist der stärkste positive Wasserstoß der erste der Serie; er tritt $\frac{2L}{a}$ Sekunden nach dem Stillstehen des Absperrorganes ein oder bei $t = \frac{4L}{a}$ Sekunden, falls $T < \frac{2L}{a}$. Es ist jedenfalls von Wichtigkeit, denjenigen Wert von $\psi(T)$ zu bestimmen, bei welchem der positive Gegenstoß ein Maximum erreicht.

---

[1]) Man kann $a \,.\, \psi(T) \gtrless u_0$ auch in der Form schreiben:

$$\psi(T) \gtrless \frac{u_0}{a}\,.$$

Man hat aber auch:

$$\psi(T) = \frac{c_1}{u_0}$$

und somit:

$$\frac{c_1}{u_0} \gtrless \frac{u_0}{a}$$

d. h.:

$$c_1 \gtrless \frac{u_0^2}{a} \quad \text{u. s. f.}$$

Da im Augenblick des Stillstehens des Abschlußorganes $\mathfrak{y}_1 < y_0$ ist, so bedeutet jedenfalls die Funktion f in Gleichung 44) für die Zeit

$$t = T + \frac{2L}{a}$$

eine negative Größe[1]). Die Druckhöhe des positiven Wasserstoßes wird also für einen gegebenen Wert von $\psi(T)$ um so größer sein, je größer $-f$ ist, d. h. je größer der Druckabfall im Moment des Stillstehens des Abschlußorganes gewesen ist. Die erste Bedingung, damit der positive Wasserstoß ein Maximum wird, ist folglich: Die Öffnungsbewegung des Absperrorganes muß während der Phase des direkten Wasserstoßes stattfinden; welche Bedingung sich auch durch die Gleichung:

$$T \leqq \frac{2L}{a}$$

ausdrücken läßt.

Nach Gleichung 43 bis) haben wir dann am Ende der Phase des direkten Wasserstoßes die Relation:

$$a \cdot \psi(T) = (y_0 - \mathfrak{y}_s)\sqrt{\frac{g}{2 \cdot \mathfrak{y}_s}}$$

und im Moment des positiven Gegenstoßes:

$$f = \mathfrak{y}_s - y_0 \,.\; ^{2})$$

[1]) Durch die Öffnungsbewegung des Abschlußorganes fällt der Druck $\mathfrak{y}$ und es muß somit die Differenz der Funktionen $F(t)$ und

$$F\left(t - \frac{2L}{a}\right)$$

eine negative Größe bedeuten.

[2]) Für die Phase des direkten Wasserstoßes, d. h. für $t \leqq \frac{2L}{a}$, gilt die Gleichung 12 bis) und wir erhalten für das Stillstehen des Absperrorganes:

$$\left(t = T < \frac{2L}{a}\right):$$

a) . . . . $\mathfrak{y}_s = y_0 + F(T)$.

Ist $t = t_1$ die Zeit des positiven Gegenstoßes, so erhalten wir die Relation:

$$\left(\text{wenn } T = \frac{2L}{a}\right):$$

$$t_1 = T + \frac{2L}{a}$$

oder:

$$T = t_1 - \frac{2L}{a}.$$

Setzen wir diese Werte von $a . \psi(T)$ und f in Gleichung 44) ein, und substituieren wir gleichzeitig an Stelle von $\frac{\mathfrak{y}_s}{y_0} = s$ [1]) und an Stelle von $\frac{\mathfrak{y}_1}{y_0} = z$, so bekommen wir für die Bestimmung der Druckhöhe des positiven Gegenstoßes die Gleichung:

$$48) \quad z^2 - 2z\left(3 - 2s + \frac{(1-s)^2}{2s}\right) + (3-2s)^2 = 0 \,.\ ^{2)}$$

Substituieren wir diesen Wert in die obige Gleichung a), so folgt:

$$\mathfrak{y}_s = y_0 + F\left(t_1 - \frac{2L}{a}\right) = y_0 + f$$

somit:

$$\underline{f = \mathfrak{y}_s - y_0}$$

(gültig für den Augenblick des positiven Gegenstoßes).

[1]) Es bedeutet $\mathfrak{y}_s$ den kleinsten Druck im Augenblick des Stillstehens des Absperrorganes $t = T$ und $\mathfrak{y}_1$ den Druck zur Zeit $t = \frac{2L}{a} + \frac{2L}{a}$, d. h. die Druckhöhe des positiven Gegenstoßes.

[2]) Wenden wir die Gleichung 44) auf den Augenblick $t_1 = T + \frac{2L}{a}$ nach dem Stillstehen des Absperrorganes an, so bekommen wir:

$$b) \quad \mathfrak{y}_1^2 - 2\mathfrak{y}_1\left(y_0 - 2f + \frac{a^2\psi^2(t_1)}{g}\right) + (y_0 - 2f)^2 = 0 \,.$$

Da für jede Zeit $t > T$ der Wert von $\psi(t)$ konstant bleibt (weil das Absperrorgan sich nicht mehr bewegt), so ist:

$$\psi(T) = \psi\left(T + \frac{2L}{a}\right) = \psi(t_1) \,.$$

Substituieren wir dann in die obige Gleichung b) die früher berechneten Werte von $\psi(T)$ und f, so erhalten wir:

$$\mathfrak{y}_1^2 - 2\mathfrak{y}_1\left(y_0 - 2(\mathfrak{y}_s - y_0) + \frac{(y_0 - \mathfrak{y}_s)^2}{2\mathfrak{y}_s}\right) + \left(y_0 - 2(\mathfrak{y}_s - y_0)\right)^2 = 0 \,.$$

Nach einigen Umformungen erhält man:

$$\left(\frac{\mathfrak{y}_1}{y_0}\right)^2 - \left(\frac{\mathfrak{y}_1}{y_0}\right)\left[3 - 2 . \frac{\mathfrak{y}_s}{y_0} + \frac{1 - 2\frac{\mathfrak{y}_s}{y_0} + \left(\frac{\mathfrak{y}_s}{y_0}\right)^2}{2\frac{\mathfrak{y}_s}{y_0}}\right] + \left(3 - 2\frac{\mathfrak{y}_s}{y_0}\right)^2 = 0$$

und nach Einführung der Substitutionen:

$$z^2 - 2z\left(3 - 2s + \frac{(1-s)^2}{2s}\right) + (3-2s)^2 = 0$$

w. z. b. w.

Differenzieren wir diese Gleichung nach s und setzen wir $\frac{\partial z}{\partial s} = 0$, so bekommen wir eine Gleichung dritten Grades aus welcher sich derjenige Wert von s berechnen läßt, für welchen z ein Maximum wird.

Wir erhalten:

$$12\,s^3 - 20\,s^2 + 2\,s + 3 = 0\,.$$ [1]

Die einzige reelle Wurzel dieser Gleichung ist:

$$s = 0{,}555$$

d. h.:

$$\mathfrak{y}_s = 0{,}555\,y_0\,.$$

Setzen wir den obigen Wert von s in Gleichung 48) ein, so erhalten wir (indem wir berücksichtigen, daß der Natur der Erscheinung nach $z \leqq 2$ sein muß, d. h. $\mathfrak{y}_1 \leqq 2\,y_0$) als maximalen Wert von z:

$$z_{max} = 1{,}228$$

d. h.:

$$\mathfrak{y}_1 = 1{,}228\,y_0$$

und, indem wir den bezüglichen Wert von $\mathfrak{y}_s$ in die Gleichung 43 bis) einsetzen, ergibt sich:

$$a\,.\,\psi\,(T) = 0{,}3\,.\,u_0\,.$$ [2]

Diese Ergebnisse lassen sich in folgender Weise zusammenfassen:

Wird bei der Inbetriebsetzung einer Rohrleitung das Absperrorgan bei einer Öffnungszeit $T \leqq \frac{2\,L}{a}$ um den Betrag $\psi\,(T) = \frac{0{,}3\,.\,u_0}{a}$ geöffnet, so erhält man im Augenblick $t = \frac{4\,L}{a}$ vor dem Absperrorgan einen positiven Gegenstoß dessen maximale Intensität $\mathfrak{y}_1 = 1{,}228\,y_0$ ist, welcher Wert uns auch den maximalen Betrag des durch eine Öffnungsbewegung hervorvorgerufenen positiven Gegenstoßes darstellt.

---

[1]) Entstanden durch Kombination der differentierten Gleichung 48) mit der ursprünglichen Gleichung 48).

[2]) Es ist:

$$a\,.\,\psi\,(T) = (y_0 - 0{,}555\,y_0)\sqrt{\frac{g}{1{,}11\,.\,y_0}}$$

$$a\,.\,\psi\,(T) = 0{,}445\sqrt{\frac{g\,.\,y_0}{1{,}11}} = 0{,}445\sqrt{\frac{2\,g\,y_0}{2{,}22}}$$

$$a\,.\,\psi\,(T) = \frac{0{,}445}{1{,}490}\sqrt{2\,g\,y_0} = 0{,}3\,.\,u_0\,.$$

Damit beim Öffnen des Absperrorganes:

$$\left(T \leqq \frac{2\,L}{a}\right)$$

ein positiver Gegenstoß auftritt, ist es aber nicht absolut notwendig, daß $a \,.\, \psi(T)$ genau den oben berechneten Wert annimmt, es genügt vielmehr vollkommen, wenn s zwischen den Grenzen 0,5 und 0,7 [bzw. $a \,.\, \psi(T)$ zwischen $0{,}35\, u_0$ und $0{,}18\, u_0$] bleibt, um einen bemerkenswerten Gegenstoß ($z > 1{,}2$) hervorzubringen.

Nehmen wir schließlich an, das Absperrorgan werde in den ersten $\frac{2\,L}{a}$ Sek. um $\psi(T) = \frac{0{,}3 \,.\, u_0}{a}$ geöffnet, und während der darauffolgenden $\frac{2\,L}{a}$ Sek. wieder vollständig geschlossen, dann ist die Intensität des im Moment des Schließens auftretenden positiven Wasserstoßes größer als diejenige, welche auftreten würde, wenn wir das Absperrorgan bei den gleichen Öffnungs- und Beharrungsverhältnissen in einer Zeit $T \leqq \frac{2\,L}{a}$ zuschließen würden.

Es kann dies leicht mit Hilfe der Gleichungen 44) und 17) nachgewiesen werden.

Setzen wir in Gleichung 44):

$$\psi(0) = 0: \qquad f = \mathfrak{y}_s - y_0 = 0{,}555\, y_0 - y_0$$

somit:

$$f = -0{,}445 \,.\, y_0$$

so folgt:

$$\mathfrak{y}_1 = y_0 - 2\,f = y_0 + 0{,}89\, y_0$$

$$\boldsymbol{\mathfrak{y}_1 = 1{,}89 \,.\, y_0}.$$

Nehmen wir hingegen an, das Absperrorgan werde in einer Zeit $T \leqq \frac{2\,L}{a}$, aus der Öffnung $\psi(T) = \frac{0{,}3 \,.\, u_0}{a}$ geschlossen, so ergibt sich für den dabei auftretenden positiven Wasserstoß als maximaler Wert (nach Gleichung 17):

$$\mathfrak{y}_1 = H = y_0 + \frac{a \,.\, c_0}{g}.$$

In unserm Falle ist:

$$c_0 = c_1 = u_0 \,.\, \psi(T) = u_0 \,.\, \frac{0{,}3 \,.\, u_0}{a}$$

somit:

$$c_0 = \frac{0{,}3 \,.\, u_0^2}{a}$$

und damit:

$$\mathfrak{y}_1 = y_0 + \frac{a}{g} \cdot \frac{0{,}3 \,.\, u_0^2}{a} = y_0 + \frac{0{,}6 \,.\, u_0^2}{2\,g}$$

$$\mathfrak{y}_1 = \mathbf{1{,}60} \,.\, y_0 .$$

Wir glauben mit diesen allgemeinen Beispielen genügend gezeigt zu haben, wie fruchtbar die Anwendung rationeller Formeln auf die Klärung der durch die Bewegung eines Absperrorganes hervorgerufenen hydrodynamischen Erscheinungen der veränderlichen Strömung sein kann.

Zahlenbeispiele.

Es sei eine Rohrleitung mit folgenden Daten gegeben:

$$L = 5000 \text{ m} \qquad y_0 = 50 \text{ m}$$

$$a = 1000 \text{ m/sec} \qquad \frac{2\,L}{a} = 10 \text{ Sek.}$$

Die Leitung soll durch lineares Öffnen eines am untern Ende derselben sich befindenden Absperrorganes in Betrieb gesetzt werden.

Die Geschwindigkeit c_t des die Rohrleitung durchströmenden Wassers sei im Beharrungszustand = 1,565 m/sec.

Wir haben dann auch:

$$u_0 = \sqrt{2\,g\,y_0} = 31{,}35 \text{ m/sec}$$

$$c_t = 1{,}565 \text{ m/sec}$$

somit:

$$\psi\,(T) = \frac{c_t}{u_0} = \frac{1{,}565}{31{,}35} = 0{,}05\,.$$

Es ergibt sich:

$$\underline{a \,.\, \psi\,(T) = 50 \text{ m/sec}}$$

d. h.:

$$\underline{a \,.\, \psi\,(T) > u_0}$$

es treten also nach dem Stillstehen des Absperrorganes keine Druckschwingungen auf, wie groß auch die Öffnungsgeschwindigkeit gewesen ist.

1. Fall.

Es sei die Bedingung gestellt, die Öffnungsgeschwindigkeit des Absperrorganes, d. h. die Öffnungszeit T, so zu bestimmen, daß der am Ende der Phase des direkten Wasserstoßes sich ergebende Druckabfall die Hälfte der Druckhöhe y_0 des Beharrungszustandes nicht überschreitet.

Aus Gleichung 47) ergibt sich für die zu berechnende Öffnungszeit:

$$T = \frac{L \cdot c_1}{g \cdot y_0} \sqrt{\frac{4 s}{(1 - s)^2}}$$

wo:

$$s = \frac{\mathfrak{y}_s}{y_0} = 0,5$$

da nach den Bedingungen der Aufgabe:

$$\mathfrak{y}_s = 0,5\, y_0$$

sein soll.

Wir erhalten:

$$T = \frac{5000 \,.\, 1,565}{9,81 \,.\, 50} \sqrt{\frac{4 \,.\, 0,5}{(1 - 0,5)^2}} = 45 \text{ Sek.}$$

$$T = 45 \text{ Sek.}$$

Unter Zugrundelegung dieser Öffnungszeit sind die sukzessiven Werte von $\mathfrak{y}$, d. h. der Druckhöhe vor dem Absperrorgan, berechnet und in nachstehender Tabelle zusammengestellt worden.

Für die Berechnung der Druckhöhen während der Phase des direkten Wasserstoßes:

$$t < \frac{2\,L}{a} \quad \text{d. h. } t < 10 \text{ Sek.}$$

dient die Gleichung 43), und für die darauffolgende Zeit der Gegenstoßphasen ergibt die Gleichung 44) die jeweiligen Werte der Druckhöhe $\mathfrak{y}$.

Die betreffenden Werte der Funktion $\psi(t)$ wurden aus der Gleichung 45) ermittelt.

Es ist:

$$\psi(t) = \frac{c_1}{u_0} \cdot \frac{t}{T} = 0,05 \frac{t}{T}$$

$$\psi(t) = 0,05 \frac{t}{T}.$$

Setzen wir dann für T den bezüglichen Wert ein, so folgt:

$$\psi(t) = \frac{0,05}{45} t = 0,00111 \,.\, t$$

somit:

$$\psi(t) = 0,0011 \,.\, t$$

für $0 \leqq t \leqq 45''$.

Für $t > T$, d. h. $t > 45$ Sek. ist $\psi(t)$ konstant, und wir haben:

$$\psi(t) = 0,05 = \psi(T) \text{ für } t \leqq 45''.$$

Es wurden dann ebenfalls die Werte der Funktion F (t) für die resp. Zeiten berechnet, und zwar aus Gleichung 12 bis) für die Phase des direkten Wasserstoßes:

$$\mathfrak{y} = y_0 + F(t)$$

$$F(t) = \mathfrak{y} - y_0$$

wenn $t \leqq 10''$; aus Gleichung 35) für die Gegenstoßphasen:

$$\mathfrak{y} = y_0 + F(t) - F\left(t - \frac{2L}{a}\right)$$

d. h.:

$$F(t) = \mathfrak{y} - y_0 + F(t - 10'')$$

wenn $t \geqq 10''$.

Tabelle

Zeit = t	Druck = $\mathfrak{y}$	Funktion F (t)
0 Sek.	50,00 m	0,00 m
5	31,97	18,03
10	25,00	25,00
15	39,03	29,00
20	38,24	36,76
25	34,92	44,08
30	34,75	52,01
35	34,68	59,40
40	35,09	66,92
*)45	35,07	74,33
50	40,36	76,56
55	45,81	78,52
60	47,68	78,88

In Fig. 11 ist der Druckverlauf in Funktion der Zeit graphisch zur Darstellung gebracht und ist daraus ersichtlich, daß der Druck nach dem Anhalten des Absperrorganes sich asymptotisch dem Druck y_0 des Beharrungszustandes nähert.

Während der Zeit der Gegenstoßphasen ist (vide Tabelle) der Druck $\mathfrak{y}$ beinahe konstant und beträgt im Mittel ca. 35 m.

Berechnen wir mit Hilfe der Gleichung:

$$46)\quad . \quad . \quad z^2 - z\left(2 + \left(\frac{L \cdot c_1}{g \cdot T \cdot y_0}\right)^2\right) + 1 = 0$$

*) Stillstehen des Absperrorganes.

den Druck zur Zeit der Gegenstoßphasen, so ergibt sich als Bestimmungsgleichung:

$$z^2 - 2{,}1255\,z + 1 = 0$$

und daraus:

$$z = 0{,}701$$

somit:

$$\mathfrak{y}_1 = z \cdot y_0$$

$$\mathfrak{y}_1 = 35{,}05 \text{ m}.$$

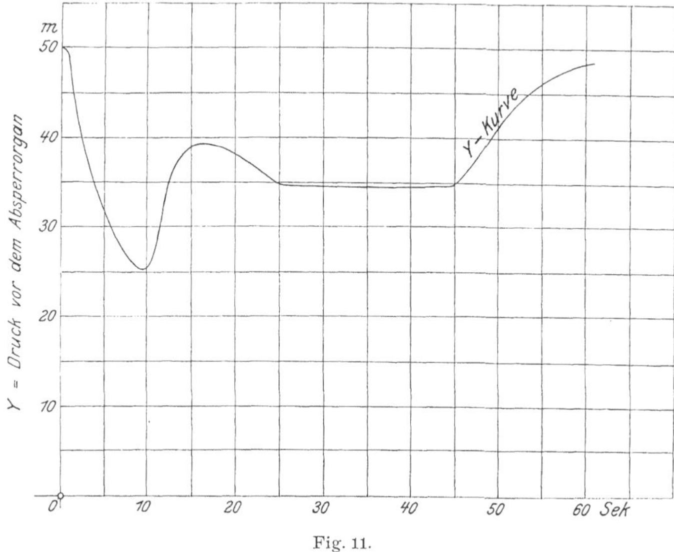

Fig. 11.

2. *Fall:*

Wir nehmen an, das Absperrorgan werde in einer Zeit:

$$T < 10 \text{ Sek.} \left(\frac{2\,L}{a}\right)$$

um denselben Betrag $\psi(T) = 0{,}05$ geöffnet. Es ergibt sich dann ein ganz enormer Druckabfall und die Erscheinung ist charakterisiert durch Intervalle konstanten Druckes von der Dauer $10'' - T$, welche in Perioden von $10''$ aufeinander folgen. Die Druckhöhe nähert sich während der Dauer der Perioden asymptotisch der Druckhöhe y_0 des Beharrungszustandes.

In der folgenden Zahlentabelle sind die für eine Öffnungszeit von $T = 5$ Sek. sich ergebenden Werte der Druckhöhe $\mathfrak{y}$ zusammengestellt sowie in Fig. 12 graphisch zur Darstellung gebracht.

Zur Berechnung der Druckhöhe $\mathfrak{y}$ dienten, wie im ersten Fall, die Gleichungen 43) für $0 \leqq t \leqq 10$ Sek. und 44) für $t \geqq 10$ Sek.

Zur Berechnung der Funktion $\psi(t)$ ergibt sich aus Gleichung 45):

$$\psi(t) = 0{,}05 \cdot \frac{t}{T} = \frac{0{,}05}{5}\, t = 0{,}01 \,.\, t$$

somit:

$$\underline{\psi(t) = 0{,}01 \,.\, t.}$$

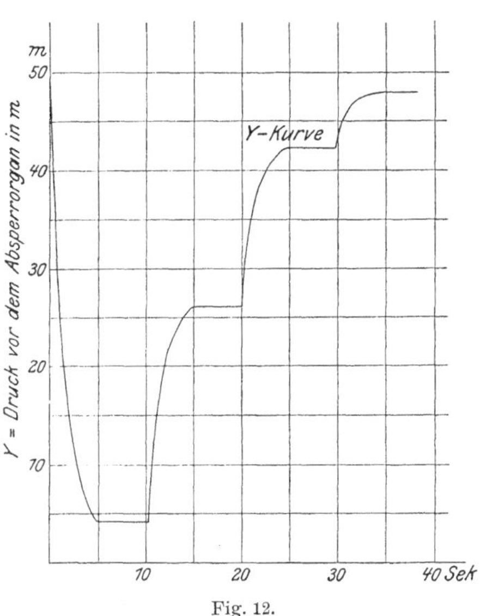

Fig. 12.

Tabelle

t	$\mathfrak{y}$	t	$\mathfrak{y}$	t	$\mathfrak{y}$	t	$\mathfrak{y}$
0″	50,00 m						
1	26,67	11″	13,54 m	21″	35,20 m	31″	46,01 m
2	15,01	12	19,71	22	39,05	32	47,23
3	9,11	13	23,58	23	40,63	33	47,57
4	5,95	14	25,05	24	41,86	34	47,92
5	4,13	15	26,18	25	42,36	35	48,07
6	„	16	„	26	„	36	„
7	„	17	„	27	„	37	„
8	„	18	„	28	„	38	„
9	„	19	„	29	„	39	„
10	4,13	20	26,18	30	42,36	40	„

3. Fall:

Angenommen, die Bewegung des Absperrorganes erfolge nach dem gleichen linearen Gesetz wie im ersten Fall, es werde aber am Ende der Phase des direkten Wasserstoßes, d. h. nach 10 Sekunden, zum Stillstande gebracht.

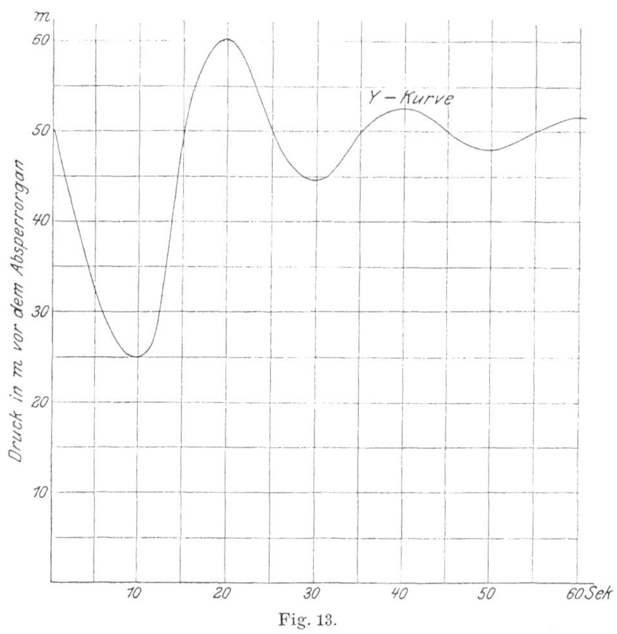

Fig. 13.

Für den Augenblick des Stillstehens des Absperrorganes ist dann der Wert der Funktion $\psi(t_1)$ zu berechnen aus:

$$\psi(t_1) = 0{,}00111\, t_1 = 0{,}00111 \,.\, 10$$

somit:

$$\psi(10'') = 0{,}0111\,.$$

Dann ist:

$$a \,.\, \psi(10'') = 11{,}10 \text{ m/sec.}$$

Wir hatten:

$$u_0 = 31{,}35 \text{ m/sec.}$$

Es ist also in diesem Fall:

$$a \,.\, \psi(t_1) < u_0$$

d. h. die Druckhöhe $\mathfrak{y}$ hat in der auf das Stillstehen des Absperrorganes folgenden Phase einen oszillatorischen Verlauf (vide § 9) mit abnehmender Amplitude und der Periode $\frac{4\,L}{a} = 20$ Sekunden.

Da ferner $a \cdot \psi(t_1)$ sich von $0{,}3\,u_0$ wenig unterscheidet [$a \cdot \psi(t_1) = 11{,}10$ m/sec; $0{,}3\,u_0 = 9{,}4$ m/sec], so muß nach 20 Sekunden ein positiver Gegenstoß auftreten, dessen Intensität $\mathfrak{y}_1$ ca. $1{,}228\,y_0$ sein wird.

In untenstehender Tabelle wurden die mit Hilfe der Gleichungen 43) [für $0 \leqq t \leqq 10$ Sek.] und 44) [für $t \geqq 10$ Sek.] sich für Intervalle von 5 Sekunden ergebenden Druckhöhen $\mathfrak{y}$ eingetragen sowie in Fig. 13) graphisch dargestellt, und ist aus Tabelle wie Figur die Natur der Oszillationen deutlich zu ersehen.

Tabelle.

t	$\mathfrak{y}$	F(t)
0 Sek.	50,00 m	0 m
5	31,97	— 18,03
10	25,00 Erstes Minimum	— 25,00
15	50,42	— 17,61
20	60,93 Erstes Maximum	— 14,07
25	49,80	— 17,81
30	44,61 Zweites Minimum	— 19,46
35	50,09	— 17,72
40	52,53 Zweites Maximum	— 16,93
45	49,97	— 17,75
50	48,10 Drittes Minimum	— 18,83
55	50,00	— 17,75
60	51,60 Drittes Maximum	— 17,23

B. Bewegung eines in einem beliebigen Querschnitt der Rohrleitung gelegenen Absperrorganes.

Die Schließ- resp. Öffnungsbewegung eines in einem beliebigen Querschnitt der Rohrleitung gelegenen Absperrorganes verursacht jedenfalls einen Druckanstieg resp. Druckabfall vor bzw. hinter dem Absperrorgan (wenn Schließen) oder einen Druckabfall resp. Druckanstieg vor bzw. hinter dem Absperrorgan (wenn Öffnen).

Es läßt sich nun leicht nachweisen, daß während der Phase des direkten Wasserstoßes die Druckvariationen vor dem Absperrorgan entgegengesetzt gleich denjenigen hinter ihm sind.

Nehmen wir z. B. eine Schließbewegung an, und bezeichnen wir die sich auf die Talstrecke beziehenden Größen mit *, so erhalten wir folgende Relationen:

$$\left(0 \leqq t \leqq \frac{2L}{a}\right)$$

vor dem Absperrorgan:

$$\alpha) \quad \ldots\ldots \quad \begin{cases} \mathfrak{y} = y_0 + F(t) \quad ^{1)} \\ C = c_0 - \frac{g}{a} F(t) \end{cases}$$

hinter dem Absperrorgan:

$$\beta) \quad \ldots\ldots \quad \begin{cases} \mathfrak{y}^* = y_0 - f^*(t) \\ C^* = c_0 - \frac{g}{a} f^*(t) \end{cases}$$

Nach der Kontinuitätsgleichung ist:

$$C = C^*$$

und nach früheren Beziehungen:

$$\underline{C = u \cdot \psi(t) = C^*.}$$

Dann folgt aus den zweiten Gleichungen der Gleichungssysteme α) und β):

$$\underline{F(t) = f^*(t).}$$

Durch Subtraktion der beiden ersten Gleichungen von α) und β) erhalten wir:

$$F(t) + f^*(t) = F(t) + F(t) = \mathfrak{y} - \mathfrak{y}^*$$

und daraus:

$$\mathbf{F(t) = \frac{1}{2}(\mathfrak{y} - \mathfrak{y}^*).}$$

Wenn wir dann diese Gleichung mit der Ausflußgleichung:

$$\underline{u^2 - C^2 = 2g(\mathfrak{y} - \mathfrak{y}^*)}$$

kombinieren, so erhalten wir eine Gleichung 2. Grades (ähnlich 18) zur Bestimmung der Unbekannten $\mathfrak{y}$ oder $\mathfrak{y}^*$.

Die Untersuchung der Erscheinung der durch die Reaktion des Reservoirs und durch den veränderlichen Ausfluß der Ausmündung hervorgerufenen Gegenstöße führt zwar auf komplizierte Gleichungen, ohne jedoch außerordentliche Schwierigkeiten zu bieten.

Ein einfacher und sehr interessanter Spezialfall ist der, bei welchem sich das Absperrorgan im Eintrittsquerschnitt, d. h. zwischen Reservoir und Rohrleitung, befindet.

Einen anderen, ebenfalls sehr interessanten aber komplizierten Fall, erhalten wir unter der Annahme gleichzeitigen Schließens zweier, an den jeweiligen Enden der Rohrleitung sich befindender Absperrorgane.

---

[1]) Die Bedeutung von F (t) und f (t) folgt aus Gleichung 14) für $x = 0$. Siehe auch Gleichung 13).

Diese beiden Fälle sowie andere ähnliche Aufgaben lassen sich zahlenmäßig vermittelst[1]) der Formeln der veränderlichen Strömung und der Ausflußgrenzbedingungen leicht lösen. Eine detallierte Untersuchung der auftretenden Erscheinungen würde uns aber hier zu weit führen.

§ 14. Windkessel.

(Luftkissen oder Federakkumulatoren.)

Zum Zweck, die Wirkung der Wasserstöße zu vermindern, werden manchmal in der Nähe des Absperrorganes in die Rohrleitung Luftkammern (Windkessel) eingebaut, in der Annahme, daß ein Teil der lebendigen Kraft der Wassersäule durch die Kompression der Luft absorbiert werde, womit eine Verminderung des Druckanstiegs bewirkt würde.

Die praktische Erfahrung hat nun aber gezeigt, daß der Windkessel keineswegs die ihm zugeschriebenen Funktionen befriedigend erfüllt, und werden wir auch in den nachfolgenden theoretischen Betrachtungen nachweisen, daß diese Minderwertigkeit des Windkessels ihre theoretische Begründung hat.

Wir benutzen nun wiederum die Gleichungen 12), 14), 34) und 35), die zufolge ihrer, auf allgemeiner Grundlage fußenden Ableitung auch auf unsern jetzigen Fall anwendbar sind. Diese Gleichungen liefern uns eine Beziehung zur Berechnung der Größen y, c, $\mathfrak{y}$ und C.

Die Kontinuitätsgleichung $C = u \,.\, \psi(t)$ hingegen muß durch eine neue Beziehung ersetzt werden, welche zum Ausdruck bringt, daß die in der Zeiteinheit vor dem Absperrorgan durchfließende Wassermenge gleich ist der Summe der durch das Absperrorgan fließenden plus der in den Windkessel eindringenden Wassermenge.

Es sei $\pi \,.\, R^2 \,.\, l_0$ das sich im Windkessel unter dem Druck $p = y_0$ befindende Luftvolumen. [Wenn der Querschnitt des Windkessels gleich dem Querschnitt der Rohrleitung wäre, dann würde l_0 direkt die Länge des sich im Windkessel befindenden Luftvolumens angeben. Ist allgemein der Durchmesser des Windkessels $= \mathfrak{D}$ und die Länge des Luftvolumens $= \mathfrak{C}$, so folgt:

$$\pi \,.\, R^2 \,.\, l_0 = \frac{\pi}{4} \cdot \mathfrak{D}^2 \,.\, \mathfrak{C} = \frac{\pi}{4} \cdot D^2 \,.\, l_0$$

somit:

$$l_0 = \left(\frac{\mathfrak{D}}{D}\right)^2 \mathfrak{C} \,.]$$

[1]) Die bezüglichen Formeln wurden in den vorigen Kapiteln abgeleitet.

Wir nehmen ferner an, die Kompression und Expansion der sich im Windkessel befindenden Luft geschehe isothermisch. (Diese Hypothese bedingt jedoch einige Vorbehalte.) Ist p der Druck und v das Volumen, so sei also die Gleichung:

$$p \cdot v = p_0 \cdot v_0 = \text{konst.}$$

erfüllt.

Für den Druck $\mathfrak{y}$ erhalten wir dann die Beziehung:

$$v \cdot (\mathfrak{y} + h) = v_0 \cdot (y_0 + h)$$

worin h den Atmosphärendruck, d. h. $h = 10{,}333$ m Wassersäule, bedeutet.

Setzen wir die bezüglichen Werte ein, so folgt:

$$\underline{v = \frac{y_0 + h}{\mathfrak{y} + h} \pi \cdot R^2 \cdot l_0.}$$

Für eine in der Zeit ∂t stattfindende Druckänderung $\partial \mathfrak{y}$ erhalten wir dann als entsprechende Volumenänderung ∂v;

$$\frac{\partial v}{\partial t} = -\pi \cdot R^2 \cdot l_0 \frac{y_0 + h}{(\mathfrak{y} + h)^2} \cdot \frac{\partial \mathfrak{y}}{\partial t}$$

oder:

$$-\partial \mathbf{v} = \pi \cdot \mathbf{R}^2 \cdot \mathbf{l}_0 \cdot \frac{\mathbf{y}_0 + \mathbf{h}}{(\mathfrak{y} + \mathbf{h})^2} \cdot \frac{\partial \mathfrak{y}}{\partial \mathbf{t}} \partial \mathbf{t}$$

welche Beziehung uns die augenblicklich in den Windkessel einströmende Wassermenge liefert.

Wir hatten früher die Relation:

$$\psi(t) = \frac{f_t}{\pi \cdot R^2}$$

d. h.:

$$\underline{f_t = \pi \cdot R^2 \cdot \psi(t).}$$

Es ist nun auch:

$$u \cdot f_t = \pi \cdot R^2 \cdot \psi(t) \cdot u = C \cdot \pi \cdot R^2$$

$$\underline{C = u \cdot \psi(t).}$$

Die Kontinuitätsgleichung nimmt dann die folgende Form an:

$$R^2 \cdot \pi \cdot C = R^2 \cdot \pi \cdot u \cdot \psi(t) + \frac{\partial v}{\partial t}$$

oder:

$$C = u \cdot \psi(t) + \frac{1}{R^2 \cdot \pi} \cdot \frac{\partial v}{\partial t}$$

und durch Einsetzen:

$$49) \quad \ldots \quad \mathbf{C} = \mathbf{u} \cdot \psi(\mathbf{t}) + \mathbf{l}_0 \frac{\mathbf{y}_0 + \mathbf{h}}{(\mathfrak{y} + \mathbf{h})^2} \cdot \frac{\partial \mathfrak{y}}{\partial \mathbf{t}}.$$

Phase des direkten Wasserstoßes.

Die während dieser Phase auftretende Druckhöhe $\mathfrak{y}$ und Geschwindigkeit C ist durch Gleichung 12) ausgedrückt.

Setzen wir $x = 0$, und eliminieren wir die Funktion $F(t)$, so erhalten wir die Beziehung:

$$\mathfrak{y} + \frac{a}{g} C = y_0 + \frac{a}{g} c_0 = H$$

somit:

$$C = \frac{g}{a}(H - \mathfrak{y}).$$

Die Ausflußgleichung ergibt unter Vernachlässigung von C^2:

$$u = \sqrt{2 g \mathfrak{y}}.$$

Setzen wir nun in Gleichung 49) die für C und u in den beiden letzten Gleichungen berechneten Werte ein, so folgt:

$$50) \quad a \cdot l_0 \frac{y_0 + h}{(\mathfrak{y} + h)^2} \cdot \frac{\partial \mathfrak{y}}{\partial t} = g(H - \mathfrak{y}) - a \cdot \psi(t) \sqrt{2 g \mathfrak{y}}.$$

Diese Differentialgleichung charakterisiert die während der Phase des direkten Wasserstoßes, in einer mit einem Windkessel versehenen Rohrleitung auftretenden Druckvariationen.

Phase der Gegenstöße.

Aus Gleichung 14) erhalten wir für die während dieser Phase auftretende Druckhöhe $\mathfrak{y}$ und Geschwindigkeit C die Beziehung:

$$C = \frac{g}{a}(H - \mathfrak{y} - 2 f_c)$$

wo f_c den Wert der Funktion:

$$F\left(t - \frac{2L}{a}\right)$$

für eine mit einem Windkessel versehene Rohrleitung bedeutet:

$$\left(f_c = F\left(t - \frac{2L}{a}\right)\right).$$

Setzen wir diesen Wert von C in die Gleichung 49) ein, und substituieren wir gleichzeitig mit Hilfe der Ausflußgleichung $u = \sqrt{2 g \mathfrak{y}}$ die Geschwindigkeit u, so erhalten wir die Relation:

$$51) \quad a \cdot l_0 \cdot \frac{y_0 + h}{(\mathfrak{y} + h)^2} \cdot \frac{\partial \mathfrak{y}}{\partial t} = g (H - \mathfrak{y} - 2 f_c) - a \cdot \psi(t) \sqrt{2 g \mathfrak{y}}$$

welche die hydrodynamischen Vorgänge während der Gegenstoßphasen zum Ausdruck bringt.

A. Bewegung des Absperrorganes während der Phase des direkten Stoßes.

Wenden wir Gleichung 50) auf den Augenblick des Beginnens der Bewegung des Absperrorganes, d. h. auf die Zeit $t = 0$, an, so haben wir:

$$\mathfrak{y} = y_0$$

$$\psi(t) = \psi(0) = \frac{c_0}{\sqrt{2 g y_0}}$$

und daraus:

$$\frac{a \cdot l_0}{y_0 + h} \cdot \frac{\partial \mathfrak{y}}{\partial t} = a \cdot c_0 - \frac{a \cdot c_0}{\sqrt{2 g y_0}} \sqrt{2 g y_0}$$

somit:

$$\left[\frac{\partial \mathfrak{y}}{\partial t}\right]_{t=0} = 0.$$

Diese Beziehung bringt die, zufolge des Luftkissens, im ersten Augenblick des Schließens eintretende Milderung des Stoßes zum Ausdruck; denn wie man sich leicht durch Differenzieren der Gleichung 18) überzeugen kann, ist unter Annahme linearen Schließens und ohne Anwendung eines Windkessels für $t = 0$. $\frac{\partial \mathfrak{y}}{\partial t}$ von Null verschieden.

Wenn wir die Druckhöhe $\mathfrak{y}$ in Funktion der Zeit t auftragen, [t = Abszissen und $\mathfrak{y}$ = Ordinaten], so berührt die Drucklinie [bei Anwendung eines Windkessels] eine Parallele im Abstand $\mathfrak{y} = \mathfrak{y}_0$ zur Abszissenachse im Punkte $t = 0$ und $\mathfrak{y} = \mathfrak{y}_0$.

Die Differentialgleichung 50) der Druckkurve kann jedoch nur für den speziellen Fall $\psi(t) = 0$ in geschlossener, d. h. genauer Form integriert werden. Die Integration ist also nur nach kompletem Schließen des Absperrorganes durchführbar [$\psi(t) = 0$]; sowie in dem Intervall vom vollständigen Schließen bis zum Ende der Phase des direkten Wasserstoßes.

Eine Integration ist ferner auch unter Vernachlässigung des atmosphärischen Druckes [$h \sim 0$ gegenüber y_0 und $\mathfrak{y}$] und der Annahme $\psi(t) = \psi(t_1)$ = konstant möglich, d. h. also wieder für das Intervall zwischen dem Anhalten des Absperrorganes und dem Ende der Phase des direkten Stoßes.

Die Bestimmung der Druckhöhenvariation während der Bewegung des Absperrorganes ist hingegen nur mit Hilfe der allgemeinen Methode des Reihenansatzes möglich.

Wir nehmen an, die Druckhöhe $\mathfrak{y}$ lasse sich in eine Reihe von der Form:

$$\mathfrak{y} = y_0 + \left(\frac{\partial \mathfrak{y}}{\partial t}\right)_{t=0} t + \frac{1}{2}\left(\frac{\partial^2 \mathfrak{y}}{\partial t^2}\right)_{t=0} t^2 + \frac{1}{2\,.\,3}\left(\frac{\partial^3 \mathfrak{y}}{\partial t^3}\right)_{t=0} t^3 \ldots$$

entwickeln, worin die Koeffizienten der verschiedenen Potenzen der Zeit t durch Differentiation der Gleichung 50) unter Annahme einer linearen Funktion $\psi(t)$ zu berechnen sind.

In den jeweiligen Bestimmungsgleichungen für $\frac{\partial \mathfrak{y}}{\partial t}$, $\frac{\partial^2 \mathfrak{y}}{\partial t^2}$, $\frac{\partial^3 \mathfrak{y}}{\partial t^3}$ usf. ist $\mathfrak{y} = y_0$ und $\psi(t) = \psi(0)$ zu setzen, da die bezüglichen Differentialquotienten für die Zeit $t = 0$ berechnet werden müssen.

Wir erhalten auf diese Weise, unter Berücksichtigung, daß $\frac{\partial \mathfrak{y}}{\partial t} = 0$, die Gleichung:

$$52)\quad .\ \mathfrak{y} = y_0 + \frac{c_0(y_0 + h)}{2\,.\,T\,.\,l_0} t^2 - \frac{g\,.\,c_0(y_0 + H)(y_0 + h)^2}{12\,.\,a\,.\,y_0\,.\,T\,.\,l_0^2} t^3.$$

Bleibt die Bewegung des Absperrorganes innerhalb gewisser Grenzen, so kann man mit guter Annäherung:

$$53)\quad \ldots\ldots\quad \mathfrak{y} = y_0 + \frac{c_0(y_0 + h)}{2\,.\,T\,.\,l_0} t^2$$

setzen, d. h. die Kurve des Druckverlaufes ist dann eine Parabel mit vertikaler Achse.

Da in Gleichung 53) die Größe a nicht vorkommt, so ist jedenfalls in ihr der Einfluß der Kompressibilität der Wassersäule und der Elastizität des Rohrmaterials vernachlässigt.

Vermittelst der Gleichungen 52) und 53) kann man also den Wert der Druckhöhe $\mathfrak{y}_1$ im Augenblick des Stillstehens des Absperrorganes $t = t_1$ berechnen; im Falle vollständigen Schließens haben wir einfach $t_1 = T$ zu setzen.

Da die Gleichungen 52) und 53) nur angenäherte Lösungen der Differentialgleichung 50) sind, so eignen sie sich nicht zur Ausführung genauer mathematischer Deduktionen [zwecks Studium des Einflusses der verschiedenen in diesen Gleichungen vorkommenden Größen]. Hingegen dürfen die Gleichungen 52) und 53), wenigstens innerhalb gewisser Grenzen, zur Lösung von zahlenmäßigen Aufgaben verwendet werden.

B. Gesetz der Druckvariationen vom Zeitpunkt des Anhaltens des Absperrorganes bis zum Ende der Phase des direkten Wasserstoßes.

Die beim Anhalten des Absperrorganes vorhandene Druckhöhe $\mathfrak{y}_1$, ist nicht die während der Phase des direkten Wasserstoßes auftretende maximale Druckhöhe; denn nach dem Stillstehen des Absperrorganes wächst die Druckhöhe $\mathfrak{y}$ rasch weiter und erreicht ihr Maximum während des Restes der Dauer des direkten Wasserstoßes.

Nehmen wir eine unendlich lange Rohrleitung an, d. h. eine unbegrenzte Dauer der Phase des direkten Wasserstoßes, so folgt aus Gleichung 50), daß dann [unter Voraussetzung stillstehenden Absperrorganes] die Druckhöhe $\mathfrak{y}$ sich asymptotisch demjenigen Werte nähert, welchen sie unter sonst gleichen Umständen, aber ohne Anwendung eines Windkessels, sofort erreicht hätte.

Setzen wir in Gleichung 50) $\psi(t) = \psi(t_1) =$ konstant, und berücksichtigen wir, daß $\psi(t_1) < \psi(0)$ ist, so erhalten wir $\frac{\partial \mathfrak{y}}{\partial t}$ so lange größer als Null, bis:

$$g(H - \mathfrak{y}) = a \,.\, \psi(t_1) \sqrt{2 g \mathfrak{y}}$$

ist[1]). Die Druckhöhe $\mathfrak{y}$ wächst also bis zu diesem Augenblick.

Die obige Gleichung kann auch in der Form:

$$(H - \mathfrak{y})^2 = \frac{a^2 \,.\, \psi^2(t_1)}{g} 2 \mathfrak{y}$$

geschrieben werden, oder nach einigen Umformungen:

$$\mathfrak{y}^2 - 2 \mathfrak{y} \left(H + \frac{a^2 \,.\, \psi^2(t_1)}{g}\right) + H^2 = 0 \,.$$

Diese Gleichung ist aber identisch mit Gleichung 18) des § 5; d. h. der aus obiger Gleichung zu berechnende, bei Anwendung eines Windkessels[2]) eintretende Druckanstieg, ist also gleich dem Druckanstieg, der ohne Anwendung eines Windkessels beim Schließen eines Absperrorganes von $\psi(0)$ auf $\psi(t_1)$ eintreten würde.

Die Zeit bis zum Eintreten dieses größten Druckes ist nun aber bei Anwendung eines Windkessels unendlich lang, wie für den Fall vollständigen Schließens des Absperrorganes genau nachgewiesen werden kann.

---

[1]) D. h. $\frac{\partial \mathfrak{y}}{\partial t} = 0$; somit $\mathfrak{y}$ ein Maximum.

[2]) Während der Phase des direkten Wasserstoßes.

Wenn wir in Gleichung 50) $\psi(T) = 0$ setzen, was bei vollständigem Schließen in der Zeit T zutrifft, so erhalten wir die Beziehung:

$$a \,.\, l_0 (y_0 + h) \frac{\partial \mathfrak{y}}{(H - \mathfrak{y})(\mathfrak{y} + h)^2} = g \,.\, \partial t.$$

Diese Gleichung läßt sich leicht integrieren, wenn man eine neue Variable ξ einführt, welche durch die Relation:

$$\frac{H + h}{\mathfrak{y} + h} = 1 - \xi$$

definiert wird.

Die Integration ergibt:

$$54) \quad . \quad a \,.\, l_0 \left[\frac{y_0 + h}{(\mathfrak{y} + h)^2} \left(\lg \frac{\mathfrak{y} + h}{H - \mathfrak{y}} - \frac{H - \mathfrak{y}}{\mathfrak{y} + h} \right) \right]_{\mathfrak{y}_1}^{\mathfrak{y}} = g(t - T)$$

welche Beziehung vom Zeitpunkt des vollständigen Schließens $t = T$, bis zum Ende der Phase des direkten Wasserstoßes:

$$t = \frac{2L}{a}$$

gilt.

Da nun aber für ein unendlich langes Rohr $\mathfrak{y} = H$ wird, so muß nach Gleichung 54) $t = \infty$ werden, womit der bezügliche Beweis erbracht ist.

Für den Fall partiellen Schließens ist jedoch eine so genaue Beweisführung nicht möglich, da für $\psi(t) = \psi(t_1) =$ konstant die Gleichung 50) nur unter Vernachlässigung des Atmosphärendruckes ($h = 0$) integrierbar wird.

Nehmen wir $h = 0$ an, so läßt sich das Integral des $\partial \mathfrak{y}$-Gliedes in 4 bekannte Integrale zerlegen, welche dann einzeln integrierbar sind. Der Ausdruck der Zeit t als Funktion von $\mathfrak{y}$ enthält dann 2 logarithmische Funktionen, welche unendlich werden, wenn die Druckhöhe $\mathfrak{y}$ die in Gleichung 18) niedergelegte Bedingung erfüllt.

Die Partikulärintegrale bieten nun aber wegen der darin enthaltenen logarithmischen Funktionen Schwierigkeiten für die numerische Verwertung, und ist es deshalb vorteilhafter, von der allgemeinen Methode der Serienentwicklung Gebrauch zu machen, wobei man sich für praktische Rechnungen mit den 2 ersten Gliedern der Entwicklung begnügen kann.

Man erhält:

$$55) \quad . \quad . \quad \mathfrak{y} = \mathfrak{y}_1 + \left(\frac{\partial \mathfrak{y}}{\partial t} \right)_{t = t_1} (t - t_1) + \frac{1}{2} \left(\frac{\partial^2 \mathfrak{y}}{\partial t^2} \right)_{t = t_1} (t - t_1)^2$$

wobei die Koeffizienten:

$$\left(\frac{\partial \mathfrak{y}}{\partial t}\right)_{t=t_1} \quad \text{und} \quad \left(\frac{\partial^2 \mathfrak{y}}{\partial t^2}\right)_{t=t_1}$$

mit Hilfe der Gleichung 50) zu berechnen sind, indem man in ihr für $\psi(t) = \psi(t_1)$ und für $\mathfrak{y} = \mathfrak{y}_1$ setzt, nachdem man vorher mit Hilfe der Gleichung 52) den Wert von $\mathfrak{y}_1$ berechnet hat.

Der aus der obigen Gleichung 55) für $t = \frac{2L}{a}$ berechnete Wert der Druckhöhe $\mathfrak{y}$ ist jedoch nicht der maximale Wert der durch das Schließen des Absperrorganes erzeugten Druckhöhensteigerung; da $\frac{\partial \mathfrak{y}}{\partial t}$ am Ende der Phase des direkten Wasserstoßes noch positiv ist, und somit (da das Gesetz des Druckverlaufes beim Übergang in die Gegenstoßphase keine Diskontinuität erleidet) die Druckhöhe während eines Teiles der Gegenstoßphase weiter anwachsen muß.

C. Gegenstoßphase nach einer, während der Phase des direkten Wasserstoßes ausgeführten Bewegung des Absperrorganes.

Von der Zeit $t = \frac{2L}{a}$ an ist die Gleichung 50) auf die hydrodynamische Erscheinung nicht mehr anwendbar, und wir müssen für die weitere Verfolgung:

$$\left(t > \frac{2L}{a}\right)$$

der Bewegung die Gleichung 51) zu Hilfe nehmen, welche sich von Gleichung 50) nur dadurch unterscheidet, daß an Stelle von H in Gleichung 50) $H - 2f_c$ in Gleichung 51) steht.

Wenn wir die Gleichungen 50) und 51) miteinander vergleichen, so erkennen wir leicht, daß im Augenblick des Überganges zwischen den zwei Phasen (Phase des direkten Wasserstoßes und Gegenstoßphase) keine Diskontinuität im Werte von $\frac{\partial \mathfrak{y}}{\partial t}$ eintreten kann; denn die Größe:

$$f_c = F\left(t - \frac{2L}{a}\right)$$

nimmt von der Zeit $t = \frac{2L}{a}$ an, d. h. vom Anfangswerte 0 an, stetig zu, was ohne weiteres schon aus der Tatsache hervorgeht, daß f_c nichts anderes ist als die $\frac{2L}{a}$ Sekunden vorher stattfindende Überdruckhöhe des direkten Wasserstoßes.

Da ferner in demselben Augenblick, wo $\frac{\partial f_c}{\partial t} = 0$ ist, auch $\frac{\partial \mathfrak{y}}{\partial t} = 0$ wird, so kann man ohne weiteres schließen, daß im Momente des Phasenüberganges sowohl $\frac{\partial \mathfrak{y}}{\partial t}$ wie auch $\frac{\partial^2 \mathfrak{y}}{\partial t^2}$ Kontinuität aufweisen. Der Einfluß des Gegenstoßes ist somit im ersten Augenblick der Phase sehr schwach und kann demzufolge $\mathfrak{y}$ noch mit genügender Annäherung durch folgende Gleichung 56) dargestellt werden:

$$56) \ldots \mathfrak{y} = \mathfrak{y}_s + \left(\frac{\partial \mathfrak{y}}{\partial t}\right)_s \cdot \left(t - \frac{2L}{a}\right) + \frac{1}{2} \cdot \left(\frac{\partial^2 \mathfrak{y}}{\partial t^2}\right)_s \cdot \left(t - \frac{2L}{a}\right)^2$$

wobei die Koeffizienten:

$$\left(\frac{\partial \mathfrak{y}}{\partial t}\right)_s \quad \text{und} \quad \left(\frac{\partial^2 \mathfrak{y}}{\partial t}\right)_s$$

auf dem bereits früher erläuterten Wege bestimmt werden:

$$\left(\text{für } t = \frac{2L}{a}; \ \mathfrak{y} = \mathfrak{y}_s\right).$$

Die Druckhöhe $\mathfrak{y}$ wächst also während der Gegenstoßphase noch weiter, und zwar bis zum Augenblick wo $\frac{\partial \mathfrak{y}}{\partial t} = 0$ wird. Nach Gleichung 51) erhalten wir für diesen Zeitpunkt die Bedingungsgleichung:

$$57) \ldots \ldots g(H - 2f_c - \mathfrak{y}) = a \cdot \psi(t_1)\sqrt{2g\mathfrak{y}}.$$

Durch entsprechende Umformung dieser Gleichung erhalten wir:

$$\mathfrak{y}^2 - 2\mathfrak{y}\left(H - 2f_c + \frac{a^2 \psi^2(t)}{g}\right) + (H - f_c)^2 = 0.$$

Wenn wir in dieser Gleichung $f_c = f$ setzen, so wird sie identisch mit Gleichung 36), d. h. die aus ihr zu berechnende Druckhöhe $\mathfrak{y}$ ist gleich der Druckhöhe $\mathfrak{y}$, die sich ohne Anwendung eines Windkessels, aber unter sonst gleichen Umständen, ergeben würde.

Da nun aber $f_c < f$ ist, so wird ohne weiteres klar, daß die maximale Druckhöhe, welche in einer mit Windkessel versehenen Rohrleitung auftritt, g r ö ß e r ist, als die in demselben Augenblick in einer nicht mit Windkessel versehenen Rohrleitung auftretende Druckhöhe, sofern die Bewegung des Absperrorganes derart verlangsamt wird, daß in demselben Augenblick derselbe Endwert von $\psi(t)$ erreicht wird.

Wenn wir $\mathfrak{y}$ und f_c als Funktionen von t kennen würden, so könnten wir vermittelst der Gleichung 57) den Augenblick bestimmen, in welchem die Druckhöhe $\mathfrak{y}$ ihr Maximum erreicht; auch wäre dann aus Gleichung 57) diese maximale Druckhöhe berechenbar.

In den meisten Fällen kann man jedoch mit genügender Genauigkeit die Gleichung 57) zur Berechnung verwenden, indem man die aus den Näherungsformeln 53) oder 55) berechnete Druckhöhe $\mathfrak{y}$ zur näherungsweisen Bestimmung der Funktion $f_c = \mathfrak{y} - y_0$ verwendet, und die aus der Gleichung 56) angenähert zu bestimmende Druckhöhe $\mathfrak{y}$ einsetzt.

Diese Methode darf jedoch nur angewandt werden, wenn das Maximum der Druckhöhe in den ersten $\frac{2L}{a}$ Sekunden der Gegenstoßphase stattfindet, da die Gleichungen 53) und 55) nur unter dieser Voraussetzung zur Berechnung herangezogen werden dürfen. Es sind deshalb einige zahlenmäßige Berechnungen notwendig, zwecks Feststellung, welche der beiden Gleichungen 51) oder 55) verwendet werden muß.

Ist durch die Bewegung des Absperrorganes die Rohrleitung vollständig abgeschlossen worden, so muß in Gleichung 57) $\psi(t) = 0$ gesetzt werden; wir erhalten dann:

$$58) \quad \mathfrak{y} = H - 2 f_c .$$

Diese Gleichung ist mit Gleichung 37) identisch, sofern man $f_c = f$ setzt.

Aus den Gleichungen 57) und 58) ist deutlich zu ersehen, von welchem Einfluß der Windkessel auf das Gesetz des Druckhöhenverlaufes für eine während der Phase des direkten Wasserstoßes ausgeführte Bewegung des Absperrorganes ist. Wir sehen, daß durch die Anwendung eines Windkessels nur eine Verlangsamung der hydrodynamischen Erscheinung bewirkt wird, und daß die Drucksteigerung der Phase des direkten Stoßes sich noch in die Gegenstoßphase (nach einem uns unbekannten $\psi(t)$ -Gesetz) fortsetzt.

Hat die Druckhöhe $\mathfrak{y}$ das aus Gleichung 57) zu bestimmende Maximum erreicht, so nimmt sie einen dem neuen Beharrungszustand sich asymptotisch und oszillatorisch nähernden Verlauf an. Die Periode und die Amplituden dieser Oszillationen sind Funktionen der Rohrdaten und der Dimension l_0 des Windkessels.

Eine analytische Formulierung dieser Vorgänge ist, wegen der dabei auftretenden äußerst komplizierten Beziehungen, praktisch unmöglich. Nur im Falle vollständigen Schließens des Absperrorganes läßt sich eine angenäherte Theorie der hydrodynamischen Erscheinung aufstellen, indem man die Wirkungen des Windkessels und der Elastizität des Rohrmaterials sowie der Kompressibilität der Flüssigkeit getrennt berücksichtigt. Es ist diese Behandlungsweise des Problems durch die Beobachtung gerechtfertigt, nach welcher die durch die Anwendung des Windkessels allein sich ergebende Oszillationsperiode bedeutend größer ist, als die zufolge der Elastizität der Rohrleitung (Flüssigkeit und Wandung) sich ergebende Oszillationsperiode $\frac{4L}{a}$.

Wenn man das Material der Rohrwandung als vollständig unelastisch und die Flüssigkeit total inkompressibel annimmt, so folgt nach den wohlbekannten Theorien der Hydromechanik für die Oszillationsperiode T der durch das Luftkissen des Windkessels in ihrer Bewegung gehemmten Masse:

$$59) \quad \ldots\ldots \quad T = 2 . \pi . \sqrt{\frac{l_0 . L}{g (y_0 + h)}} \, .$$

Aus dieser Gleichung ist ohne weiteres ersichtlich, daß T bedeutend größer ist $\frac{4 L}{a}$, da:

$$\frac{l_0}{L} >> \frac{4 g (y_0 + h)}{\pi^2 . a^2}$$

oder in Zahlen:

$$\frac{l_0}{L} >> 0{,}000\,004 (y_0 + h) \, .$$

Die hydrodynamische Erscheinung wird sich also nach einem Gesetz entwickeln, welches als Grundlage Oszillationen von der Periode T (Gleichung 59) besitzt; diesen Oszillationen sind sekundäre Schwingungen von der Periode $\frac{4 L}{a}$ superpositioniert. Wir haben also eine langsame Primärschwingung (infolge des Luftkissens des Windkessels) und rasche Sekundärschwingungen (infolge der Elastizität des Rohrmaterials und der Flüssigkeit).

D. Die Bewegung des Absperrorganes setzt sich noch während der Gegenstoßphase fort.

Da bei Rohrleitungen für Wasserkraftanlagen die Länge der Leitung selten 1000 m übersteigt, die Phase des direkten Wasserstoßes also meistens kleiner als 2 Sek. ist, so findet die Bewegung des Absperrorganes, selbst bei nur teilweisem Öffnen oder Schließen, fast stets während eines Teiles der Gegenstoßphase statt.

Nehmen wir linearen Verlauf der Bewegung des Absperrorganes an, so können wir gleich von vornherein sehen, daß bei einer in die Gegenstoßphase fortgesetzten Bewegung, der Einfluß des Windkessels auf den Maximalwert der Druckhöhe gleich Null ist.

Die in § 10 für die Beharrungsphase der veränderlichen Strömung (Gegenstoßphase konstanten Druckes während der Bewegung des Absperrorganes) abgeleiteten Formeln und Beziehungen sind auch ohne weiteres auf das mit einem Windkessel versehene Rohr anwendbar, da die Linearität der Funktion ψ (t), aus welcher die Bedingung

$\frac{\partial \mathfrak{y}}{\partial t} = 0$ folgt, augenscheinlich den Einfluß des Luftkissens wie auch der Elastizität der Rohrleitung illusorisch macht.

Bei der zur Berechnung der maximalen Druckhöhe dienenden Gleichung 40) haben wir bemerkt, daß dieselbe die Größe a nicht enthält und folglich von der Elastizität der Rohrwandung und der Flüssigkeit unabhängig ist. Es ist also das Vorhandensein irgendeines elastischen Zwischenkörpers absolut ohne Einfluß auf die Größe des Druckmaximums. Wegen der Bedingung $\frac{\partial \mathfrak{y}}{\partial t} = 0$ reduziert sich die Kontinuitätsgleichung 49) zu $C = u \cdot \psi(t)$, d. h. die Erscheinung und deren Gesetze entwickeln sich genau gleich, wie wenn der Windkessel nicht vorhanden wäre.

E. Gegenstoßphase nach geschlossenem Absperrorgan.

(Nach einer zum Teil während der Gegenstoßphase ausgeführten Bewegung des Absperrorganes.)

Wenden wir die unter C.[1]) entwickelten Betrachtungen auf diesen Fall an, so erhalten wir im Augenblick $t = t_1$ des Stillstehens des Absperrorganes bekanntlich:

$$\left(\frac{\partial \mathfrak{y}}{\partial t}\right)_{t = t_1} = 0$$

damit fällt aber die Untersuchung zur Bestimmung des Anfangszeitpunktes der oszillatorischen Periode weg, da derselbe mit dem Augenblick $t = t_1$ des Anhaltens des Absperrorganes zusammenfällt. Kennen wir also das Gesetz des Druckhöhenverlaufes für $t \leqq t_1$, so können wir eine Reihe von Werten der Funktion f_c für die Periode $\frac{2L}{a}$ Sek. nach dem Stillstehen des Absperrorganes bestimmen. Der Verlauf der Funktion f_c wäre uns damit im Intervall $t = t_1$ bis $t = t_1 + \frac{2L}{a}$ bekannt. Mit Hilfe der Funktion f_c wäre es dann möglich, eine angenäherte Integration der Gleichung 51) durchzuführen. Es hat dieses Problem aber nur geringe praktische Bedeutung, und wir gehen deshalb hier nicht näher darauf ein.

F. Zahlenbeispiel.

In praktischer Anwendung der vorstehenden Untersuchungen, wollen wir nun ein Zahlenbeispiel für eine während der Phase des

---

[1]) Für die Gegenstoßphase, welche auf eine während der Phase des direkten Wasserstoßes ausgeführte Bewegung des Absperrorganes folgt.

direkten Wasserstoßes ausgeführte Bewegung des Absperrorganes durchrechnen.

Es seien folgende Daten gegeben:

$$L = 1500 \text{ m} \qquad a = 1000 \text{ m/sec}$$
$$c_0 = 2 \text{ m/sec} \qquad y_0 = 100 \text{ m}$$
Windkessel mit $l_0 = 5$ m[1]).

Dann ergibt sich:

$$u_0 = 44{,}4 \text{ m/sec}$$
$$\psi(0) = \frac{c_0}{u_0} = \frac{2}{44{,}3} = 0{,}045$$
$$H = y_0 + \frac{a \cdot c_0}{g} = 100 + \frac{1000 \cdot 2}{9{,}81}$$
$$H = 304 \text{ m}$$
$$\frac{2L}{a} = \frac{3000}{1000} = 3 \text{ Sek.}$$

Wir wollen nun den Einfluß des Windkessels auf die Druckvariation berechnen unter der Voraussetzung, daß der Ausflußquerschnitt in $t_1 = 1$ Sek. um $^1/_3$ verkleinert wird, was einem vollständigen Schließen in $T = 3$ Sek. entspricht. (Bei Annahme eines linearen Schließgesetzes.)

1. Bestimmung der Druckhöhe $\mathfrak{y}_1$ im Augenblick des Anhaltens des Absperrorganes.

$$t_1 = 1 \text{ Sek.}$$

Nach Gleichung 52) erhalten wir:

$$\mathfrak{y}_1 = y_0 + \frac{c_0(y_0 + h)}{2 \cdot T \cdot l_0} t_1^2 - \frac{g \cdot c_0 (y_0 + H)(y_0 + h)^2}{12 \cdot a \cdot y_0 \cdot T \cdot l_0^2} t_1^3$$

und mit Einführung der entsprechenden Werte:

$$\mathfrak{y}_1 = 100 + \frac{2(100 + 10{,}33)}{2 \cdot 3 \cdot 5} 1^2 - \frac{9{,}81 \cdot 2 \cdot (100 + 304)(100 + 10{,}33)^2}{12 \cdot 1000 \cdot 100 \cdot 3 \cdot 5^2} 1^3$$

$$\mathbf{\mathfrak{y}_1 = 106{,}3 \text{ m.}}$$

2. Bestimmung der Druckhöhe $\mathfrak{y}_s$ am Ende der Phase des direkten Stoßes.

Wir benutzen Gleichung 50); nach derselben ist:

$$a \cdot l_0 \cdot \frac{y_0 + h}{(\mathfrak{y}_1 + h)^2} \cdot \left(\frac{\partial \mathfrak{y}}{\partial t}\right)_{t = t_1} = g(H - \mathfrak{y}_1) - a \cdot \psi(t_1) \sqrt{2 g \mathfrak{y}_1} \cdot$$

[1]) Wo l_0 die in § 14 definierte Bedeutung hat.

Setzen wir in dieser Gleichung für:

$$\psi(t_1) = \frac{2}{3}\psi(0) = \frac{2}{3}\,0{,}045 = 0{,}03$$

$$\underline{\psi(t_1) = 0{,}03}$$

und führen wir zugleich die andern Substitutionen aus, so erhalten wir:

$$\left(\frac{\partial \mathfrak{y}}{\partial t}\right)_{t=t_1} = \mathbf{13{,}98,\ d.\ h.\ rd.\ 14.}$$

Durch Differentiation der obigen Gleichung 50) erhalten wir in nämlicher Weise:

$$\left(\frac{\partial^2 \mathfrak{y}}{\partial t^2}\right)_{t=t_1} = -\mathbf{1{,}57.}$$

Dann lautet die Gleichung für die Variation der Druckhöhe vom Augenblick t = 1 Sek. des Anhaltens des Absperrorganes bis t = 3 Sek.:

$$55)\quad .\quad \mathfrak{y} = \mathfrak{y}_1 + \left(\frac{\partial \mathfrak{y}}{\partial t}\right)_{t=t_1}(t-t_1) + \frac{1}{2}\left(\frac{\partial^2 \mathfrak{y}}{\partial t^2}\right)_{t=t_1}(t-t_1)^2$$

und mit den bezüglichen Werten:

$$\mathfrak{y} = \mathbf{106{,}3 + 13{,}98\,(t-1) - 0{,}78\,(t-1)^2\,.}$$

Daraus ergibt sich für t = 3 Sek.:

$$\mathfrak{y}_s = \mathbf{131{,}05\ m.}$$

Die Zunahme der Druckhöhe vom Augenblick des Anhaltens des Absperrorganes bis zum Ende der Phase des direkten Wasserstoßes ist also ca. 5 mal so groß, als die Zunahme der Druckhöhe vom Augenblick des Beginns der Bewegung des Absperrorganes bis zum Stillstehen desselben.

3. Berechnung der maximalen Druckhöhe.

Wie wir unter C. gesehen haben, läßt sich der Verlauf der Druckhöhe während der ersten Augenblicke der Gegenstoßphase mit guter Annäherung durch Gleichung 56) ausdrücken. Wir bekommen aus Gleichung 50) sowie ihren Differentialen, wenn wir $\mathfrak{y} = \mathfrak{y}_s = 131{,}05$ m einsetzen:

$$\left(\frac{\partial \mathfrak{y}}{\partial t}\right)_{t=t_s} = \mathbf{4{,}28}$$

und:

$$\left(\frac{\partial^2 \mathfrak{y}}{\partial t^2}\right)_{t=t_s} = -\mathbf{1{,}86.}$$

Gleichung 56) erhält dann die Form:

$$\mathfrak{y} = \mathbf{131{,}05 + 4{,}28\,(t - 3) - 0{,}93\,(t - 3)^2}\,.$$

Nehmen wir nun $f_c = \mathfrak{y} - y_0$ an, und setzen wir zugleich voraus, das Maximum des Druckes trete in der ersten Sekunde der Gegenstoßphase auf (unter Vorbehalt späteren Verifizierens), so folgt:

$$f_c = \mathbf{7{,}33\,(t - 3)^2}$$ [1].

Führen wir nun diese Ausdrücke für $\mathfrak{y}$ und f_c in die Maximumsbedingung 57) ein, so erhalten wir:

$$[173 - 4{,}28\,(t - 3) - 13{,}73\,(t - 3)^2]^2 =$$
$$= 183{,}7\,[131{,}05 + 4{,}28\,(t - 3) - 0{,}93\,(t - 3)^2]$$

oder, wenn wir der Kürze halber:

$$t - 3 = x$$

setzen, folgt:

$$\mathbf{[173 - 4{,}28\,.\,x - 13{,}73\,x^2]^2 = 183{,}7\,[131 + 4{,}3\,x - 0{,}93\,x^2]}.$$

Dies ergibt für x eine Bestimmungsgleichung 4. Grades, die am einfachsten durch Probieren gelöst wird.

Man erhält als Auflösung:

$$x = \mathbf{0{,}93}$$

somit:

$$t = 3{,}93 \text{ Sek.}$$

d. h. das Druckmaximum tritt effektiv in der ersten Sekunde der Gegenstoßphase auf, und ist somit die Gleichung 50) zur Darstellung von f_c gerechtfertigt.

Durch Einsetzen von t = 3,93 Sek. in die für $\mathfrak{y}$ zuletzt abgeleitete Gleichung erhalten wir:

$$\mathfrak{y}_{max} = \mathbf{134{,}23\ m.}$$

---

[1]) Aus Gleichung 53) folgt:

$$\mathfrak{y} - y_0 = \frac{c_0\,(y_0 + h)}{2\,.\,T\,.\,l_0}\,(t - 3)^2$$

und nach Einsetzung der bezüglichen Werte:

$$f_c = 7{,}33\,(t - 3)^2.$$

Wäre an der gleichen Rohrleitung **kein** Windkessel angeschlossen gewesen, so hätten wir im Augenblick ($t = 1$ Sek.) des Anhaltens des Absperrorganes eine maximale Druckhöhe:

$$\mathfrak{y}_{max} = 142 \text{ m}$$

bekommen. Diese Druckhöhe wäre dann 2 Sek. lang konstant geblieben und hätte sich von $t = 3$ Sek. an langsam wieder der Druckhöhe y_0 des Beharrungszustandes[1]) genähert.

Durch Anwendung eines Windkessels ist also das Auftreten der maximalen Druckhöhe verzögert und der Wert derselben zugleich etwas verkleinert worden.

In unserm spez. Fall z. B. von 42 % auf 34 %.

$$\frac{\mathfrak{y}_{max} \text{ mit Windkessel}}{\mathfrak{y}_{max} \text{ ohne Windkessel}} = \frac{134{,}23}{142{,}00} = 0{,}945 \,.$$

G. Lebendige Kraft des austretenden Wasserstrahles bei einer mit Windkessel versehenen Rohrleitung.

Aus den vorstehenden Untersuchungen und dem angeführten Zahlenbeispiel folgt, daß die hauptsächlichste Wirkung des Windkessels in einer Verzögerung des auftretenden Druckmaximums besteht. Der beim Schließen eines Absperrorganes auftretende Überdruck kann also durch Anwendung eines Windkessels leicht herabgemindert werden, sofern die Bewegung des Absperrorganes innerhalb $\frac{2L}{a}$ Sek. stattfindet. Dies wäre **theoretisch** der einzige Fall, in welchem sich das Anbringen eines Windkessels zwecks Verminderung des Überdruckes empfiehlt. Ist hingegen die Schließzeit des Absperrorganes größer als $\frac{2L}{a}$ Sek., so wäre das Anbringen eines Windkessels zwecks Verminderung des Überdruckes ein technischer Nonsens.

Bei sehr raschen und kleinen Bewegungen des Absperrorganes (Regulieren von hydraulischen Kraftmaschinen, Turbinen etc.) kann jedoch durch Anwendung eines Windkessels die Zunahme der lebendigen Kraft des Wasserstrahles (vide § 6) verhütet werden.

Wir können uns also die Aufgabe stellen, die Dimension l_0 des Windkessels so zu bestimmen, daß die obige Bedingung erfüllt wird, d. h. daß eine Zunahme der lebendigen Kraft des Wasserstrahles beim Schhließen des Absperrorganes ausgeschlossen ist.

---

[1]) Vermittelst Oszillationen mit asymptotischer Annäherung an die Druckhöhe y_0.

Diese Aufgabe soll nun noch gelöst werden.

Es war:

$$u^2 = 2\,g\,\mathfrak{y}$$

somit:

$$2\,u \cdot \frac{\partial u}{\partial t} = 2\,g \cdot \frac{\partial \mathfrak{y}}{\partial t}$$

$$\frac{\partial u}{\partial t} = \frac{g}{u}\,\frac{\partial \mathfrak{y}}{\partial t}.$$

Setzen wir wieder:

$$u = \sqrt{2\,g\,\mathfrak{y}}$$

so folgt:

$$\frac{\partial u}{\partial t} = \sqrt{\frac{g}{2\,\mathfrak{y}}} \cdot \frac{\partial \mathfrak{y}}{\partial t}.$$

In § 6) wurde als Maximumsbedingung für die lebendige Kraft des Wasserstrahles abgeleitet:

$$3 \cdot \psi(t)\,\frac{\partial u}{\partial t} = -\,u \cdot \psi'(t)$$

und wenn für $\frac{\partial u}{\partial t}$ den entsprechenden Wert einsetzen, folgt:

$$3 \cdot \psi(t) \cdot \sqrt{\frac{g}{2\,\mathfrak{y}}} \cdot \frac{\partial \mathfrak{y}}{\partial t} = -\sqrt{2\,g\,\mathfrak{y}} \cdot \psi'(t).$$

Für lineares Schließen, d. h.:

$$\psi(t) = \left(1 - \frac{t}{T}\right)\psi(0)$$

erhalten wir:

$$\psi'(t) = -\,\frac{\psi(0)}{T} = \frac{-\,c_0}{\sqrt{2\,g\,y_0}} \cdot \frac{1}{T}.$$

Setzen wir diesen Wert oben ein, so bekommen wir:

$$3 \cdot \psi(t) \cdot \sqrt{\frac{g}{2\,\mathfrak{y}}} \cdot \frac{\partial \mathfrak{y}}{\partial t} = \sqrt{2\,g\,\mathfrak{y}} \cdot \frac{c_0}{\sqrt{2\,g\,y_0}} \cdot \frac{1}{T}$$

und daraus:

$$\boldsymbol{\frac{\partial \mathfrak{y}}{\partial t} = \frac{c_0}{3 \cdot T \cdot \psi(t)}\sqrt{\frac{\mathfrak{y}}{y_0}}\sqrt{\frac{2\,\mathfrak{y}}{g}}}.$$

Setzen wir dann diesen Wert von $\frac{\partial \mathfrak{y}}{\partial t}$ in Gleichung 50) ein, so erhalten wir:

$$a \cdot l_0\,\frac{y_0 + h}{(\mathfrak{y} + h)^2} \cdot \frac{c_0}{3 \cdot T \cdot \psi(t)}\sqrt{\frac{\mathfrak{y}}{y_0}}\sqrt{\frac{2\,\mathfrak{y}}{g}} = g\,(H - \mathfrak{y}) - a\,\psi(t)\sqrt{2\,g\,\mathfrak{y}}$$

und nach einigen Umformungen:

$$60)\quad \psi^2(t) - \frac{H - \mathfrak{y}}{a}\sqrt{\frac{g}{2\mathfrak{y}}}\,\psi(t) + \frac{c_0 \,.\, l_0 \,.\, (y_0 + h)\sqrt{\mathfrak{y}}}{3 \,.\, g \,.\, T\,(\mathfrak{y} + h)^2 \sqrt{y_0}} = 0\,.$$

Aus dieser Gleichung läßt sich leicht die Bedingung ableiten, welche zu erfüllen ist, damit kein Maximum der lebendigen Kraft des Strahles eintritt.

Diese Bedingung ist augenscheinlich, daß die beiden Auflösungen der obigen Gleichung 2. Grades in $\psi(t)$ für diesen Wert imaginär werden müssen.

Dies ergibt:

$$61)\quad .\ l_0 > \frac{3}{8} \cdot \frac{T}{c_0} \cdot \frac{g^2 (H - \mathfrak{y})^2 \,.\, (\mathfrak{y} + h)^2}{a^2 \,.\, \mathfrak{y}\,(y_0 + h)} \sqrt{\frac{y_0}{\mathfrak{y}}}\,.$$

Es läßt sich aber leicht beweisen, daß das zweite Glied dieser Ungleichung in entgegengesetztem Sinne zu $\mathfrak{y}$ variiert, und so können wir schließen, daß sein Wert für $\mathfrak{y} = y_0$ ein Maximum sein wird.

Setzen wir also in Gleichung 61) $\mathfrak{y} = y_0$ ein, so erhält sie die einfache Form:

$$62)\quad .\ .\ .\ .\ .\quad l_0 > \frac{3}{8}\left(1 + \frac{h}{y_0}\right) c_0 \,.\, T$$

welche uns eine ebenso einfache als auch elegante Lösung der gestellten Aufgabe gibt.

Wenden wir die obige Ungleichung auf unser Zahlenbeispiel an, so erhalten wir bei:

$$y_0 = 100 \text{ m} \qquad c_0 = 2 \text{ m/sec} \qquad T = 3 \text{ Sek.}$$

$$l_0 > 2{,}47 \text{ m.}$$

Es ist jedoch selbst im Falle raschen und kleinen Bewegens des Absperrorganes die Anwendung eines Windkessels zwecks Verminderung der lebendigen Kraft des Wasserstrahles (beim Regulieren) nicht einmal notwendig, da sich die gleiche Wirkung durch Aufstellen des Absperrorganes in einer gewissen Entfernung vom Leitapparat hervorbringen läßt. (Vide § 13 Abschnitt B.)

§ 15. Zusammenstellung der wichtigsten Formeln und Beziehungen.

Zwecks raschen Auffindens der für einen bestimmten Fall zur Berechnung dienenden Formel dürfte es sich empfehlen, die in den vorigen Kapiteln und Paragraphen für die veränderliche Strömung abgeleiteten Gesetze und Beziehungen, unter Berücksichtigung der in der Praxis am meisten vorkommenden Fälle, kurz zusammenzustellen.

I. Der Parameter a der veränderlichen Strömung.

Die Erscheinungen der veränderlichen Strömung in Rohrleitungen haben den Charakter von Vibrationen, die sich mit der Geschwindigkeit:

$$a = \frac{9900}{\sqrt{48{,}3 + k \cdot \frac{D}{d}}} \text{ m/sec}$$

fortpflanzen. Dabei bedeutet $k = 10^{10} . E^{-1}$, wo E = Elastizitätsmodulus des Rohrmaterials. Die Konstanten (9900 und 48,3) beziehen sich auf Wasser von mittlerer Temperatur.

II. Variation der Druckhöhe $\mathfrak{y}$ während der Bewegung des Absperrorganes.

a) Wir betrachten vorerst die Variation der Druckhöhe während der Phase des direkten Wasserstoßes.

$$t \leqq \frac{2\,L}{a}.$$

In diesem Falle ist die Druckhöhe $\mathfrak{y}$ vor dem Absperrorgan gegeben durch die Gleichung:

$$\mathfrak{y}^2 - 2\,\mathfrak{y}\left(H + \frac{a^2\,\psi^2(t)}{g}\right) + H^2 = 0$$

wobei:

$$H = y_0 + \frac{a\,.\,c_0}{g};$$

$\psi(t)$ bedeutet das Verhältnis zwischen dem momentanen Durchflußquerschnitt des Absperrorganes und dem Durchflußquerschnitt zur Zeit $t = 0$, wobei für $\psi(t)$ derjenige Augenblickswert zu nehmen ist, für welchen die Druckhöhe $\mathfrak{y}$ berechnet werden soll. Ist dabei die totale Schließzeit des Absperrorgans $T \leqq \frac{2\,L}{a}$, so ist die maximal auftretende Druckhöhe von der Größe der Schließzeit vollständig unabhängig.

Der Wert von $\mathfrak{y}$ wird $\gtrless$ als y_0, je nachdem $\psi(t) \lessgtr \psi(0)$, d. h. je nachdem, ob wir eine Schließ- oder Öffnungsbewegung des Absperrorganes haben.

Ist für eine bestimmte Regulierzeit die Druckhöhe $\mathfrak{y}$ vorgeschrieben, so läßt sich aus dieser Bedingung das Verhältnis $\psi(t)$ für die betr. Zeit bestimmen.

Es ist:

$$\psi(t) = \frac{H - \mathfrak{y}}{a}\sqrt{\frac{g}{2\,.\,\mathfrak{y}}}.$$

Bei vollständigem Schließen des Absperrorganes ist $\psi(T) = 0$, und man erhält:

$$\mathfrak{y}^2 - 2\,\mathfrak{y}\,H + H^2 = 0$$

d. h.:

$$\mathfrak{y} = H = y_0 + \frac{a \cdot c_0}{g}.$$

Wenn also das Absperrorgan in einer Zeit $T \leqq \frac{2\,L}{a}$ Sek. vollständig geschlossen wird, so ist die maximal auftretende Druckhöhe $\mathfrak{y} = H$ und somit vollständig unabhängig von der Größe der Schließzeit, wie bereits oben erwähnt wurde.

b) Variation der Druckhöhe $\mathfrak{y}$ während der Gegenstoßphasen. $\left[T > \frac{2\,L}{a}\right]$:

$$t \geqq \frac{2\,L}{a}.$$

Erfolgt die Bewegung des Absperrorganes nach einem linearen Gesetz, d. h. ist $\psi(t)$ eine lineare Funktion der Zeit, so stellt sich schon während der Phase des direkten Wasserstoßes rasch Beharrungszustand ein, welcher so lange dauert, als die Bewegung des Absperrorganes selbst. Die Druckhöhe $\mathfrak{y}_1$ vor dem Absperrorgan bleibt dann ebenfalls konstant, und es ist dieselbe aus der Gleichung:

$$z^2 - z \cdot \left(2 + \left(\frac{L \cdot c_0}{g \cdot T \cdot y_0}\right)^2\right) + 1 = 0$$

zu berechnen, wo $z = \frac{\mathfrak{y}_1}{y_0}$ ist.

Das positive Vorzeichen der bei Auflösung dieser quadratischen Gleichung sich ergebenden Quadratwurzel gilt für den Fall des Schließens, und das negative Vorzeichen für den Fall des Öffnens.

Ist die Druckhöhe $\mathfrak{y}_1$ vorgeschrieben, so läßt sich mit Hilfe der obigen Gleichung die notwendige Schließzeit T bestimmen.

Es ist:

$$T = \frac{L \cdot c_0}{g \cdot y_0} \sqrt{\frac{z}{z-1}}.$$

III. Maximale Druckhöhe während der Bewegung des Absperrorganes.

Unter Annahme einer linearen Bewegung des Absperrorganes tritt die maximale Druckhöhe entweder am Ende der Phase des direkten Wasserstoßes, d. h. nach $t = \frac{2\,L}{a}$ Sekunden, oder während der Phase des Gegenstoßes, d. h. für $t > \frac{2\,L}{a}$ Sekunden auf, und ist im ersten Falle vermittelst der Gleichung 18) und im zweiten Falle vermittelst der Gleichung 40) zu berechnen.

Es sind dabei 3 Fälle zu unterscheiden:

1. Fall.

Ist:

$$\underline{a \,.\, c_0 < 2 \,.\, g \,.\, y_0}$$

so wird die Druckhöhe am Ende der Phase des direkten Stoßes (Gleichung 18) stets größer, als die während der Gegenstoßphase auftretende Druckhöhe (Gleichung 40), ohne daß dabei die Länge der Rohrleitung oder die Absperrgeschwindigkeit irgend eine Rolle spielt.

2. Fall.

Ist:

$$\underline{2 \,.\, g \,.\, y_0 < a \,.\, c_0 < 3 \,.\, g \,.\, y_0}$$

so tritt die maximale Druckhöhe entweder am Ende der Phase des direkten Wasserstoßes oder während der Gegenstoßphase auf, je nachdem die Schließzeit T kleiner oder größer als:

$$\frac{a \,.\, c_0 - g \,.\, y_0}{a \,.\, c_0 - 2 \,.\, g \,.\, y_0} \,.\, \frac{L}{a}$$

angenommen wird, wobei die Länge der Rohrleitung von keinem Einfluß ist.

3. Fall.

Ist:

$$\underline{a \,.\, c_0 > 3 \,.\, g \,.\, y_0}$$

so wird die Druckhöhe während der Gegenstoßphase (Gleichung 40) stets größer als die am Ende der Phase des direkten Wasserstoßes auftretende Druckhöhe (Gleichung 18), ohne daß dabei die Länge der Rohrleitung oder die Absperrgeschwindigkeit von Einfluß ist.

IV. Variation der Druckhöhe $\mathfrak{y}$ nach dem Anhalten des Absperrorganes.

Wird die Bewegung des Absperrorganes in einem Augenblick $t_1 < \frac{2\,L}{a}$ zum Stillstand gebracht, so bleibt der Druck $\mathfrak{y}$ bis zum Zeitpunkt $t = \frac{2\,L}{a}$ konstant.

Von diesem Augenblick an (oder vom Zeitpunkt des Anhaltens an, falls $t_1 > \frac{2\,L}{a}$) entwickelt sich die hydrodynamische Erscheinung nach einem zum neuen Beharrungszustand asymptotisch verlaufenden Gesetz, wobei wir folgende zwei Fälle unterscheiden:

$$1)\quad a \,.\, \psi(t_1) > \frac{u_0 + u_1}{2}$$

die Druckhöhe $\mathfrak{y}$ nähert sich, ohne Oszillationen, einfach asymptotisch der Druckhöhe y_0 des neuen Beharrungszustandes.

$$2)\quad a \,.\, \psi(t_1) < \frac{u_0 + u_1}{2}$$

die Druckhöhe $\mathfrak{y}$ nähert sich, durch Oszillationen mit abnehmender Amplitude und konstanter Periode $\frac{4\,L}{a}$, asymptotisch dem Werte y_0.

Im Falle vollständigen Schließens des Absperrorganes $[\psi(t_1) = 0]$ ist die Amplitude (unter Vernachlässigung der dämpfenden Wirkung der hydrodynamischen Reibung) konstant, und der Druck schwankt zwischen den Werten $\mathfrak{y}_1$ (Maximalwert, der im Augenblick des Abschlusses eintritt) und $2\,y_0 - \mathfrak{y}_1$ hin und her. Die Amplitude der Schwingung ist also $\mathfrak{y}_1 - y_0$.

V. Windkessel.

Diese Organe, deren hauptsächlichste Wirkung in einer Verzögerung der Druckzunahme besteht, werden nur dann mit Vorteil angewandt, wenn es sich um die Dämpfung einer hydrodynamischen Drucksteigerung handelt, welche durch eine in der Zeit:

$$t < \frac{2\,L}{a}\ \text{Sek.}$$

ausgeführte Bewegung des Absperrorganes entstanden ist.

Ist die Regulierzeit größer als:

$$\frac{2\,L}{a}\ \text{Sek.}$$

so ist der Einfluß des Windkessels auf die Druckzunahme praktisch gleich Null.

Soll beim Schließen eines Absperrorganes die lebendige Kraft des Wasserstrahles stetig abnehmen, so kann dieser Bedingung durch Anwendung eines Windkessels genügt werden, dessen Länge l_0 (l_0 = äquivalente Länge, vide § 14) durch die Ungleichung:

$$l_0 > \frac{3}{8}\left(1 + \frac{h}{y_0}\right) c_0 \,.\, T$$

nach unten begrenzt ist.

Anhang.

Im folgenden wollen wir noch kurz einige Fragen diskutieren, welche bis anhin noch nicht behandelt worden sind, die aber nichtsdestoweniger mit den vorher besprochenen Erscheinungen der hydrodynamischen Störung in innigem Zusammenhang stehen.

Vorher soll jedoch noch gezeigt werden, wie die in § 11 für die Berechnung der mittleren Gegenstoßdruckhöhe $\mathfrak{y}_m$ abgeleitete Gleichung 40) bzw. 40 bis) auch auf direktem Wege erhalten werden kann.

1. Eine andere Ableitung der zur Bestimmung des mittleren Gegenstoßdruckes dienenden Gleichung 40).

In den folgenden Ableitungen ist die Kompressibilität der Flüssigkeit sowie die Elastizität des Materials der Rohrwandung vernachlässigt, d. h. es ist angenommen, die Kontinuitätsgleichung sei auch während der ganzen Dauer der hydrodynamischen Störung für jeden Querschnitt der Leitung streng erfüllt.

Wie nun die folgenden Ableitungen zeigen (Gleichung XI und ff.), stimmt die auf Grund dieser Vernachlässigungen bzw. Annahmen erhaltene Schlußgleichung genau mit derjenigen überein, welche man mit Berücksichtigung der Kompressibilität und Elastizität erhält.

Die Erklärung dieses scheinbaren Widerspruches findet sich im 1. Kapitel § 9 und 10, wo nachgewiesen wurde, daß unter Voraussetzung linearen Schließens des Absperrorganes (sowie Dauer der Bewegung des Absperrorganes noch während der zweiten Phase) die Gegenstoßphase zu einer Phase konstanten Druckes wird.

Da aber für eine solche Phase, d. h. für konstanten Druck, die Kontinuitätsgleichung selbstredend streng erfüllt ist, so ergibt sich auch ohne weiteres, daß die Kongruenz der Schlußergebnisse (mit und ohne Berücksichtigung der Kompressibilität und Elastizität) nur eine natürliche Folge des gewählten linearen Schließgesetzes ist.

Es sei:

L = Länge der Rohrleitung in m.

F = Querschnitt der Rohrleitung in m^2.

f_0 = Austrittsquerschnitt aus dem Leitapparat zur Zeit $t = 0$ (Beginn der Bewegung).

f = Austrittsquerschnitt desselben zur Zeit t.

c_0 = konstante Austrittsgeschwindigkeit aus dem Leitapparat zur Zeit $t = 0$, d. h. vor dem Beginn der Bewegung.

c = veränderliche Austrittsgeschwindigkeit aus dem Leitapparat während der Bewegung desselben[1]).

---

[1]) c würde somit der früher mit u bezeichneten Geschwindigkeit entsprechen.

$\mathfrak{y}_0$ = konstanter Druck vor dem Leitapparat zur Zeit $t = 0$, d. h. vor dem Beginn der Bewegung.

$\mathfrak{y}$ = veränderlicher Druck vor dem Leitapparat während der Bewegung.

C_0 = Geschwindigkeit in einem beliebigen Querschnitt der (vorläufig zylindrisch gedachten) Rohrleitung zur Zeit $t = 0$.

C = Geschwindigkeit im nämlichen Querschnitt während der Bewegung d. h. zur Zeit t.

p_0 = Druck im nämlichen Querschnitt der Rohrleitung zur Zeit $t = 0$ (vor Beginn der Bewegung).

p = Druck im nämlichen Querschnitt zur Zeit t, d. h. während der Bewegung[1]).

Dann lautet die Kontinuitätsgleichung:

$$Q = C_0 \cdot F = c_0 \cdot f_0.$$

Während der Bewegung des Absperrorganes ist (aus den vorstehend erläuterten Gründen, d. h. unter Vernachlässigung der Deformationen) die Kontinuitätsgleichung ebenfalls erfüllt.

Sie lautet dann:

$$Q_x = C \cdot F = c \cdot f.$$

Wir betrachten nun irgend ein zylindrisches Massenelement M des sich in Bewegung befindenden Wassers und stellen für dasselbe die Bewegungsgleichung auf (siehe Fig. 14):

Die auf das Element wirkenden Kräfte sind:

1. Die Schwerkraft Pg:

$$Pg = \gamma \cdot F \cdot d\,L \cdot \cos\alpha.$$

Es ist aber nach Figur:

$$dL \cdot \cos\alpha = dH.$$

Somit:

$$\text{I)} \quad Pg = \gamma \cdot F \cdot dH.$$

2. Die hydrodynamische Druckdifferenz:

$$P_H = F \cdot p - F\,(p + dp).$$

Somit:

$$\text{II)} \quad P_H = -F \cdot dp.$$

[1]) Im übrigen sind dieselben Bezeichnungen beibehalten wie früher.

Die resultierende, auf das Massenteilchen wirkende Kraft P ist dann gegeben durch:

III) . . . . $P = \gamma . F . dH - F . dp$

und die Bewegungsgleichung lautet:

$$M \frac{dC}{dt} = P = F\ (\gamma . dH - dp).$$

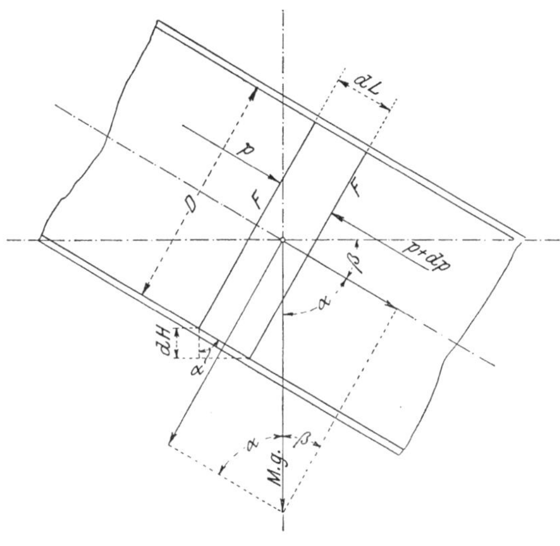

Fig. 14.

Setzen wir nun für:

$$M = \frac{\gamma . F . dL}{g}$$

so folgt:

$$\frac{\gamma . F . dL}{g} . \frac{dC}{dt} = F\ (\gamma . dH - dp).$$

oder:

IV) . . . . $\mathbf{\frac{\gamma}{g} . \frac{dC}{dt}\ dL = \gamma . dH - dp.}$

Da die Beschleunigung $\frac{dC}{dt}$ keine Funktion des Ortes ist (zylindrische Rohrleitung und lineares Bewegen des Absperrorganes vorausgesetzt), so kann diese Differentialgleichung leicht integriert werden.

$$\int_0^L \frac{\gamma}{g} \cdot \frac{dC}{dt} \cdot dL = \int_0^{\mathfrak{y}_0} \gamma \cdot dH - \int_{p_a}^{\mathfrak{y}' \cdot \gamma} dp$$

$$\frac{\gamma}{g} \cdot \frac{dC}{dt} \int_0^L dL = \gamma \cdot \int_0^{\mathfrak{y}_0} dH - \int_{p_a}^{\mathfrak{y}' \cdot \gamma} dp.\ ^{1)}$$

Somit:

$$\text{V)} \quad \frac{\gamma}{g} \cdot L \cdot \frac{dC}{dt} = \gamma \cdot \mathfrak{y}_0 - (\gamma \cdot \mathfrak{y}' - p_a).\ ^{2)}$$

Setzen wir nun:

$$\frac{\gamma \cdot \mathfrak{y}' - p_a}{\gamma} = \mathfrak{y}$$

so folgt:

$$\frac{L}{g} \cdot \frac{dC}{dt} = \mathfrak{y}_0 - \mathfrak{y}\ ^{3)}$$

oder:

$$\text{VI)} \quad \frac{dC}{dt} = (\mathfrak{y}_0 - \mathfrak{y}) \frac{g}{L}.$$

Berücksichtigen wir, daß für $\mathfrak{y}_0 = \frac{c_0^2}{2g}$ und für $\mathfrak{y} = \frac{c^2}{2g}$ gesetzt werden kann, so läßt sich diese Gleichung auch in der Form:

$$\text{VI}') \quad \frac{dC}{dt} = \frac{c_0^2 - c^2}{2L}$$

anschreiben. In dieser Gleichung ist wiederum, wie in allen unsern bisherigen Ableitungen, der Einfluß des Reibungswiderstandes vernachlässigt; da dieser Widerstand aber, wie bereits früher bemerkt, auf die Drucksteigerung nur einen dämpfenden, d. h. günstigen Einfluß ausüben kann, so rechnen wir, wie es bei praktischen Rechnungen ja stets sein soll, sicherer, wenn wir diesen Einfluß n i c h t berücksichtigen.

Wir nehmen ferner wiederum an, die Bewegung des Absperrorganes sei eine lineare Funktion der Zeit.

---

[1]) $\mathfrak{y}' \cdot \gamma$ bedeutet hier die absolute Pressung.

[2]) Wo p_a den Atmosphärendruck bedeutet.

[3]) Diese Gleichung hätte auch auf Grund des für Rohrleitungen gültigen speziellen Beschleunigungsgesetzes sofort angeschrieben werden können. Wir werden sie deshalb auch bei spätern Ableitungen jeweilen gleich in dieser Form benützen.

Es sei:

$$\text{VII)} \quad f = \left(1 - \frac{t}{T}\right) f_0$$

$$t = 0 \quad t = T \qquad f = f_0 \quad f = 0$$

Dividieren wir diese Gleichung auf beiden Seiten durch F (Querschnitt der Rohrleitung) und setzen wir analog unserer früheren Bezeichnungsweise (§ 4)

$$\frac{f}{F} = \psi(t) \qquad \frac{f_0}{F} = \psi(0)$$

so folgt:

$$\text{VII')} \quad \psi(t) = \left(1 - \frac{t}{T}\right) \psi(0)$$

welche Gleichung identisch ist mit der Gleichung 20) des § 5.

Aus der Kontinuitätsgleichung ergibt sich:

$$C = \frac{f}{F} c$$

und indem wir aus Gleichung VII) den bezgl. Wert für f substituieren.

$$C = \frac{f_0}{F} \left(1 - \frac{t}{T}\right) . c$$

oder auch:

$$\text{VIII)} \quad C = \frac{f_0}{F . T} (T - t) . c.$$

Durch Differentiation dieser Gleichung erhalten wir:

$$\text{VIII')} \quad \frac{dC}{dt} = \frac{f_0}{F . T} (T - t) \frac{dc}{dt} - \frac{f_0}{F . T} c.$$

Indem wir dann die linke Seite dieser Gleichung mit der linken Seite der Gleichung VI') vergleichen, folgt:

$$\frac{c_0^2 - c^2}{2 L} = \frac{f_0}{F . T} (T - t) \frac{dc}{dt} - \frac{f_0}{F . T} c.$$

Der Kürze halber sei:

$$\text{IX)} \quad \mathbf{\frac{f_0 . L}{F . T} = c_R.}$$

Dann schreibt sich die Gleichung in der vereinfachten Form:

$$c_0^2 - c^2 = 2 . c_R (T - t) \frac{dc}{dt} - 2 . c_R . c$$

oder:

$$2 . c_R (T - t) \frac{dc}{dt} = c_0^2 + 2 . c_R . c - c^2$$

und durch Division folgt:

$$\frac{dc}{c_0^2 + 2 . c_R . c - c^2} = \frac{dt}{2 . c_R . (T - t)}.$$

$$\text{X)} \quad \int \frac{dc}{c_0^2 + 2 . c_R . c - c^2} = \int \frac{dt}{2 . c_R (T - t)} + k.$$

Da die auf der linken Seite unter dem Integralzeichen stehende Funktion bei praktischen Berechnungen selten vorkommt, wollen wir hier, der raschen Orientierung halber, ihre Integration kurz durchführen. Es ist:

$$\int \frac{dc}{c_0^2 + 2 . c_R . c - c^2} = -\int \frac{dc}{c^2 - 2 c_R . c - c_0^2}$$

$$= -\int \frac{dc}{(c - c_R)^2 - (c_0^2 + c_R^2)}$$

$$= \int \frac{dc}{(c_0^2 + c_R^2) - (c - c_R)^2}$$

$$\int \frac{dc}{c_0^2 + 2 . c_R . c - c^2} = \frac{1}{\sqrt{c_0^2 + c_R^2}} \int \frac{d\left(\frac{c - c_R}{\sqrt{c_0^2 + c_R^2}}\right)}{1 - \left(\frac{c - c_R}{\sqrt{c_0^2 + c_R^2}}\right)^2}.$$

Der Kürze halber sei:

$$\text{XI)} \quad \ldots\ldots \frac{c - c_R}{\sqrt{c_0^2 + c_R^2}} \equiv x.$$

Dann folgt:

$$\int \frac{dc}{c_0^2 + 2 . c_R . c - c^2} = \frac{1}{\sqrt{c_0^2 + c_R^2}} \int \frac{dx}{1 - x^2}.$$

Das Intregal:

$$\int \frac{dx}{1 - x^2}$$

kann nun leicht durch Partialbruchzerlegung aufgelöst werden.

Wir setzen:

$$\frac{1}{1 - x^2} = \frac{A}{1 - x} + \frac{B}{1 + x}$$

$$A . (1 + x) + B (1 - x) = 1$$

$$(A - B) x + (A + B) = 1.$$

Durch Koeffizientenvergleichung folgt:

$$1.\ A - B = 0$$
$$2.\ A + B = 1.$$

Somit:

$$A = \frac{1}{2} \qquad B = \frac{1}{2}.$$

Dann ergibt sich:

$$\frac{1}{1 - x^2} = \frac{1}{2(1 - x)} + \frac{1}{2(1 + x)}.$$

Daraus:

$$\int \frac{dx}{1 - x^2} = \frac{1}{2} \int \frac{dx}{1 - x} + \frac{1}{2} \int \frac{dx}{1 + x}$$
$$= \frac{1}{2} [- \lg (1 - x) + \lg (1 + x)]$$
$$\int \frac{dx}{1 - x^2} = \lg \sqrt{\frac{1 + x}{1 - x}} = \frac{1}{2} \lg \left(\frac{1 + x}{1 - x}\right).$$

Indem wir nun wieder die früheren Bezeichnungen einführen, folgt:

$$\int \frac{dc}{c_0^2 + 2 c_R . c - c^2} = \frac{1}{\sqrt{c_0^2 + c_R^2}} \cdot \frac{1}{2} \lg \left[\frac{1 + \frac{c - c_R}{\sqrt{c_0^2 + c_R^2}}}{1 - \frac{c - c_R}{\sqrt{c_0^2 + c_R^2}}}\right]$$
$$= \frac{1}{\sqrt{c_0^2 + c_R^2}} \cdot \frac{1}{2} \lg \left[\frac{\sqrt{c_0^2 + c_R^2} + c - c_R}{\sqrt{c_0^2 + c_R^2} - c + c_R}\right]$$

und unter Beifügung der Integrationskonstanten k ergibt sich:

$$\text{XII)} \quad \int \frac{dc}{c_0^2 + 2 c_R . c - c^2} = \frac{1}{2} \cdot \frac{1}{\sqrt{c_0^2 + c_R^2}} \lg \left[\frac{\sqrt{c_0^2 + c_R^2} + c - c_R}{\sqrt{c_0^2 + c_R^2} - c + c_R}\right] + k.$$

Wir berechnen nun auch noch das Integral der rechten Seite von Gleichung X):

$$\text{XIII)} \quad \int \frac{dt}{2 c_R (T - t)} = - \frac{1}{2 . c_R} \int \frac{d(T - t)}{(T - t)} = - \frac{1}{2 . c_R} \lg (T - t).$$

Indem wir dann Gleichung XII) und Gleichung XIII) auf Grund der Gleichung X) zusammenfassen, folgt:

$$\text{a)} \quad \frac{1}{\sqrt{c_0^2 + c_R^2}} \lg \left[\frac{\sqrt{c_0^2 + c_R^2} + c - c_R}{\sqrt{c_0^2 + c_R^2} - c + c_R}\right] + k = - \frac{1}{c_R} \lg (T - t).$$

Wir bestimmen nun die Konstante k aus den Anfangsbedingungen.

$$\text{Für: } t = 0 \text{ ist: } c = c_0$$
$$f = f_0.$$

Somit:

$$\text{b)} \quad \frac{1}{\sqrt{c_0^2 + c_R^2}} \lg \left[\frac{\sqrt{c_0^2 + c_R^2} + c_0 - c_R}{\sqrt{c_0^2 + c_R^2} - c_0 + c_R} \right] + k = - \frac{1}{c_R} \lg (T).$$

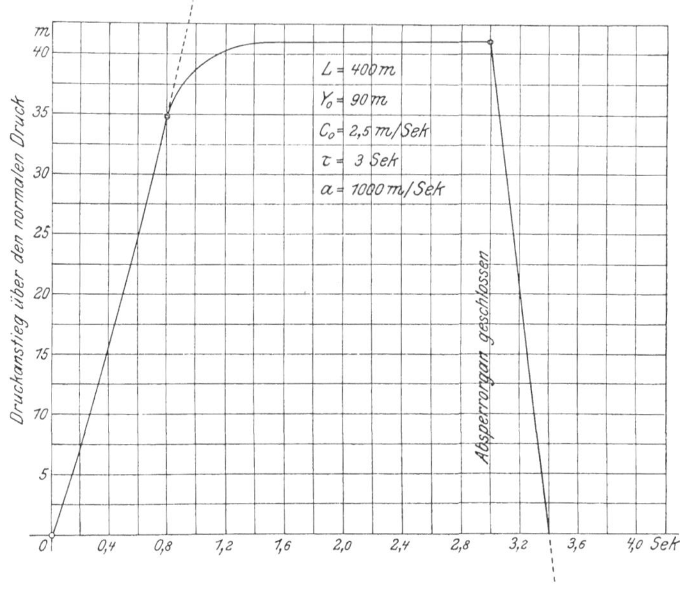

Fig. 15.

Durch Subtraktion der beiden Gleichungen voneinander (a—b) erhalten wir:

$$\text{XIV)} \quad \frac{\mathbf{1}}{\sqrt{\mathbf{c}_0^2 + \mathbf{c}_R^2}} \, \mathbf{lg} \, \frac{\left(\sqrt{\mathbf{c}_0^2 + \mathbf{c}_R^2} + \mathbf{c} - \mathbf{c}_R\right) \cdot \left(\sqrt{\mathbf{c}_0^2 + \mathbf{c}_R^2} - \mathbf{c}_0 + \mathbf{c}_R\right)}{\left(\sqrt{\mathbf{c}_0^2 + \mathbf{c}_R^2} - \mathbf{c} + \mathbf{c}_R\right) \cdot \left(\sqrt{\mathbf{c}_0^2 + \mathbf{c}_R^2} + \mathbf{c}_0 - \mathbf{c}_R\right)}$$
$$= \frac{\mathbf{1}}{\mathbf{c}_R} \, \mathbf{lg} \left(\frac{\mathbf{T}}{\mathbf{T} - \mathbf{t}} \right).$$

Diese Gleichung liefert uns einen Zusammenhang zwischen der Geschwindigkeit c (d. h. dem Druck $\mathfrak{y}$, da $\frac{c^2}{2g} = \mathfrak{y}$) und der Zeit t während der Bewegung des Absperrorganes.

Zeichnet man für das in § 9 durchgerechnete Zahlenbeispiel auf Grund der Gleichung XIV) die Druckhöhe $\mathfrak{y}$ vor dem Absperrorgan in

Funktion der Zeit auf, so nimmt die Kurve den in Fig. 15 dargestellten charakteristischen Verlauf.

Wenn wir auf der rechten Seite von Gleichung XIV) für $t = T$ setzen, so wird der Nenner gleich Null; es muß also auch der Nenner der linken Seite gleich Null sein.

Wir erhalten damit die Bedingungsgleichung:

$$\sqrt{c_0^2 + c_R^2} - c + c_R = 0$$

somit:

$$\text{XV)} \quad \ldots\ldots \quad \mathbf{c} = \sqrt{\mathbf{c}_0^2 + \mathbf{c}_R^2} + \mathbf{c}_R.$$

Es kann nun leicht nachgewiesen werden, daß dieser Wert von c ein Maximum ist.

Durch Differentiation von Gleichung X) folgt nämlich:

$$\text{X')} \quad \ldots\ldots \quad \frac{dc}{dt} = \frac{c_0^2 + 2\,c_R \cdot c - c^2}{2 \cdot c_R (T - t)}$$

und indem wir:

$$\frac{dc}{dt} = 0$$

setzen, ergibt sich die Bedingungsgleichung:

$$c_0^2 + 2\,c_R \cdot c - c^2 = 0$$

daraus:

$$c = c_R \pm \sqrt{c_R^2 + c_0^2}.$$

Da nun aber naturgemäß c eine positive Größe sein muß, so kann für uns nur das positive Vorzeichen der Quadratwurzel in Frage kommen.

Wir haben somit:

$$\mathbf{c} = \sqrt{\mathbf{c}_R^2 + \mathbf{c}_0^2} + \mathbf{c}_R.$$

Diese Gleichung ist mit Gleichung XV) identisch, womit erhellt, daß uns Gleichung XV) effektiv den maximalen Wert der Geschwindigkeit c liefert.

Da:

$$c^2 = 2\,g\,\mathfrak{y}$$

so ist:

$$c\,\frac{dc}{dt} = g \cdot \frac{d\mathfrak{y}}{dt}$$

und für:

$$\frac{dc}{dt} = 0: \qquad \frac{d\mathfrak{y}}{dt} = 0$$

d. h. Gleichung XV) liefert uns auch, wie bereits früher bemerkt, den mittleren[1]) Wert der Druckhöhe $\mathfrak{y}$ vor dem Absperrorgan während der Schließbewegung. Aus der Ableitung dieser mittleren Druckhöhe geht auch hervor, daß dieselbe mit dem Augenblick ($t = T$) des Abschließens zusammenfällt.

Wir schreiben nun an Stelle von c c_m.

Somit:

$$\text{XV}') \quad \ldots \ldots \quad c_m = \sqrt{c_0^2 + c_R^2} + c_R .$$

Mit Hilfe der Gleichung X') ist es uns auch leicht möglich, die Tangente der Druckkurve im Augenblick des Beginns der Bewegung des Absperrorganes zu bestimmen:

Für $t = 0$ ist $c = c_0$ und Gleichung X') geht über in:

$$\text{XVI}) \quad \ldots \ldots \quad \left[\frac{dc}{dt}\right]_{t=0} = \operatorname{tg} \alpha_0 = \frac{c_0}{T}$$

welche Beziehung uns eine leichte Konstruktion der Tangentenrichtung der Kurve ermöglicht.

Wie die Fig. 15 zeigt, ist der Anstieg des Druckes in den ersten Augenblicken der Schließbewegung sehr stark, und ist daraus zu ersehen, daß es nicht des vollständigen Schließens bedarf, um bedeutende Drucksteigerungen hervorzubringen.

Diese Erkenntnis ist hauptsächlich für die Beurteilung der Reguliervorgänge von großer Wichtigkeit und sollte bei der Konstruktion von hydr. Regulatoren (Druck- und Geschwindigkeitsregulatoren) stets gebührend berücksichtigt werden.

Aus Gleichung XV') geht hervor, daß c_m nur von c_R abhängig ist (da c_0 durch das Gefälle bestimmt wird). Nun berechnet sich aber c_R nach Gleichung IX) aus:

$$c_R = \frac{f_0 \cdot L}{F \cdot T} = \frac{C_0 \cdot L}{c_0 \cdot T} .$$

Da die Länge der Rohrleitung meistens durch die Terrainverhältnisse bestimmt wird, und die Öffnung f_0 der Turbine durch die verlangte Leistung gegeben ist, so bleiben nur noch zwei Mittel, um c_R[2]) möglichst klein zu machen.

---

[1]) Wie in § 11 bis) nachgewiesen wurde, stellt diese mittlere Druckhöhe ein Maximum dar, sofern $a \cdot c_0 > 3 \cdot g \cdot y_0$ ist.

[2]) und damit auch c_m bzw. c_{max}.

1. Vergrößerung des Leitungsquerschnittes, d. h. Verkleinerung der Geschwindigkeit C_0. Damit vergrößern sich aber die Kosten für die Rohrleitung.
2. Vergrößerung der Schließzeit T des Absperrorganes; womit aber, sofern die maximale Ungleichförmigkeit (Tourenvariation) vorgeschrieben ist, wiederum eine Vergrößerung der Schwungmassen notwendig wird, was ebenfalls eine Steigerung der Anlagekosten im Gefolge hat.

Wie man aus diesen Überlegungen erkennt, ist es in jedem einzelnen Fall notwendig, einen Kompromiß zwischen Anlagekosten und Betriebsicherheit (Garantiewerte für maximale Druck und Geschwindigkeitsvariationen) einzugehen.

Es soll nun noch kurz gezeigt werden, wie die zur Berechnung des mittleren Gegenstoßdruckes dienende Gleichung XV′) in die Gleichung 40) des § 11 übergeführt werden kann.

Es war:

$$c_m = \sqrt{c_0^2 + c_R^2} + c_R$$

oder:

$$c_m^2 - 2 \cdot c_R \cdot c_m - c_0^2 = 0$$

$$\left(\frac{c_m}{c_0}\right)^2 - 2 \cdot \frac{c_R}{c_0} \cdot \frac{c_m}{c_0} - 1 = 0 .$$

Nun ist:

$$c_0 = \sqrt{2 g \mathfrak{y}_0}$$

$$c_m = \sqrt{2 g \mathfrak{y}_m}$$

somit:

$$\left(\frac{\mathfrak{y}_m}{\mathfrak{y}_0}\right) - 2 \frac{c_R}{\sqrt{2 g \mathfrak{y}_0}} \cdot \sqrt{\frac{\mathfrak{y}_m}{\mathfrak{y}_0}} - 1 = 0 .$$

Und indem wir für:

$$c_R = \frac{f_0 . L}{F . T} = \frac{C_0 . L}{c_0 . T}$$

$$= \frac{C_0 . L}{\sqrt{2 g \mathfrak{y}_0}\, T}$$

setzen, folgt:

$$\left(\frac{\mathfrak{y}_m}{\mathfrak{y}_0}\right) - \frac{C_0 . L}{g \cdot \mathfrak{y}_0 \cdot T} \sqrt{\frac{\mathfrak{y}_m}{\mathfrak{y}_0}} - 1 = 0.$$

Der Kürze halber sei:

$$\frac{\mathfrak{y}_m}{\mathfrak{y}_0} = z; \quad \frac{C_0 \, . \, L}{g \, . \, \mathfrak{y}_0 \, . \, T} = n \text{ [1]}.$$

Dann ergibt sich:

$$z - n \, . \sqrt{z} - 1 = 0$$

oder:

$$(z - 1)^2 = n^2 \, . \, z$$

und aufgelöst:

$$40) \quad \ldots \quad \mathbf{z^2 - z\,(n^2 + 2) + 1 = 0}$$

diese Gleichung ist aber identisch mit derjenigen, welche in § 11 abgeleitet wurde.

Wenn wir die linke Seite der Gleichung XIV) in Zähler und Nenner durch c_0 dividieren und:

$$\frac{c}{c_0} = y$$

$$\frac{c_R}{c_0} = m$$

setzen, und wenn wir auf der rechten Seite durch T dividieren und analog:

$$\frac{t}{T} = x$$

setzen, so schreibt sich die Gleichung XIV) in der Form:

$$\frac{1}{\sqrt{m^2+1}} \lg \left[\frac{\sqrt{m^2+1} + y - 1}{\sqrt{m^2+1} - y + 1} \cdot \frac{\sqrt{m^2+1} + m - 1}{\sqrt{m^2+1} - m + 1} \right] = \frac{1}{m} \lg (1 + x).$$

Wenn wir nun m variieren lassen, so stellt uns diese Gleichung eine Kurvenschar dar, deren Parameter m ist.

Analog erhalten wir durch Auflösung der Gleichung:

$$z^2 - z\,(2 + n^2) + 1 = 0$$

d. h.:

$$z = 1 + \frac{1}{2} n \left(n \pm \sqrt{n^2 + 4}\right)$$

eine Kurve, sofern wir den Wert n variieren lassen.

---

[1]) Bezeichnungen wie in § 11.

In Fig. 16 ist für das in § 9 durchgerechnete Zahlenbeispiel diese Kurve gezeichnet, indem die Variation von n durch Änderung der Schließzeit T bewirkt wurde. (T = variabel).

2. Eine andere Ableitung der zur Berechnung des Druckminimums dienenden Gleichung 46)[1]).

Die Aufstellung der zur Berechnung des Druckabfalles (beim Öffnen des Absperrorganes) dienenden Gleichungen kann in genau

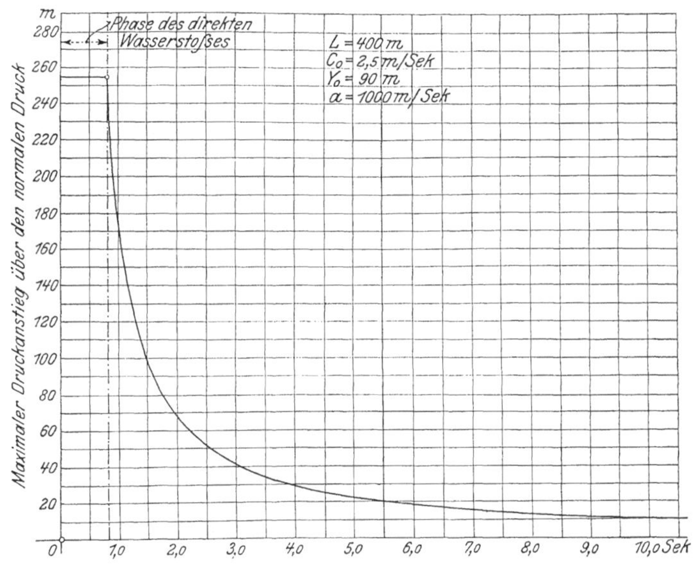

Fig. 16.

gleicher Weise geschehen, wie dies im vorstehenden Abschnitt für die Schließbewegung (Druckanstieg) ausgeführt wurde. Wir können deshalb von einer Aufstellung der zur Ableitung dienenden Gleichungen Umgang nehmen, und uns mit der Notierung der Resultate begnügen.

Unter Beibehaltung der bisherigen Bezeichnungsweise ergibt sich für die Berechnung des Druckminimums die Gleichung:

$$\text{XVII)} \quad \ldots \ldots \quad \underline{c_{min} = \sqrt{c_0^2 + c_R^2} - c_R}$$

---

[1]) Es gilt auch hier dasselbe, was bereits eingangs des vorigen Abschnittes erwähnt wurde; d. h. wir verstehen unter Druckminimum den mittleren Gegenstoßdruck.

wo dann wiederum:

$$\mathfrak{y}_{min} = \frac{c_{min}^{\,2}}{2\,g}$$

ist.

Wie man sieht, ist Gleichung XVII) ähnlich gebaut wie Gleichung XV'), was sich auch durch die gleiche Herleitungsweise erklären läßt.

Es gelten auch hier wieder die gleichen Beziehungen wie beim Schließen, d. h. der Druckabfall wird um so größer, je größer c_R ist, und umgekehrt.

Während hingegen der beim Schließen des Absperrorganes auftretende Druckanstieg eine beinahe beliebige Größe erreichen kann (sofern das Abschließen des Absperrorganes in der ersten Phase stattfindet, und die Geschwindigkeit C_0 des Wassers in der Rohrleitung groß ist) ist für den Druckabfall eine gewisse untere Grenze vorhanden, da natürlicherweise nicht mehr als das ganze Gefälle verloren gehen kann.

Diese untere Grenze ergibt sich auch ohne weiteres aus Gleichung XVII), wenn man in derselben $c_R = \infty$ setzt. Es entspricht dies einem Öffnen in unendlich kurzer Zeit $(T = 0)$.

Man hat nach einigen Umformungen:

$$\frac{c_{min}}{c_0} = \frac{c_R}{c_0} \cdot \left[\sqrt{1 + \left(\frac{c_0}{c_R}\right)^2} - 1\right]$$

und wenn man nun in dieser Gleichung $c_R = \infty$ setzt, so folgt:

$$\frac{c_{min}}{c_0} = 0 \, . \, \infty$$

d. h. es ergibt sich ein unbestimmter, aber endlicher Wert.

Durch Differentiation des obigen Ausdruckes zur Bestimmung des wahren Wertes desselben erhält man nach Einsetzen des kritischen Argumentes:

$$\frac{c_{min}}{c_0} = 0$$

d. h.:

$$c_{min} = 0$$

und damit:

$$\mathfrak{y}_{min} = 0\,.$$

3. Zusammenhang zwischen den beiden Druckextremen bei der gleichen Leitung.

Wir setzen voraus, das Absperrorgan werde in der gleichen Zeit um den gleichen Betrag geöffnet und geschlossen.

Der sich für das Öffnen ergebende Druckabfall ist dann zu berechnen aus:

$$c_{min} = \sqrt{c_0^2 + c_R^2} - c_R .$$

Der sich beim Schließen einstellende Druckanstieg ergibt sich aus:

$$c_{max} = \sqrt{c_0^2 + c_R^2} + c_R .$$

Nach unsern Voraussetzungen hat nun in beiden Gleichungen c_0 und c_R den nämlichen Wert, und wir erhalten, wenn wir die beiden Gleichungen miteinander multiplizieren:

$$\mathbf{c_{min} \cdot c_{max} = c_0^2}\ ^{1)}.$$

Diese Gleichung stellt uns, in einem kartesischen Koordinatensystem interpretiert, eine gleichseitige Hyperbel dar, deren Asymptoten die Koordinatenachsen sind.

Es ist also in einem gegebenen Fall nur notwendig, c_{max} bzw. c_{min} zu berechnen, um mit Hilfe der oben abgeleiteten Beziehung sofort den zugehörigen Wert von c_{min} bzw. c_{max} zu bekommen.

Wie im vorhergehenden Abschnitt gezeigt wurde, ist naturgemäß der kleinste Wert, den c_{min} annehmen kann, gleich Null. Das Maximum von c_{min} ist c_0. Es sind damit die Grenzen angegeben, innerhalb welcher sowohl c_{min} wie auch c_{max} liegeen müssen.

$$0 \leqq c_{min} \leqq c_0$$
$$c_0 \leqq c_{max} \leqq \infty^*$$

* der Wert $c_{max} = \infty$ kann nun aber nie eintreten, da dafür $c_R = \infty$ werden müßte, was wiederum nur für $T = 0$ möglich wäre; welcher Wert aber kleiner als $\frac{2\,L}{a}$ ist, d. h. das Schließen des Absperrorganes müßte innerhalb der Phase des direkten Wasserstoßes stattfinden, und die für die Berechnung des Druckmaximums abgeleiteten Gleichungen[2]) gelten somit nicht mehr, da in diesem Falle:

$$\mathfrak{y}_{max} = \mathfrak{y}_0 + \frac{a \,.\, C_0}{g}$$

d. h. $\mathfrak{y}_{max}$ unabhängig von der Schließzeit T ist (siehe auch Fig. 16).

---

[1]) Unter Berücksichtigung eines Satzes aus der Theorie der quadratischen Gleichungen hätte diese Beziehung mit Hilfe der Bestimmungsgleichung X') auch direkt angeschrieben werden können.

[2]) § 11, Gleichung 40). Anhang: Gleichung XV').

Bei der Ableitung der vorstehenden Beziehungen wurde stets:

$$T > \frac{2L}{a}$$

vorausgesetzt, welche Bedingung auch in den meisten praktisch vorkommenden Fällen erfüllt ist.

4. Bestimmung der Druckextremen in einer **nicht** zylindrischen Rohrleitung.

Bei allen unseren bisherigen Ableitungen wurde stets angenommen, die Rohrleitung besitze einen einzigen inneren Durchmesser D, sie sei also auf ihrer ganzen Länge zylindrisch.

Da dieser Fall nun aber in der Praxis höchst selten vorkommt, und wir es fast stets mit sich allmählich verjüngenden (Abnahme des innern Rohrdurchmessers von oben nach unten) Rohrleitungen zu tun haben, dürfte es angezeigt sein, die in einer solchen Rohrleitung auftretenden hydrodynamischen Störungen (Druckvariationen usw.) einer genauern Untersuchung zu unterziehen.

Es war nach Gleichung IV):

$$\frac{\gamma}{g} \cdot \frac{dC}{dt} dL = \gamma \cdot dH - dp.$$

Wir wenden nun diese Gleichung auf die einzelnen Rohr(durchmesser)zonen an und setzen vorläufig 3 Zonen voraus.

1. Zone:

H variiere von 0 bis $\mathfrak{y}_1$
L - - 0 - L_1 (Zonenlänge)
p - - p_a - p_1.

Der Querschnitt der Zone sei F_1; die Geschwindigkeit sei C_1. Wir erhalten dann:

$$\frac{\gamma}{g} \cdot \frac{dC_1}{dt} L_1 = \gamma \cdot \mathfrak{y}_1 - (p_1 - p_a).$$

2. Zone:

H variiere von $\mathfrak{y}_1$ bis $\mathfrak{y}_2$
L - - 0 - L_2
p - - p_1 - p_2.

Der Querschnitt der Zone sei F_2; die Geschwindigkeit sei C_2.

Dann ergibt sich:

$$\frac{\gamma}{g} \cdot \frac{dC_2}{dt} \cdot L_2 = \gamma(\mathfrak{h}_2 - \mathfrak{h}_1) - (p_2 - p_1)$$

und endlich für die

3. Zone:

H variiere von $\mathfrak{h}_2$ bis $\mathfrak{h}_3$ (wo $\mathfrak{h}_3 = \mathfrak{h}_0$)
L - - 0 - L_3
p - - p_2 - p_3

wo p_3 nach unserer früheren Bezeichnungsweise (Gleichung V) gleich $\gamma \cdot \mathfrak{h}'$ ist. — Der Querschnitt der Zone sei F_3; die Geschwindigkeit sei C_3.

Damit erhalten wir:

$$\frac{\gamma}{g} \cdot \frac{dC_3}{dt} L_3 = \gamma(\mathfrak{h}_3 - \mathfrak{h}_2) - (p_3 - p_2).$$

Durch Addition dieser drei Gleichungen ergibt sich:

$$\frac{\gamma}{g}\left(L_1 \frac{dC_1}{dt} + L_2 \frac{dC_2}{dt} + L_3 \frac{dC_3}{dt}\right) = \gamma \cdot \mathfrak{h}_3 - (p_3 - p_a).$$

Wenn wir diese Gleichung auf beiden Seiten durch γ dividieren und dabei berücksichtigen, daß 1. für:

$$\frac{p_3 - p_a}{\gamma} = \frac{\gamma \cdot \mathfrak{h}' - p_a}{\gamma} = \mathfrak{h}$$

gesetzt werden kann, sowie daß 2.:

$$\mathfrak{h}_3 = \mathfrak{h}_0$$

ist, so folgt:

$$\text{a)} \quad \ldots \quad \frac{1}{g}\left(L_1 \cdot \frac{dC_1}{dt} + L_2 \cdot \frac{dC_2}{dt} + L_3 \cdot \frac{dC_3}{dt}\right) = \mathfrak{h}_0 - \mathfrak{h}.$$

Es gilt nun auch die Kontinuitätsgleichung. Nach derselben ist:

$$C_1 . F_1 = C_2 . F_2 = C_3 . F_3.$$

Wir wählen als Urvariable die Geschwindigkeit C_3 der untersten Zone.

Somit:

$$C_1 = \frac{F_3}{F_1} \cdot C_3; \quad \frac{dC_1}{dt} = \frac{F_3}{F_1} \cdot \frac{dC_3}{dt}$$

$$C_2 = \frac{F_3}{F_2} \cdot C_2; \quad \frac{dC_2}{dt} = \frac{F_3}{F_2} \cdot \frac{dC_3}{dt}.$$

Setzen wir diese Ausdrücke in Gleichung a) ein, so folgt:

$$\frac{1}{g}\left(\frac{L_1}{F_1}\cdot F_3 + \frac{L_2}{F_2} F_3 + L_3\right)\frac{dC_3}{dt} = \mathfrak{y}_0 - \mathfrak{y}$$

oder:

$$\frac{F_3}{g}\left(\frac{L_1}{F_1} + \frac{L_2}{F_2} + \frac{L_3}{F_3}\right)\frac{dC_3}{dt} = \mathfrak{y}_0 - \mathfrak{y}$$

und durch Auflösung:

$$\text{b)} \quad . \; . \; . \quad \frac{dC_3}{dt} = (\mathfrak{y}_0 - \mathfrak{y}) \cdot \frac{g}{F_3\left(\frac{L_1}{F_1} + \frac{L_2}{F_2} + \frac{L_3}{F_3}\right)} .$$

Wenn wir nun diese Beziehung mit der Gleichung VI) vergleichen, so sehen wir, daß einfach an Stelle von L der Ausdruck:

$$F_3\left(\frac{L_1}{F_1} + \frac{L_2}{F_2} + \frac{L_3}{F_3}\right)$$

getreten ist.

Wir haben also in Gleichung IX) für L den obigen Ausdruck einzusetzen.

Dies ergibt:

$$\frac{f_0 \, . \, L}{F \, . \, T} = \frac{f_0 \, . \, F_3 \, . \left(\frac{L_1}{F_1} + \frac{L_2}{F_2} + \frac{L_3}{F_3}\right)}{F \, . \, T} .$$

Da wir C_3 als Urvariable gewählt haben, so ist F mit F_3 identisch, und wir erhalten:

$$\frac{f_0 \, . \, L}{F \, . \, T} = \frac{f_0}{T}\left(\frac{L_1}{F_1} + \frac{L_2}{F_2} + \frac{L_3}{F_3}\right) = \frac{f_0}{T} \cdot {}_i\sum_1^3\left(\frac{L_i}{F_i}\right)$$

$$\mathbf{\frac{f_0 \, . \, L}{F \, . \, T} = \frac{f_0}{T}\, {}_i\sum_1^3\left(\frac{L_i}{F_i}\right) = \frac{1}{c_0 \, . \, T}\, {}_i\sum_1^3 (L_i \, . \, C_i)}$$

d. h. an Stelle von $\frac{L}{F}$ bei einer zylindrischen Rohrleitung ist bei einer abgestuften Leitung die Summe der für die einzelnen Zonen gebildeten Quotienten $\frac{L}{F}$ zu setzen.

Es ist leicht ersichtlich, daß das, was im vorstehenden für eine dreizonige Rohrleitung abgeleitet wurde, auch ohne weiteres für eine n-zonige Leitung gilt.

Besteht also eine Rohrleitung aus n verschiedenen Durchmesserzonen, und ist jeweilen L_i die Länge und F_i der Durchflußquerschnitt einer Zone, so ergibt sich für die Geschwindigkeit c_R der Ausdruck:

$$\text{c)} \quad . \quad \mathbf{C_R} = \frac{\mathbf{f_0}}{\mathbf{T}} \sum_{i=1}^{n} \left(\frac{\mathbf{L_i}}{\mathbf{F_i}}\right) = \frac{\mathbf{1}}{\mathbf{c_0 \cdot T}} \sum_{i=1}^{n} (\mathbf{C_i} \cdot \mathbf{L_i}) .$$

Ist mit Hilfe dieser Beziehung die Geschwindigkeit c_R ermittelt, so können zur Berechnung der Druckextremen wiederum die Gleichungen XV') bezw. XVII) benutzt werden, und ist damit die gestellte Aufgabe vollständig gelöst.

5. Bestimmung der bei einer Drucksteigerung auftretenden Materialbeanspruchung.

Aus den vorstehenden Untersuchungen ist zu entnehmen, daß das beim Schließen einer Rohrleitung auftretende Druckmaximum, unter der Voraussetzung $T > \frac{2\,L}{a}$, mehr oder weniger eine Funktion der Schließzeit T ist. Schließen wir rascher, so tritt naturgemäß das Druckmaximum früher auf, und umgekehrt.

In nachfolgendem soll nun gezeigt werden, in welcher Weise die Beanspruchung des Materials der Rohrwandung von der Zeit, in welcher das Druckmaximum eintritt, abhängig ist.

Wir denken uns zu dem Zweck an einer beliebigen Stelle des Rohres durch zwei parallele, im Abstande dL voneinander entfernte und zur Rohrachse senkrechte Schnitte, einen Ringkörper aus demselben ausgeschnitten. Aus diesem Ringkörper schneiden wir wiederum vermittelst zweier Radialebenen (Ebenen durch die Rohraxe), die den Winkel $d\alpha$ miteinander einschließen, ein Element d^2M aus. (Siehe Fig. 17.)

Das Flächenelement d^2F auf welches der innere Überdruck p_0 (Druck in kg/cm^2 während des Beharrungszustandes) wirkt, ist dann gegeben durch:

$$1) \quad . \; . \; . \; . \; . \; . \; . \quad d^2F = R \cdot d\alpha \cdot dL .$$

Wenn wir das spezifische Gewicht des Materials der Rohrwandung mit γ bezeichnen, so ergibt sich unter Vernachlässigung der Glieder höherer Ordnung für das Element d^2M der Ausdruck:

$$2) \quad . \; . \; . \; . \; . \quad d^2M = \frac{\gamma}{g} R \cdot d \cdot dL \cdot d\alpha$$

wo g die Beschleunigung der Erde, d. h. 9,81 m/sec^2, bedeutet.

Im Augenblick des Beginns der Bewegung des Absperrorganes, d. h. zur Zeit $t = 0$, sei der innere Überdruck p_0, der Radius des Rohrquerschnittes R und dessen Verlängerung $x = 0$. Das Rohrelement d^2M befinde sich also in der Lage A B. (Siehe Fig. 17.) Die Tangentialspannungen auf dem Flächenelement $d \cdot dL$ seien σ_0.

A. Wir wollen nun vorerst die Untersuchung durchführen für den Fall, daß die Spannung p_0 plötzlich, d. h. stoßartig, um den konstanten Betrag Δp vergrößert wird.

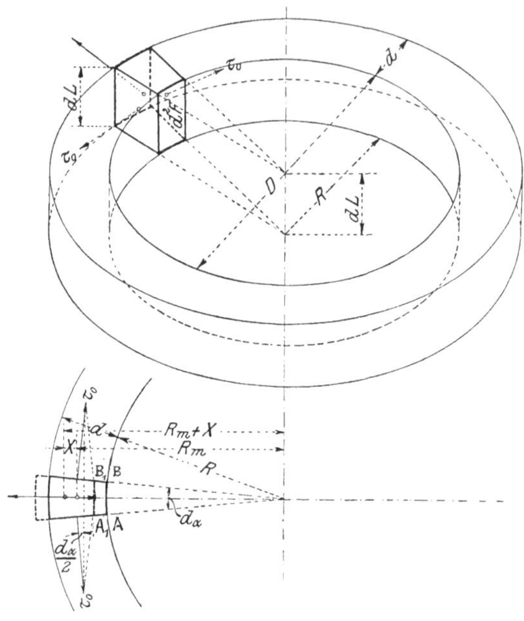

Fig. 17.

Bezeichnen wir mit T_0 die Tangentialkraft auf dem Flächenelement $d \cdot dL$ zur Zeit $t = 0$, so gilt die Beziehung:

$$p_0 \cdot dF = 2 \cdot T \cdot \sin \frac{d\alpha}{2} \cdot$$

Für den Sinus eines ∞ kleinen Winkels kann aber mit guter Annäherung dessen Argument genommen werden, so daß wir unter Berücksichtigung von Gleichung 1) auch schreiben können:

$$p_0 \cdot R \cdot d\alpha \cdot dL = 2 \cdot T \cdot \frac{d\alpha}{2} = T \cdot d\alpha$$

und indem wir für:

$$T = d \,.\, dL \,.\, \sigma_0$$

setzen, erhalten wir:

$$p_0 \,.\, R \,.\, d\alpha \,.\, dL = d \,.\, dL \,.\, \sigma_0 \,.\, d\alpha .$$

Somit:

$$3) \quad \sigma_0 = \frac{p_0 \,.\, R}{d} . \text{ [1]}$$

Wird nun der Druck p_0 plötzlich um den Betrag $\varDelta p$ erhöht, so beginnt das Rohr sich zu deformieren.

Es sei x die radiale Deformation (Verlängerung des Radius) zur Zeit t und σ die zugehörige Umfangsspannung. Das Rohrelement verschiebe sich von der Lage A B in die Lage $A_1 B_1$.

Bezeichnen wir mit $\varDelta \sigma = \sigma - \sigma_0$ die Spannungszunahme für die Druckzunahme $\varDelta p$, so besteht nach der Hookeschen Gleichung die Relation:

$$4) \quad \varDelta \sigma = \frac{E \,.\, x}{R}$$

wo E den Elastizitätsmodul des Rohrmaterials bedeutet.

Die Differentialgleichung der Bewegung des Rohrelementes d^2M lautet dann:

$$d^2M \frac{d^2x}{dt^2} = (p_0 + \varDelta p) \,.\, R \,.\, d\alpha \,.\, dL - (\sigma_0 + \varDelta \sigma)\, d \,.\, dL \,.\, d\alpha$$

und indem wir für d^2M den bezüglichen Ausdruck aus Gleichung 2) einsetzen, folgt:

$$\frac{\gamma}{g} \,.\, R \,.\, d \,.\, dL \,.\, d\alpha \frac{d^2x}{dt^2} = (p_0 + \varDelta p) \,.\, R \,.\, d\alpha \,.\, dL - (\sigma_0 + \varDelta \sigma)\, d \,.\, dL \,.\, d\alpha$$

und wenn wir mit d L . dα fortdividieren, folgt:

$$\frac{\gamma}{g} \,.\, R \,.\, d \,.\, \frac{d^2x}{dt^2} = (p_0 + \varDelta p) R - (\sigma_0 + \varDelta \sigma) \,.\, d$$

oder:

$$5) \quad \frac{\gamma}{g} \,.\, R \,.\, \frac{d^2x}{dt^2} = \frac{p_0 + \varDelta p}{d} R - (\sigma_0 + \varDelta \sigma).$$

Unter Berücksichtigung der Gleichungen 3) und 4) läßt sich diese Gleichung kürzer anschreiben.

[1]) Diese Gleichung hätte auch sofort angeschrieben werden können, da sie ja bekanntlich zur Berechnung der Rohrwandstärken d stets gebraucht wird.

Wir erhalten:

$$\frac{\gamma}{g} R \frac{d^2x}{dt^2} = \frac{\varDelta p . R}{d} - \frac{E . x}{R}$$

$$6) \quad \dots \quad \frac{\gamma . R}{g} \cdot \frac{d^2x}{dt^2} + \frac{E . x}{R} - \frac{\varDelta p . R}{d} = 0 .$$

Die Integration dieser Differentialgleichung ergibt unter der Bedingung, daß für $t = 0$ $x = 0$ und $\frac{dx}{dt} = 0$ sein muß, das Resultat:

$$7) \quad . . \mathbf{x} = \frac{\varDelta \mathbf{p} . \mathbf{R}^2}{\mathbf{d} . \mathbf{E}} \left(\mathbf{1} - \mathbf{cos} \sqrt{\frac{\mathbf{E} . \mathbf{g}}{\mathbf{R}^2 . \gamma}}\, \mathbf{t}\right) .$$ [1]

[1]) Die Integration der Differentialgleichung 6) kann in folgender Weise durchgeführt werden.

Wir bestimmen uns vorerst auf dem Wege des Probierens ein partikuläres Integral und erhalten:

$$a) \quad \dots \quad x_0 = \frac{\varDelta p . R}{d} \cdot \frac{R}{E} = \frac{\varDelta p . R^2}{d . E} .$$

Durch Differenzieren folgt:

$$\frac{dx_0}{dt} = 0; \quad \frac{d^2x_0}{dt^2} = 0$$

und damit:

$$\frac{\gamma . R}{g} . 0 + \frac{E}{R} \cdot \frac{\varDelta p . R^2}{d . E} - \frac{\varDelta p . R}{d} = 0$$

welche Gleichung identisch erfüllt ist.

Wir stellen nun die reduzierte Gleichung:

$$\frac{\gamma . R}{g} \cdot \frac{d^2x}{dt^2} + \frac{E . x}{R} = 0$$

her und setzen:

$$x = e^{a t}$$

$$\frac{dx}{dt} = a . e^{a t}$$

$$\frac{d^2x}{dt^2} = a^2 . e^{a t}$$

damit erhalten wir:

$$\frac{\gamma . R}{g} . a^2 . e^{a t} + \frac{E}{R} e^{a t} = 0$$

oder:

$$\frac{\gamma . R}{g} . a^2 + \frac{E}{R} = 0$$

$$a^2 = - \frac{E . g}{R^2 . \gamma}$$

$$a = \pm i \sqrt{\frac{E . g}{R^2 . \gamma}} .$$

Diese Gleichung stellt uns den Verlauf der radialen Rohrdeformation in Funktion der Zeit dar.

In Fig. 18 ist dieser Verlauf graphisch dargestellt und ist aus derselben sowie aus Gleichung 7) zu entnehmen, daß die Deformation ihr Maximum erreicht für:

Die Lösung der reduzierten Differentialgleichung lautet dann nach den allgemeinen Regeln der Infinitesimalrechnung:

$$x_1 = A \cdot e^{+i\sqrt{\frac{E \cdot g}{R^2 \cdot \gamma}}\,t} + B \cdot e^{-i\sqrt{\frac{E \cdot g}{R^2 \cdot \gamma}}\,t}$$

und mit Hilfe der Gauß'schen Relationen können wir auch schreiben:

$$\text{b)} \quad . \quad . \quad . \quad x_1 = A \cdot \cos\sqrt{\frac{E \cdot g}{\gamma \cdot R^2}}\,t + B \cdot \sin\sqrt{\frac{E \cdot g}{\gamma \cdot R^2}}\,t.$$

Dann ist das allgemeine Integral der Differentialgleichung 6) gegeben durch die Summe der beiden Lösungen:

$$x = x_0 + x_1.$$

Also:

$$x = \frac{\varDelta p \cdot R^2}{d \cdot E} + A \cdot \cos\sqrt{\frac{E \cdot g}{\gamma \cdot R^2}}\,t + B \cdot \sin\sqrt{\frac{E \cdot g}{\gamma \cdot R^2}}\,t.$$

Die Bestimmung der Konstanten A und B geschieht nun auf Grund der Grenzbedingungen.

Es ist für $t = 0$: $x = 0$:

$$\frac{dx}{dt} = 0$$

somit:

$$0 = \frac{\varDelta p \cdot R^2}{d \cdot E} + A + B \cdot 0$$

$$A = -\frac{\varDelta p \cdot R^2}{d \cdot E}.$$

In gleicher Weise erhalten wir durch Differentiation von x und Einsetzen der Grenzbedingungen:

$$B = 0.$$

Das Schlußresultat lautet dann:

$$x = \frac{\varDelta p \cdot R^2}{d \cdot E} - \frac{\varDelta p \cdot R^2}{d \cdot E} \cos\sqrt{\frac{E \cdot g}{\gamma \cdot R^2}}\,t$$

$$x = \frac{\varDelta p \cdot R^2}{d \cdot E}\left(1 - \cos\sqrt{\frac{E \cdot g}{\gamma \cdot R^2}}\,t\right)$$

wie Gleichung 7).

$$\sqrt{\frac{E \cdot g}{R^2 \cdot \gamma}} t = \pi$$

$$8) \quad . \quad . \quad . \quad . \quad t_{max} = \pi \sqrt{\frac{R^2 \cdot \gamma}{E \cdot g}}$$

und wir erhalten aus Gleichung 7):

$$9) \quad . \quad . \quad . \quad . \quad x_{max} = 2 \frac{\Delta p \cdot R^2}{d \cdot E}.$$

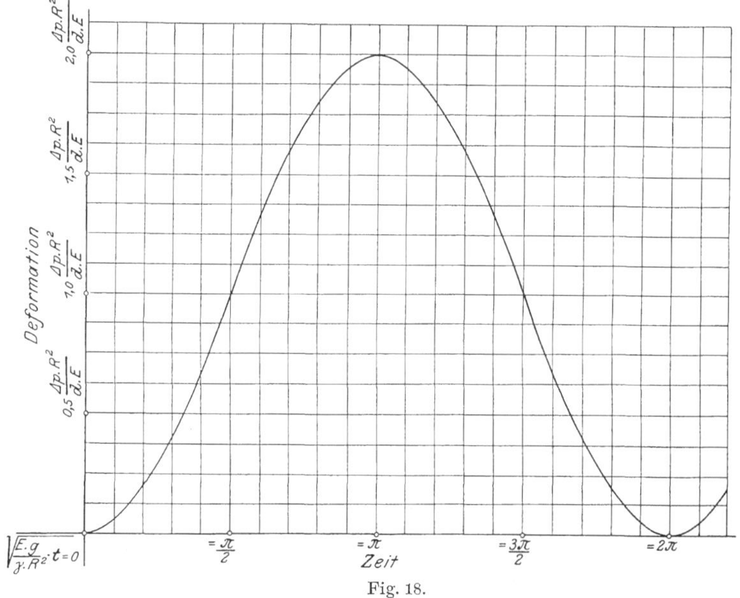

Fig. 18.

Wenn wir diesen Wert in Gleichung 4) einsetzen, so folgt:

$$10) \quad . \quad . \quad . \quad . \quad \Delta \sigma_{max} = 2 \frac{\Delta p \cdot R}{d}.$$

Die im Material der Rohrwandung auftretende totale Zugspannung σ_{total} ist dann die Summe aus der Anfangsspannung σ_0 und dem Spannungszuwachs $\Delta \sigma$.

Unter Berücksichtigung von Gleichung 3) ergibt sich dann:

$$\sigma_{total} = \sigma_0 + \Delta \sigma = \frac{p_0 \cdot R}{d} + 2 \frac{\Delta p \cdot R}{d}$$

$$11) \quad . \quad . \quad . \quad \sigma_{total} = (p_0 + 2 \Delta p) \frac{R}{d}.$$

Aus dieser Schlußgleichung ist folgendes wichtige Resultat zu entnehmen.

Wird in einem Rohre, das zur Zeit $t = 0$ unter einem innern Überdruck p_0 steht, der Druck plötzlich um den Betrag Δp gesteigert, so tritt nach:

$$t = \pi \cdot \sqrt{\frac{R^2 \cdot \gamma}{E \cdot g}} \text{ Sek.}$$

in der Rohrwandung eine Materialbeanspruchung σ_{total} auf, die größer ist als diejenige, welche bei allmählichem und stetigem Anwachsen des Druckes um den Betrag Δp eingetreten wäre; denn nehmen wir diesen letzteren Fall an, so ergibt sich als maximale Beanspruchung:

$$12) \quad . \quad . \quad . \quad \sigma_{total} = (p_0 + \Delta p) \cdot \frac{R}{d} \; ^{1)}$$

und indem wir diese Beziehung mit 11) vergleichen, erhellt sich ohne weiteres die Richtigkeit des vorstehenden Satzes.

Zahlenbeispiel.

Gegeben sei ein Stück einer genieteten Rohrleitung mit folgenden Daten:

$$p_0 = 50 \text{ kg/cm}^2; \quad R = 50 \text{ cm}; \quad d = 3 \text{ cm}.$$

Material der Rohrwandung: Flußeisen.

$$\Delta p = 25 \text{ kg/cm}^2.$$

Aus Gleichung 8) folgt dann:

$$t_{max} = \pi \cdot 50 \cdot \sqrt{\frac{7{,}85}{10^3 \cdot 981 \cdot 2{,}15 \cdot 10^6}}$$

$$8') \quad . \quad . \quad . \quad . \quad \mathbf{t_{max} = 0{,}000\,445 \text{ Sek.}}$$

d. h.:

$$t_{max} = \frac{1}{2250} \text{ Sek.}$$

Die maximale Deformation und damit die größte Beanspruchung tritt also mit großer Geschwindigkeit auf, und man kann jedenfalls für praktische Fälle mit genügender Genauigkeit annehmen, daß Druckanstieg und maximale Beanspruchung zeitlich zusammenfallen.

---

[1]) Die Verlängerung des Radius kann hier als ∞ kleine Größe höherer Ordnung vernachlässigt werden.

Gleichung 9) ergibt:

$$x_{max} = 2 \frac{25 \cdot 50^2}{3 \cdot 2{,}15 \cdot 10^6}$$

9') . . . . . $\mathbf{x_{max} = 0{,}01936\ cm}$

Gleichung 11):

$$\sigma_{total} = (50 + 2 \cdot 25) \frac{50}{3}$$

11') . . . . . $\mathbf{\sigma_{total} = 1666\ kg/cm^2}$

während Gleichung 12):

$$\underline{\sigma_{total} = 1250\ kg/cm^2}$$

ergeben würde.

B) Es soll nun noch der allgemeine Fall untersucht werden, in welchem der Druckanstieg Δp eine Funktion der Zeit ist.

Zwecks leichterer Durchführung der Rechenoperationen nehmen wir an, der Druckanstieg sei eine Sinusfunktion der Zeit.

I) . . . . . $\underline{\Delta p = \Delta p_m \cdot \sin\left(\frac{2\pi}{T} t\right)}$.

Für:

$$t = \frac{T}{4}$$

wird:

$$\underline{\Delta p = \Delta p_m}$$

d. h. für $t = \frac{T}{4}$ wird der Druckanstieg ein Maximum.

Wir können nun ohne weiteres in die früher abgeleitete Differentialgleichung 6) für Δp den obenstehenden Funktionswert I) einsetzen und erhalten so direkt die Differentialgleichung der Deformationsbewegung für den allgemeinen Fall.

$$\frac{\gamma \cdot R}{g} \cdot \frac{d^2x}{dt^2} + \frac{E \cdot x}{R} - \frac{R \cdot \Delta p_m}{d} \sin\left(\frac{2\pi}{T} t\right) = 0.$$

Von dieser unhomogenen linearen Differentialgleichung zweiter Ordnung suchen wir nun ein partikuläres Integral.

Wir setzen:

$$x_p = k \cdot \sin\left(\frac{2\pi}{T} t\right).$$

Daraus:

$$\frac{dx_p}{dt} = \frac{2\pi}{T} \cdot k \cdot \cos\left(\frac{2\pi}{T} t\right)$$

$$\frac{d^2x_p}{dt^2} = -\left(\frac{2\pi}{T}\right)^2 \cdot k \cdot \sin\left(\frac{2\pi}{T} t\right)$$

und wenn wir diese Werte in die Differentialgleichung einsetzen, folgt:

$$-\frac{\gamma \cdot R}{g} \cdot \left(\frac{2\pi}{T}\right)^2 \cdot k \cdot \sin\left(\frac{2\pi}{T} t\right) + \frac{E}{R} \cdot k \cdot \sin\left(\frac{2\pi}{T} t\right) - \frac{R \cdot \Delta p_m}{d} \sin\left(\frac{2\pi}{T} t\right) = 0.$$

Dividieren wir durch $\sin\left(\frac{2\pi}{T} t\right)$:

$$-\frac{\gamma \cdot R}{g} \cdot \left(\frac{2\pi}{T}\right)^2 \cdot k + \frac{E}{R} \cdot k - \frac{R \cdot \Delta p_m}{d} = 0$$

$$k = \frac{1}{\frac{E}{R} - \frac{\gamma \cdot R}{g} \cdot \left(\frac{2\pi}{T}\right)^2} \cdot \frac{R \cdot \Delta p_m}{d}$$

$$\text{II)} \quad \ldots \quad k = \frac{\Delta p_m \cdot R^2}{d \cdot E} \cdot \frac{1}{1 - \frac{\gamma \cdot R^2}{g \cdot E} \cdot \left(\frac{2\pi}{T}\right)^2}.$$

Dann ergibt sich für das partikuläre Integral:

$$\text{III)} \quad \ldots \quad x_p = \frac{\Delta p_m \cdot R^2}{d \cdot E} \cdot \frac{1}{1 - \frac{\gamma \cdot R^2}{g \cdot E} \cdot \left(\frac{2\pi}{T}\right)^2} \sin\left(\frac{2\pi}{T} t\right).$$

Als Lösung der reduzierten Gleichung:

$$\frac{\gamma \cdot R}{g} \cdot \frac{d^2x}{dt^2} + \frac{E \cdot x}{R} = 0$$

haben wir schon früher

$$x_1 = A \cdot \cos \sqrt{\frac{E \cdot g}{\gamma \cdot R^2}}\, t + B \cdot \sin \sqrt{\frac{E \cdot g}{\gamma \cdot R^2}}\, t$$

gefunden, und wir erhalten als totales Integral x der unhomogenen linearen Differentialgleichung den Ausdruck:

$$\text{IV)} \quad \ldots \quad x = \frac{\Delta p_m \cdot R^2}{d \cdot E} \cdot \frac{1}{1 - \frac{\gamma \cdot R^2}{g \cdot E} \cdot \left(\frac{2\pi}{T}\right)^2} \sin\left(\frac{2\pi}{T} t\right) + A \cdot \cos\left(\sqrt{\frac{E \cdot g}{\gamma \cdot R^2}}\, t\right) + B \cdot \sin\left(\sqrt{\frac{E \cdot g}{\gamma \cdot R^2}}\, t\right)$$

wobei die Konstanten A und B wiederum mit Hilfe der Grenzbedingungen zu bestimmen sind.

Für:

$$t = 0: \text{ ist } x = 0$$

und:

$$\frac{dx}{dt} = 0$$

woraus sich:

$$A = 0$$

und:

$$B = -\frac{\varDelta p_m \cdot R^2}{d \cdot E} \cdot \frac{\dfrac{2\pi}{T}}{\left[1 - \dfrac{\gamma \cdot R^2}{g \cdot E} \cdot \left(\dfrac{2\pi}{T}\right)^2\right] \sqrt{\dfrac{\gamma \cdot R^2}{g \cdot E}}}$$

ergibt.

Setzt man dann diese Werte in Gleichung IV) ein, so erhält man:

$$\text{V)} \quad . \quad \mathbf{x} = \frac{\varDelta \mathbf{p}_m \cdot \mathbf{R}^2}{\mathbf{d} \cdot \mathbf{E}} \cdot \frac{1}{1 - \dfrac{\gamma \cdot \mathbf{R}^2}{\mathbf{g} \cdot \mathbf{E}} \cdot \left(\dfrac{2\pi}{\mathbf{T}}\right)^2} \left[\sin\left(\frac{2\pi}{\mathbf{T}}\,\mathbf{t}\right) - \frac{2\pi}{\mathbf{T}} \sqrt{\frac{\gamma \cdot \mathbf{R}^2}{\mathbf{g} \cdot \mathbf{E}}} \sin\left(\sqrt{\frac{\mathbf{g} \cdot \mathbf{E}}{\gamma \cdot \mathbf{R}^2}}\,\mathbf{t}\right)\right].$$

Diese Gleichung stellt uns wieder die radiale Rohrdeformation x für den Fall dar, wo die Drucksteigerung eine Sinusfunktion der Zeit ist.

Die geometrische Interpretation dieser Gleichung (Fig. 19) zeigt das Bild von superpositionierten Schwingungen.

Wir haben als Grundschwingung eine reine Sinusschwingung von der Amplitude 1 und über dieser Schwingung eine sekundäre Sinusschwingung von der Amplitude

$$\frac{2\pi}{T} \sqrt{\frac{R^2 \cdot \gamma}{E \cdot g}}.$$

Die primäre Sinusschwingung (Amplitude 1) stellt uns in der Hauptsache die Materialdeformation dar, während die sekundäre Sinusschwingung physikalisch wohl als Materialvibrationen zu interpretieren ist. Das Rohr würde sich also in diesem Falle unter Auftreten von Vibrationserscheinungen deformieren.

Die maximale Rohrdeformation x_m und damit die maximale Beanspruchung σ_{total} wäre mit Hilfe der Gleichung V) zu bestimmen, was aber infolge der Eigenart der in der Gleichung vorkommenden

Funktionen nur auf dem Wege des Probierens möglich ist, sofern wir uns nicht eine (wie wir später zeigen werden) gut zulässige Vereinfachung gestatten, indem wir die sekundäre Schwingung (Materialvibrationen) gegenüber der primären (Materialdeformationen) vernachlässigen.

Wie aus Fig. 19 sowohl wie auch aus Gleichung V) zu entnehmen ist, spielt die Amplitude der sekundären Schwingung (in praktisch vorkommenden Fällen, d. h. $T \geqq 4$ Sek.) nur für sehr kleine Zeiten t eine Rolle, während sie für größere Zeiten gegenüber der Amplitude der primären Schwingung gar nicht in Frage kommt.

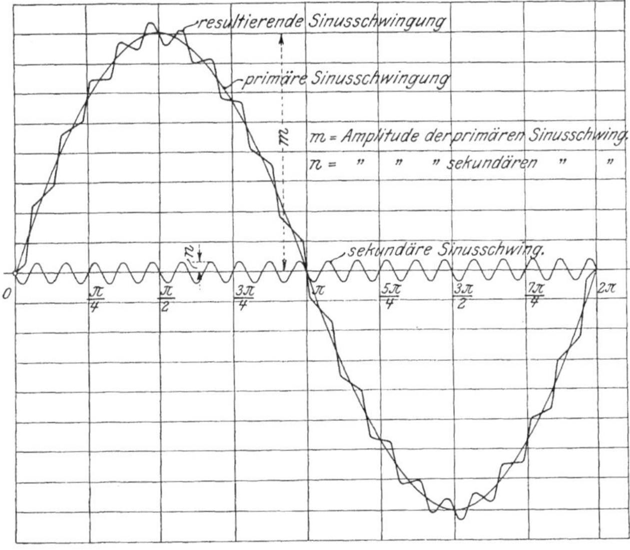

Fig. 19.

Die Deformation x erreicht ein Extremum, wenn die Klammergröße in Gleichung V) ein Extremum wird.

$$f(t) = \sin\left(\frac{2\pi}{T} t\right) - \frac{2\pi}{T} \sqrt{\frac{R^2 \cdot \gamma}{g \cdot E}} \sin \sqrt{\frac{g \cdot E}{\gamma \cdot R^2}}\, t$$

$$\frac{d f(t)}{dt} = \frac{2\pi}{T} \cos\left(\frac{2\pi}{T} t\right) - \frac{2\pi}{T} \cos \sqrt{\frac{g \cdot E}{\gamma \cdot R^2}}\, t$$

und daraus ergibt sich die Extremumsbedingung:

$$\cos\left(\frac{2\pi}{T} t\right) = \cos\left(\sqrt{\frac{g \cdot E}{\gamma \cdot R^2}}\, t\right).$$

Diese Gleichung ist erfüllt für:

1) . . . . $t = 0$

d. h. zu Beginn der Drucksteigerung ist die Deformation ein Extremum (Minimum), d. h. sie ist gleich Null. Die Gleichung ist aber auch erfüllt für:

2) . . . . . $T = 2 . \pi . \sqrt{\frac{\gamma . R^2}{g . E}}$ (Spezialfall).

Für diesen (in der Praxis nie vorkommenden) Wert der Schwingungszeit T der primären Schwingung wird die Deformation x unbestimmt, d. h. aus Gleichung V) ergibt sich für dieselbe der Ausdruck $\frac{0}{0}$.

Für die sekundäre Schwingung erhalten wir als Dauer einer einfachen Hin- und Herschwingung den Ausdruck:

$$T_1 = 2 . \pi . \sqrt{\frac{\gamma . R^2}{g . E}}$$

und unter Berücksichtigung der in unserm Zahlenbeispiel angenommenen Werte, ergibt sich:

$$T_1 = 2 . 0{,}000\,445 = 0{,}000\,890 \text{ Sek.}$$

Die Dauer einer Vibrationsschwingung ist also sehr kurz und beträgt wohl für die meisten praktisch vorkommenden Fälle kaum mehr als $\frac{1}{1000}$ Sekunde.

Es war:

$$x = \frac{\Delta p_m . R^2}{d . E} \cdot \frac{1}{1 - \frac{\gamma . R^2}{g . E} \cdot \left(\frac{2\pi}{T}\right)^2} \left[\sin\left(\frac{2\pi}{T} t\right) - \frac{2\pi}{T} \sqrt{\frac{\gamma . R^2}{g . E}} \sin \sqrt{\frac{E . g}{\gamma . R^2}}\, t\right]$$

dabei ist die Amplitude der sekundären Schwingung:

$$\frac{2\pi}{T} \sqrt{\frac{R^2 . \gamma}{g . E}} .$$

In unserm Zahlenbeispiel war:

$$\pi \sqrt{\frac{R^2 . \gamma}{E . g}} = 0{,}000\,445 \text{ Sek.}$$

und nehmen wir an, die Drucksteigerung trete zufolge raschen Abschließens einer Rohrleitung ein, so können wir als kleinsten Wert der Schließzeit $T = 1$ Sekunde annehmen und erhalten damit:

$$\mathrm{T} = 4\,T = 4\ \text{Sek.}$$

Somit:

$$\frac{2\pi}{\mathrm{T}}\sqrt{\frac{\mathrm{R}^2 \cdot \gamma}{\mathrm{g} \cdot \mathrm{E}}} = \frac{2 \,.\, 000\,445}{4} = 0{,}000\,222\,5 = \frac{1}{4500}$$

welcher Wert aber jedenfalls ohne weiteres bei praktischen Rechnungen vernachlässigt werden kann gegenüber der Einheit.

Da das von uns angeführte Zahlenbeispiel als oberer Grenzwert der praktisch vorkommenden Fälle angesehen werden kann, und mit Verkleinerung des inneren Rohrdurchmessers (von dem hauptsächlich die Amplitude abhängig ist) eine proportionale Verkleinerung der Amplitude der sekundären Schwingung stattfindet, so kann jedenfalls mit für praktische Fälle genügender Annäherung die Gleichung V) in der Form:

$$\text{V}')\ \ldots\ \mathrm{x} = \frac{\varDelta\,\mathrm{p_m} \cdot \mathrm{R}^2}{\mathrm{d} \cdot \mathrm{E}} \cdot \frac{1}{1 - \frac{\gamma \cdot \mathrm{R}^2}{\mathrm{g} \cdot \mathrm{E}} \cdot \left(\frac{2\pi}{\mathrm{T}}\right)^2} \sin\left(\frac{2\pi}{\mathrm{T}}\,\mathrm{t}\right)$$

geschrieben werden.

Aus dieser Beziehung ist leicht zu ersehen, das x ein Maximum wird für:

$$\text{VI})\ \ldots\ \mathrm{t_{max}} = \frac{\mathrm{T}}{4} \quad \text{[vide auch Gleichung I)]}$$

Damit ergibt sich:

$$\text{VII})\quad \mathrm{x_{max}} = \frac{\varDelta\,\mathrm{p_m} \cdot \mathrm{R}^2}{\mathrm{d} \cdot \mathrm{E}} \cdot \frac{1}{1 - \frac{\gamma \cdot \mathrm{R}^2}{\mathrm{g} \cdot \mathrm{E}} \cdot \left(\frac{2\pi}{\mathrm{T}}\right)^2}$$

und durch Einsetzen in Gleichung 4):

$$\varDelta\,\sigma_{max} = \frac{\mathrm{E} \cdot \mathrm{x_{max}}}{\mathrm{R}} = \frac{\varDelta\,\mathrm{p_m} \cdot \mathrm{R}}{\mathrm{d}} \cdot \frac{1}{1 - \frac{\gamma \cdot \mathrm{R}^2}{\mathrm{g} \cdot \mathrm{E}} \cdot \left(\frac{2\pi}{\mathrm{T}}\right)^2}$$

$$\text{VIII})\quad \varDelta\,\sigma_{max} = \frac{\varDelta\,\mathrm{p_m} \cdot \mathrm{R}}{\mathrm{d}} \cdot \frac{1}{1 - \frac{\gamma \cdot \mathrm{R}^2}{\mathrm{g} \cdot \mathrm{E}} \cdot \left(\frac{2\pi}{\mathrm{T}}\right)^2}.$$

Aus dieser Beziehung ist wiederum zu entnehmen, daß der Spannungszuwachs $\varDelta\,\sigma$ selbst bei stetigem Verlauf der Drucksteigerung $\varDelta\,\mathrm{p}$ größer wird als in dem Falle, wo die Drucksteigerung in unendlich langer Zeit ($T = \infty$) erfolgt.

Gleichung VIII) liefert uns ferner einen übersichtlichen Zusammenhang zwischen der Spannung $\Delta\,\sigma_{max}$ und der Zeit:

$$\left(t = \frac{T}{4}\right)$$

in welcher die Drucksteigerung $\Delta\,p_m$ eintritt.

Wie wir nun aber im vorstehenden Zahlenbeispiel gezeigt haben, ist selbst für den kleinsten praktisch vorkommenden Fall der Schließzeit[1]) ($T = 4$ Sek.) der Ausdruck

$$\frac{\gamma\,.\,R^2}{g\,.\,E}\,.\left(\frac{2\,\pi}{T}\right)^2$$

so klein, daß er mit guter Annäherung gegenüber der Einheit vernachlässigt werden darf.

In unserm Zahlenbeispiel wäre:

$$\left(\frac{2\,\pi}{T}\sqrt{\frac{R^2\,.\,\gamma}{g\,.\,E}}\right)^2 = \left(\frac{1}{4500}\right)^2 = 0{,}0495\,.\,10^{-6}$$

Gleichung VIII) geht somit über in:

$$\text{IX)} \quad \Delta\,\sigma = \frac{\Delta\,p_m\,.\,R}{d}\,.$$

Diese Beziehung ist aber identisch mit derjenigen, welche man auf Grund einer einfachen Überlegung für eine sehr langsame ($T = \infty$) Drucksteigerung erhalten würde (vide Gleichung 12).

Unter Berücksichtigung von Gleichung 3) erhalten wir dann als totale Beanspruchung σ_{total} den Ausdruck:

$$\sigma_{total} = \sigma_0 + \Delta\,\sigma = \frac{p_0\,.\,R}{d} + \frac{\Delta\,p_m\,.\,R}{d}\,.$$

$$\text{X)} \quad \sigma_{total} = (p_0 + \Delta\,p_m)\,\frac{R}{d}\,.$$

Wenn wir dieses Resultat mit Gleichung 12) vergleichen, so sehen wir, daß, wenn die Drucksteigerung $\Delta\,\sigma$ eine stetige Funktion der Zeit ist (siehe Gleichung I), die Materialbeanspruchung $\Delta\,\sigma_{total}$ kleiner wird als in dem Falle, wo die Drucksteigerung unstetig, d. h. plötzlich (stoßartig) auftritt.

---

[1]) Die Schlußzeit $T = 1$ Sek. angenommen, ergibt als totale Schwingungszeit $T = 4$ Sek.

Nach Gleichung 11) ist für eine plötzlich auftretende konstante Drucksteigerung $\varDelta p_m$:

$$\sigma_{total_I} = (p_0 + 2 \varDelta p_m) \frac{R}{d}$$

und unter Voraussetzung eines stetigen Verlaufes der Drucksteigerung (siehe Gleichung I) erhalten wir nach Gleichung X):

$$\sigma_{total_{II}} = (p_0 + \varDelta p_m) \frac{R}{d} \cdot$$

Daraus ergibt sich die Relation:

$$\frac{\sigma_{total_I}}{\sigma_{total_{II}}} = \frac{p_0 + 2 \varDelta p_m}{p_0 + \varDelta p_m}$$

oder auch:

$$\frac{\sigma_{total_I}}{\sigma_{total_{II}}} = \frac{3}{2}$$

wenn $p_0 = \varDelta p_m$.

II. Teil.

Allgemeine Theorie über die veränderliche Bewegung des Wassers in Stollen und Wasserschlofs.

Von

Robert Dubs,
Diplom-Ingenieur
i. F. Escher, Wyss & Cie.

Allgemeine Theorie über die veränderliche Bewegung des Wassers in Stollen und Wasserschlofs[1]).

Bei der Anlage von Druckleitungen ist man infolge der Terrainverhältnisse öfters gezwungen, das Triebwasser vom Sammelweiher aus vorerst vermittelst eines Stollens in ein sogenanntes Wasserschloß zu leiten, von dem aus dann erst die Druckleitungen das Wasser den Turbinen (oder sonstigen Kraftmaschinen) zuführen.

Die gesamte Wasserzuführung setzt sich somit in diesem Falle aus folgenden zwei Teilen zusammen:

1. Stollen mit Wasserschloß.
2. Druckleitung.

Im vorstehenden Abschnitt wurde die in einer Rohrleitung auftretende veränderliche Bewegung sowie ihre Begleiterscheinungen genau untersucht und uns erübrigt hier nur noch, diese Untersuchungen auf die in Stollen und Wasserschloß eintretenden Bewegungen auszudehnen.

Da in neuerer Zeit die Zuleitungsstollen meistens als „Druckstollen" (d. h. vollaufende Stollen) angenommen werden, und die Untersuchungen über die veränderliche Bewegung nur für diese Art Stollen ein besonderes Interesse bieten, wollen wir unsern nachfolgenden Betrachtungen einen Druckstollen zugrunde legen.

Wir nehmen an, daß zu Beginn der hydrodynamischen Störung (welche durch Öffnen oder Schließen der Druckleitungen hervorgerufen wird) in der ganzen Wasserzuführung Beharrungszustand herrsche, welcher

---

[1]) Siehe auch: Prof. A. Budau, „Druckschwankungen in Turbinenzuleitungen", Wien.

Prof. Dr. F. Prásil, „Wasserschloßprobleme", Schweizerische Bauzeitung, Band LII, Nr. 21 u. ff., Zürich.

Prof. Dr. H. Lorenz, „Schwingungen in Flüssigkeitsleitungen und ihr Einfluß auf den Gang von Kreiselrädern", Zeitschrift für das gesamte Turbinenwesen, Heft 28, 1908.

dadurch gekennzeichnet ist, daß an jeder beliebigen Stelle der Wasserzuführung zu verschiedenen Zeiten die gleichen Druck- und Geschwindigkeitsverhältnisse vorhanden sind.

Es sei:

F_1 = Querschnitt des Druckstollens in m^2, senkrecht zur Wasserströmung gemessen.

F_2 = Querschnitt des (prismatisch gedachten) Wasserschlosses in m^2, in der Horizontalen gemessen.

c_0 = Geschwindigkeit des Wassers im Stollen in m/sec während des Beharrungszustandes, d. h. zur Zeit $t = 0$.

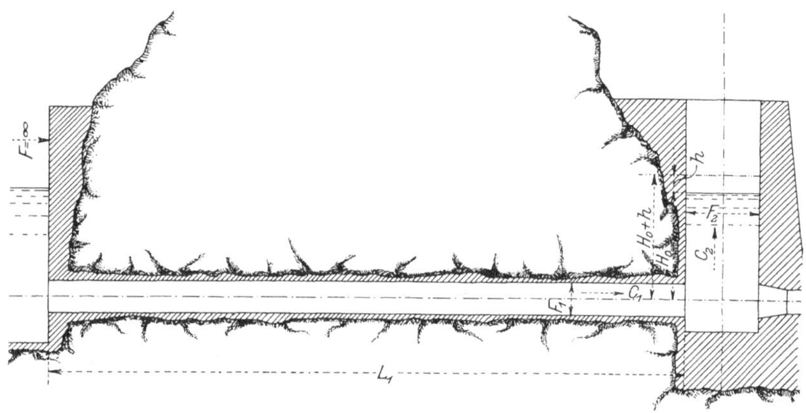

Fig. 20.

c_1 = Geschwindigkeit des Wassers im Stollen in m/sec während der hydrodynamischen Störung.

L_1 = Länge des Stollens in m, gemessen vom Stauweiher bis Wasserschloß.

c_2 = Geschwindigkeit des Wassers im Wasserschloß in m/sec während der hydrodynamischen Störung.

H_0 = Höhe des Wasserniveaus über der Stollenachse im Wasserschloß während des Beharrungszustandes.

h = Variation des Wasserniveaus im Wasserschloß während der hydrodynamischen Störung.

g = Anziehung der Erdschwere = 9,81 m/sec².

Die Bedeutung der übrigen Bezeichnungen ergibt sich aus der Fig. 20.

Behufs Vereinfachung der Gleichungen werden wir in den nachfolgenden Untersuchungen den Einfluß der Deformationen der Stollenwandungen und der Kompressibilität des Wassers auf die veränderliche Bewegung vernachlässigen. Ebenso soll vorerst der zufolge der Reibung bedingte Gefällsverlust H_v nicht berücksichtigt werden.

Wir nehmen ferner an, die hydrodynamische Störung werde (wie bereits eingangs erwähnt) durch eine Bewegung (Öffnen oder Schließen) der die Druckleitungen abschließenden Absperrorgane hervorgerufen; wobei wiederum zwei Phasen der Bewegung zu unterscheiden sind.

1. Phase: Niveauvariationen im Wasserschloß während der Bewegung der Absperrorgane.
2. Phase: Niveauvariationen im Wasserschloß nach dem Stillstehen der Absperrorgane.

Im folgenden soll nun für die Annahme, daß[1]) die von den Turbinen konsumierte Wassermenge Q eine lineare Funktion der Zeit ist, die hierdurch bedingte veränderliche Bewegung des Wassers in Stollen und Wasserschloß untersucht werden.

I. Kapitel.

Veränderliche Bewegung des Wassers in Stollen und Wasserschloſs ohne Berücksichtigung der Reibungswiderstände.

§ 1. Erste Phase.

$$0 \leqq t \leqq T$$

Niveauvariationen im Wasserschloß während der Bewegung der Absperrorgane.

Als Ursache der hydrodynamischen Störung wollen wir unsern Betrachtungen vorerst eine Schließbewegung der Absperrorgane zugrunde legen, wobei noch angenommen werden soll, die Verkleinerung des Durchflußquerschnittes erfolge nach linearem Gesetz, so daß die den Turbinen zufließende Wassermenge Q (näherungsweise) ebenfalls eine

[1]) für Öffnen oder Schließen der Absperrorgane.

lineare Funktion der Zeit wird. Wir nehmen also an, daß während der Dauer (T) der Schließbewegung die Gleichung:

$$\text{I)} \quad Q = Q_0 \cdot \left(1 - \frac{t}{T}\right) \text{ [1]}$$

erfüllt ist, wo Q_0 der Wasserkonsum der Turbinen zur Zeit $t = 0$ (Beginn der Schließbewegung) und T die totale Schließzeit der Absperrorgane bedeutet.

Die Kontinuitätsgleichung ergibt ferner:

$$\text{II)} \quad F_1 \cdot c_1 = F_2 \cdot c_2 + Q$$

welche Beziehung zum Ausdruck bringt, daß die pro Zeiteinheit durch den Stollen strömende Wassermenge $F_1 \cdot c_1$ gleich ist der Summe aus der den Turbinen zufließenden Wassermenge Q und der im Wasserschloß zurückbleibenden und hier eine Niveauerhöhung (h) hervorrufenden Wassermenge $F_2 \cdot c_2$.

Zufolge dieser Niveauerhöhung h tritt eine Verzögerung der sich in Stollen und Wasserschloß in Bewegung befindlichen Wassermassen ein, und wir können unter Berücksichtigung der im Anhang des vorigen Abschnittes abgeleiteten Beziehungen (Gleichung VI) ohne weiteres die bezügliche Beschleunigungsgleichung anschreiben.

Sie lautet unter Benutzung unserer Bezeichnungen:

$$\text{III)} \quad \frac{L_1}{g} \cdot \frac{dc_1}{dt} + \frac{H_0 + h}{g} \cdot \frac{dc_2}{dt} = -h$$

wobei die Bewegung des Wassers im Stauweiher vernachlässigt ist, was, wenn wir den meist im Verhältnis zum Stollenquerschnitt sehr großen Querschnitt des Stauweihers betrachten, vollständig gerechtfertigt erscheint, und jedenfalls keine praktisch bedeutende Fehler im Gefolge hat.

---

[1] Bei spätern Folgerungen ist dann zu beachten, daß diese Gleichung nur gilt, solange $0 \leqq t \leqq T$ ist. In der Gleichung ist ferner die zufolge der Gefällsvariation eintretende Veränderung der den Turbinen zuströmenden Wassermenge nicht berücksichtigt. Da nun aber die im Wasserschloß stattfindenden Niveauänderungen gegenüber dem totalen Gefälle meistens sehr klein sind, so dürfte Gleichung I) mit für die meisten Fälle praktisch genügender Annäherung den Verlauf des Wasserkonsums während der Schließbewegung wiedergeben.

Sollte es jedoch in einem bestimmten Falle wünschenswert erscheinen, die Berechnung der Niveauvariationen unter Berücksichtigung des oben erwähnten Punktes durchzuführen, so kann dies mit Hilfe der im Anhang dieses Abschnittes abgeleiteten Formeln geschehen.

Da zufolge der prismatisch vorausgesetzten Gestalt des Wasserschlosses die Bewegung des Wassers in demselben nur eine geradlinige sein kann, ergibt sich die Beziehung:

$$\text{IV)} \quad \frac{dc_2}{dt} = \frac{d^2h}{dt^2}$$

Durch Kombination der Gleichungen I), II), III) und IV) erhalten wir dann die Differentialgleichung der veränderlichen Bewegung, bezogen auf die Niveauvariationen h im Wasserschloß.

Die Differentiation von Gleichung I) ergibt:

$$\text{I')} \quad \frac{dQ}{dt} = -\frac{Q_0}{T}.$$

Ebenso erhalten wir durch Differentiation von Gleichung II):

$$\text{II')} \quad F_1 \cdot \frac{dc_1}{dt} = F_2 \cdot \frac{dc_2}{dt} + \frac{dQ}{dt}$$

und indem wir für $\frac{dQ}{dt}$ den Ausdruck aus Gleichung I') und für $\frac{dc_2}{dt}$ den Ausdruck aus Gleichung IV) substituieren, ergibt sich:

$$\text{II'')} \quad F_1 \cdot \frac{dc_1}{dt} = F_2 \frac{d^2h}{dt^2} - \frac{Q_0}{T}.$$

Berechnen wir aus dieser Gleichung $\frac{dc_1}{dt}$ und setzen wir den bezüglichen Wert in Gleichung III) ein, so erhalten wir:

$$\frac{L_1}{g}\left[\frac{F_2}{F_1} \cdot \frac{d^2h}{dt^2} - \frac{Q_0}{F_1 \cdot T}\right] + \frac{H_0 + h}{g} \cdot \frac{d^2h}{dt^2} = -h$$

oder:

$$\left(\frac{F_2}{F_1} + \frac{H_0 + h}{L_1}\right)\frac{d^2h}{dt^2} + \frac{g \cdot h}{L_1} - \frac{Q_0}{F_1 \cdot T} = 0$$

$$\text{III')} \quad \left(1 + \frac{H_0 + h}{L_1} \cdot \frac{F_1}{F_2}\right)\frac{d^2h}{dt^2} + \frac{F_1}{F_2} \cdot \frac{g}{L_1} \cdot h - \frac{Q_0}{F_2 \cdot T} = 0.$$

Die totale Integration dieser Differentialgleichung, d. h. die Aufstellung des allgemeinen Integrals in geschlossener Form, ist[1]) undurch-

[1]) Zufolge des Gliedes:

$$\frac{H_0 + h}{L_1} \cdot \frac{F_1}{F_2} \cdot \frac{d^2h}{dt^2}$$

wird eine Integration unmöglich.

führbar, und wir können nur vermittels der graphischen Methode oder der Reihenentwicklung eine angenäherte Lösung erhalten.

Betrachten wir die obige Gleichung als sogenannte t-freie Differentialgleichung, so läßt sich eine erste Integration durchführen.

Wir haben nach einigen Umformungen:

$$\left[h + \left(H_0 + L_1 \cdot \frac{F_2}{F_1}\right)\right] \frac{d^2h}{dt^2} + g \cdot h - \frac{Q_0 \cdot L_1}{F_1 \cdot T} = 0 .$$

Der Kürze halber sei:

$$1) \quad \ldots \ldots \quad H_0 + L_1 \cdot \frac{F_2}{F_1} = K_1$$

$$2) \quad \ldots \ldots \quad \frac{Q_0 \cdot L_1}{F_1 \cdot T} = g \cdot K_2 .$$

Damit erhalten wir:

$$[h + K_1] \frac{d^2h}{dt^2} + g \cdot h - g \cdot K_2 = 0 .$$

Wir setzen nun:

$$\frac{dh}{dt} = p$$

somit:

$$\frac{d^2h}{dt^2} = \frac{dp}{dh} \cdot \frac{dh}{dt} = p \frac{dp}{dh} .$$

Dann ergibt sich:

$$[h + K_1]\, p \cdot \frac{dp}{dh} + g \cdot h - g \cdot K_2 = 0 .$$

Und durch Trennung der Variablen:

$$p \cdot dp = \frac{g \cdot K_2 - g \cdot h}{K_1 + h} dh .$$

Das Resultat der Integration ist:

$$\mathbf{p = \sqrt{2 \cdot g \cdot \left[\{K_2 + K_1\} \cdot lg\, \{K\,(h + K_1)\} - h\right]}}$$

wo K die Integrationskonstante bedeutet.

Es war:

$$p = \frac{dh}{dt} = c_2$$

d. i. eine Geschwindigkeit; der Klammerausdruck unter dem Wurzelzeichen muß somit eine Höhe bedeuten.

Wir haben:

$$\text{IV)} \quad . \quad \frac{dh}{dt} = \sqrt{2\,g\left[\left\{K_1 + K_2\right\} \lg\left\{K\,(h + K_1)\right\} - h\right]}.$$

Für die Bestimmung der Konstanten K ergibt sich aus den Anfangsbedingungen für:

$$t = 0$$
$$h = 0$$
$$\frac{dh}{dt} = 0$$

die Bestimmungsgleichung:

$$\lg(K\,.\,K_1) = 0.$$

Somit:

$$\mathbf{K = \frac{1}{K_1}}.$$

Und durch Einsetzen:

$$\text{V)} \quad \frac{dh}{dt} = \sqrt{2\,g\left[\left\{K_1 + K_2\right\} \lg\left\{1 + \frac{h}{K_1}\right\} - h\right]}.$$

Damit ist der Verlauf der Geschwindigkeit c_2 im Wasserschloß als Funktion der Niveauerhöhung h bestimmt.

Gleichung V) gestattet uns auch das Maximum der Niveauerhöhung h[1]) zu bestimmen, da für dasselbe $\frac{dh}{dt} = 0$ wird.

Somit:

$$2\,g\left[\left\{K_1 + K_2\right\} \lg\left\{1 + \frac{h_m}{K_1}\right\} - h_m\right] = 0$$

oder:

$$\text{VI)} \quad . \ . \ . \quad \lg\left\{1 + \frac{h_m}{K_1}\right\} = \frac{h_m}{K_1 + K_2}.$$

Diese Bestimmungsgleichung ist transzendent in h_m und darum nicht direkt auflösbar.

Man kann nun auf dem Wege des Probierens oder vermittels graphischer Näherungsmethode (siehe „Mehmke, Die Auflösung transzendenter Gleichungen höheren Grades") eine Auflösung für h_m bekommen, doch ist es auch vermittels Zerlegung möglich, für h_m rasch einen Näherungswert zu erhalten, wie kurz gezeigt werden soll.

[1]) Sofern natürlich die Funktion in dem betrachteten Zeitintervall $0 \leqq t \leqq T$ überhaupt ein Maximum besitzt, was, wie später gezeigt werden wird, nur in bestimmten Fällen zutrifft.

Wir setzen:

$$1) \;.\;.\;.\;.\;.\;.\;.\quad \lg\left\{1+\frac{h_m}{K_1}\right\} = y_1$$

und:

$$2) \;.\;.\;.\;.\;.\;.\;.\;.\;.\;.\quad \frac{h_m}{K_1+K_2} = y_2 .$$

Betrachten wir in diesen beiden Gleichungen die Größe h_m als Urvariable, und zeichnen wir für einige Werte dieser Urvariablen die Kurven 1 und 2 [Logarithmuskurve und gerade Linie], so gibt die Abszisse des Schnittpunktes der beiden Kurven den gesuchten Wert von h_m.

Ist so die größte Niveauerhöhung h_m (die gewöhnlich am meisten interessiert) berechnet worden, so können wir vermittels der Gleichung V) für einige Zwischenwerte von h die jeweiligen Tangentenrichtungen der h-Kurve bestimmen und so angenähert (vermittels der Tangentenmethode) die h-Kurve konstruieren, d. h. die Veränderung der Niveauerhöhung in Funktion der Zeit darstellen (siehe Zahlenbeispiel).

Setzen wir in Gleichung V):

$$\sqrt{2g\left[\left\{K_1+K_2\right\}\lg\left\{1+\frac{h}{K_1}\right\}-h\right]} = \Phi(h)$$

so folgt:

$$\frac{dh}{dt} = \Phi(h)$$

und daraus:

$$\mathbf{t = \int \frac{dh}{\Phi(h)} + Konstante.}$$

Da nun aber, wie bereits früher erwähnt, die Funktion $\Phi(t)$ nicht integrabel ist, so hat eine weitere Diskussion der obigen Beziehung für uns keinen Wert und wir wollen deshalb auf Gleichung III') zurückgreifen und nachsehen, ob nicht durch Zulassung von kleinen Vernachlässigungen die Differentialgleichung III') integrabel gemacht werden kann.

a) Ableitung erster Näherungsformeln, gültig für relativ kleine Niveauerhöhungen h.

Da die maximale Niveauerhöhung h_{max} in den meisten praktisch vorkommenden Fällen einen gewissen, durch die vorliegenden baulichen Verhältnisse bestimmten, obern Grenzwert nicht überschreiten wird, so können wir unter Zugrundelegung eines approximativ geschätzten Wertes für h_{max} den voraussichtlich größten Betrag berechnen, den das Glied:

$$\frac{h}{L_1}\cdot\frac{F_1}{F_2}$$

in dem vorliegenden Fall annehmen kann.

In den nun folgenden Untersuchungen ist angenommen, der Wert von:

$$\frac{h}{L_1} \cdot \frac{F_1}{F_2}$$

sei so klein, daß er mit guter Annäherung gegenüber der Einheit vernachlässigt werden darf.

Es war:

$$\left(1 + \left(\frac{F_1}{F_2}\right) \frac{H_0 + h}{L_1}\right) \frac{d^2h}{dt^2} + \frac{F_1}{F_2} \cdot \frac{g}{L_1} h - \frac{Q_0}{F_2 . T} = 0$$

$$\left(1 + \frac{H_0}{F_2} \cdot \frac{F_1}{L_1} + \frac{h}{L_1} \cdot \frac{F_1}{F_2}\right) \frac{d^2h}{dt^2} + \frac{F_1}{F_2} \cdot \frac{g}{L_1} h - \frac{Q_0}{F_2 . T} = 0$$

und nun sei:

$$\frac{h}{L_1} \cdot \frac{F_1}{F_2} \sim 0.$$ [1])

Dann erhalten wir:

$$\left(1 + \frac{H_0}{L_1} \cdot \frac{F_1}{F_2}\right) \frac{d^2h}{dt^2} + \frac{F_1}{F_2} \cdot \frac{g}{L_1} h - \frac{Q_0}{F_2 . T} = 0$$

oder:

$$\frac{d^2h}{dt^2} + \frac{g . F_1 . h}{L_1 . F_2 \left(1 + \frac{H_0 \cdot F_1}{L_1 . F_2}\right)} - \frac{Q_0}{F_2 . T \left(1 + \frac{H_0 \cdot F_1}{F_2 . L_1}\right)} = 0$$

$$\frac{d^2h}{dt^2} + \frac{g . F_1 . h}{L_1 . F_2 + H_0 . F_1} - \frac{Q_0 . L_1}{T\ (L_1 . F_2 + H_0 . F_1)} = 0.$$

Die Integration dieser Differentialgleichung ergibt:

1. Als partikuläres Integral:

$$h_p = \frac{Q_0 . L_1}{g . T . F_1}.$$

2. Als Lösung der reduzierten Gleichung:

$$h_r = A . \cos \sqrt{\frac{g . F_1}{L_1 . F_2 + H_0 F_1}}\, t + B . \sin \sqrt{\frac{g . F_1}{L_1 . F_2 + H_0 . F_1}}\, t.$$

Dann ist das allgemeine Integral gegeben durch die Summe der beiden Lösungen:

$$h = h_p + h_r.$$

Die Bestimmung der Konstanten A und B des allgemeinen Integrals geschieht mit Hilfe der Anfangsbedingungen.

---

[1]) Es sei hier bemerkt, daß zufolge dieser Vernachlässigung die später abgeleiteten Formeln und Beziehungen Näherungswerte ergeben, die größer sind als die effektiv auftretenden.

Es ist für:

$$t = 0, \quad h = 0: \quad \frac{dh}{dt} = 0 .$$

Damit erhalten wir:

$$A = -\frac{Q_0 \cdot L_1}{g \cdot T \cdot F_1} \qquad B = 0$$

und indem man diese Werte einsetzt, ergibt sich:

$$\text{VII)} \quad h = \frac{Q_0 \cdot L_1}{g \cdot T \cdot F_1} \left[1 - \cos\left(\sqrt{\frac{g \cdot F_1}{L_1 \cdot F_2 + H_0 \cdot F_1}}\, t\right)\right].$$

Diese Beziehung kann unter Zuhilfenahme einer bekannten goniometrischen Relation auch in der Form:

$$\text{VII')} \quad h = 2 \frac{Q_0 \cdot L_1}{g \cdot T \cdot F_1} \sin^2\left(\sqrt{\frac{g \cdot F_1}{L_1 \cdot F_2 + H_0 \cdot F_1}}\, \frac{t}{2}\right)$$

geschrieben werden.

Wie aus der letzteren Beziehung leicht zu ersehen ist, führt die Niveauerhöhung h während der Schließperiode eine oszillatorische Bewegung aus[1]).

Die Amplitude der Oszillationen ist:

$$2 \frac{Q_0 \cdot L_1}{g \cdot T \cdot F_1}$$

und während der Dauer der Schließbewegung konstant.

(Praktisch wird die Amplitude mit wachsender Zeit abnehmen, da die Reibung in dämpfendem Sinne wirkt).

Die Niveauerhöhung erreicht ein erstes Maximum für:

$$\text{VIII)} \quad \ldots \quad t = \pi \cdot \sqrt{\frac{L_1 \cdot F_2 + H_0 \cdot F_1}{g \cdot F_1}}$$

wobei jedoch zu bemerken ist, daß dieses Maximum nur dann Gültigkeit besitzt, wenn es innerhalb der Periode der Schließbewegung liegt, d. h. wenn:

$$\text{VIII')} \quad \ldots \quad T \geqq \pi \cdot \sqrt{\frac{L_1 \cdot F_2 + H_0 \cdot F_1}{g \cdot F_1}}$$

ist.

---

[1]) Dies gilt jedoch nur für sehr große Schließzeiten:

$$T >> \pi \cdot \sqrt{\frac{L_1 \cdot F_2 + H_0 \cdot F_1}{g \cdot F_1}} .$$

In den meisten praktisch vorkommenden Fällen (siehe Zahlenbeispiel) haben wir jedoch eine bedeutend kleinere Schließzeit, als:

$$\pi \cdot \sqrt{\frac{L_1 \cdot F_2 + H_0 \cdot F_1}{g \cdot F_1}}$$

ergibt, und muß dann zur Berechnung der Niveauerhöhung h_T[1]) die Gleichung VII) oder VII') benutzt werden.

Man erhält:

$$\text{IX)} \quad \mathbf{h_T = 2 \frac{Q_0 \cdot L_1}{g \cdot T \cdot F_1} \sin^2 \left(\sqrt{\frac{g \cdot F_1}{L_1 \cdot F_2 + H_0 \cdot F_1}} \cdot \frac{T}{2}\right)}.$$

Diese Gleichung gilt ganz allgemein für jede Schließzeit T; sie liefert uns die jeweilige Niveauerhöhung im Augenblick des Abschließens sämtlicher Druckleitungen.

Einen interessanten Spezialfall erhalten wir für:

$$\underline{T = \pi \cdot \sqrt{\frac{L_1 \cdot F_2 + H_0 \cdot F_1}{g \cdot F_1}}}$$

womit sich durch Einsetzen in Gleichung IX) für h der Ausdruck:

$$\text{X)} \quad \mathbf{h_{max} = \frac{2}{\pi} \cdot \frac{Q_0}{\sqrt{F_1 \cdot F_2}} \sqrt{\frac{L_1}{g}} \cdot \frac{1}{\sqrt{1 + \frac{H_0 \cdot F_1}{L_1 \cdot F_2}}}}$$

ergibt.

Wie wir später (unter b) zeigen werden, ist das Glied $\frac{H_0 \cdot F_1}{L_1 \cdot F_2}$ in den meisten praktischen Fällen so klein, daß es gegenüber der Einheit vernachlässigt werden darf.

Man erhält dann:

$$\mathbf{h_{max} = \frac{2}{\pi} \cdot \frac{Q_0}{\sqrt{F_1 \cdot F_2}} \cdot \sqrt{\frac{L_1}{g}}}$$

(siehe unter b), Gleichung XX).

Analog erhalten wir für den Fall:

$$\underline{T > \pi \sqrt{\frac{L_1 \cdot F_2 + H_0 \cdot F_1}{g \cdot F_1}}}$$

die größte Niveauerhöhung, welche im Intervall $0 \leqq t \leqq T$ stattfindet zur Zeit:

$$t_{max} = \pi \cdot \sqrt{\frac{L_1 \cdot F_2 + H_0 \cdot F_1}{g \cdot F_1}}$$

[1]) Die nun jedoch keinesfalls ein Maximum darstellt.

und ist dieselbe aus der Beziehung:

$$\text{XI)} \quad . \quad . \quad . \quad . \quad \mathbf{h_{max} = 2 \cdot \frac{Q_0 \cdot L_1}{g \cdot T \cdot F_1}}$$

zu berechnen.

Durch Differentiation von Gleichung VII) erhalten wir:

$$\frac{dh}{dt} = c_2 = \frac{Q_0 \cdot L_1}{T \cdot g \cdot F_1} \sqrt{\frac{g \cdot F_1}{F_2 \cdot L_1 + H_0 F_1}} \sin \sqrt{\frac{g \cdot F_1}{L_1 \cdot F_2 + H_0 F_1}}\, t$$

und nach einigen Umformungen:

$$\text{XII)} \quad \mathbf{c_2 = \frac{Q_0}{T \cdot \sqrt{F_1 \cdot F_2}} \sqrt{\frac{L_1}{g}} \cdot \frac{\sin\left(\sqrt{\frac{g \cdot F_1}{L_1 \cdot F_2 + H_0 \cdot F_1}}\, t\right)}{\sqrt{1 + \frac{H_0 \cdot F_1}{L_1 \cdot F_2}}}}.$$

Ist:

$$T < \frac{\pi}{2} \cdot \sqrt{\frac{L_1 \cdot F_2 + H_0 F_1}{g \cdot F_1}}$$

so haben wir im Augenblick des Abschließens:

$$\text{XII')} \quad . \quad c_{2T} = \frac{Q_0}{T \sqrt{F_1 \cdot F_2}} \sqrt{\frac{L_1}{g}} \cdot \frac{\sin\left(\sqrt{\frac{g \cdot F_1}{L_1 \cdot F_2 + H_0 F_1}}\, T\right)}{\sqrt{1 + \frac{H_0 \cdot F_1}{L_1 \cdot F_2}}}$$

und im speziellen Fall:

$$T = \frac{\pi}{2} \sqrt{\frac{L_1 \cdot F_2 + H_0 \cdot F_1}{g \cdot F_1}}$$

ergibt sich:

$$\text{XIII)} \quad . \quad . \quad c_2 T = \frac{2}{\pi} \cdot \frac{Q_0}{F_2 \left(1 + \frac{H_0 \cdot F_1}{L_1 \cdot F_2}\right)}.$$

Wie ferner aus Gleichung XII) hervorgeht, wird c_2 allgemein ein Maximum, wenn:

$$t = \frac{\pi}{2} \sqrt{\frac{L_1 \cdot F_2 + H_0 \cdot F_1}{g \cdot F_1}}$$

ist. Man erhält dann:

$$\text{XIV)} \quad . \quad . \quad . \quad c_2 = \frac{Q_0}{T \sqrt{F_1 \cdot F_2}} \sqrt{\frac{L_1}{g}} \cdot \frac{1}{\sqrt{1 + \frac{H_0 \cdot F_1}{L_1 \cdot F_2}}}.$$

Damit aber dieses Maximum eintreten kann, muß die Schließzeit:

$$T \geqq \frac{\pi}{2} \sqrt{\frac{L_1 \cdot F_2 + H_0 \cdot F_1}{g \cdot F_1}}$$

sein, da sonst die Kontinuitätsgleichung II) nicht mehr gültig ist.

Da in den meisten praktisch vorkommenden Fällen die maximale Niveauerhöhung h_{max} sehr klein ist gegenüber der totalen Stollenlänge L_1, so geben die Beziehungen VII bis XIV) für h und c_2 gute Näherungswerte, die aber, wie eingangs erwähnt, stets etwas größer sind, als die effektiv eintretenden, und sich um so mehr den wahren Werten nähern, je kleiner das Verhältnis:

$$\frac{h_{max}}{L} \cdot \frac{F_1}{F_2}$$

gegenüber der Einheit ist.

Wir betonen ferner nochmals, daß alle bis jetzt abgeleiteten Beziehungen nur gelten, solange $0 \leqq t \leqq T$ ist, d. h. während der Schließperiode.

Da die Berechnung von h und c_2 auf ziemlich komplizierte Relationen (Gleichungen VII bis XII) führt, so soll in dem nun folgenden Abschnitt b) untersucht werden, ob nicht durch Zulassung von weiteren kleinen Vernachlässigungen, einfachere Beziehungen erhalten werden können.

b) Ableitung zweiter Näherungsformeln, gültig für relativ kleine Wassertiefen H_0 im Wasserschloß.

Es war:

$$\left(1 + \frac{H_0 + h}{L_1} \cdot \frac{F_1}{F_2}\right) \frac{d^2 h}{dt_2} + \frac{F_1}{F_2} \cdot \frac{g}{L_1} \cdot h - \frac{Q_0}{F_2 \cdot T} = 0.$$

Nun ist in praktischen Fällen stets:

$$\frac{F_1}{F_2} \leqq 1$$

d. h. der Querschnitt des Wasserschlosses ist meistens größer als der Querschnitt des Stollens.

Ebenso:

$$\frac{H_0 + h}{L_1} << 1$$

da die Stollenlänge L_1 stets bedeutend größer ist als die maximale [im Wasserschloß mögliche] Wassertiefe $h_{max} + H_0$.

In Berücksichtigung dieser Erkenntnis vernachlässigen wir das Glied:

$$\frac{H_0 + h}{L_1} \cdot \frac{F_1}{F_2}$$

da es gegenüber der Einheit jedenfalls keine große Rolle spielt[1]).

Gleichung III') geht dann über in:

$$\text{XV)} \quad \frac{d^2h}{dt^2} + \frac{F_1}{F_2} \cdot \frac{g}{L_1} h - \frac{Q_0}{F_2 \cdot T} = 0.$$

Die Integration dieser Differentialgleichung ergibt wiederum:

1. Als partikuläres Integral:

$$h_p = \frac{Q_0 \cdot L_1}{g \cdot T \cdot F_1}$$

2. Als Lösung der reduzierten Gleichung:

$$h_r = A \cdot \cos \sqrt{\frac{F_1}{F_2} \cdot \frac{g}{L_1}}\, t + B \cdot \sin \sqrt{\frac{F_1 \cdot g}{F_2 \cdot L_1}}\, t.$$

Dann ist das totale Integral h gleich der Summe der beiden Lösungen:

$$h = \frac{Q_0 \cdot L_1}{g \cdot T \cdot F_1} + A \cos \sqrt{\frac{F_1}{F_2} \cdot \frac{g}{L_1}}\, t + B \sin \sqrt{\frac{F_1}{F_2} \cdot \frac{g}{L_1}}\, t.$$

Die Bestimmung der Konstanten A und B auf Grund der Anfangsbedingungen:

$$\left[\text{für } t = 0, \quad h = 0: \quad \frac{dh}{dt} = c_2 = 0\right]$$

ergibt:

$$A = -\frac{Q_0 \cdot L_1}{g \cdot T \cdot F_1} \qquad B = 0.$$

Somit:

$$\text{XVI)} \quad \mathbf{h = \frac{Q_0 \cdot L_1}{g \cdot T \cdot F_1} \left[1 - \cos \sqrt{\frac{F_1}{F_2} \cdot \frac{g}{L_1}}\, t\right]}\ ^{2)}$$

---

1) Sollten einmal außergewöhnliche Verhältnisse vorliegen, so daß diese Vernachlässigung zu große Fehler nach sich ziehen würde, so muß zur Bestimmung von h_m der früher angegebene Weg eingeschlagen werden.

2) Diese, und auch alle folgenden Beziehungen können direkt aus den in Abschnitt a) abgeleiteten Relationen gewonnen werden, indem man in ihnen einfach $\frac{H_0 \cdot F_1}{L_1 \cdot F_2} = 0$ setzt

wobei auch hier zu bemerken ist, daß diese Gleichung (infolge der Kontinuitätsgleichung II) nur gilt, solange die Zeit t zwischen Null und T (T = Schließzeit) liegt:

$$0 \leqq t \leqq T.$$

Unter Anwendung des schon früher benutzten Satzes aus der Goniometrie kann Gleichung XVI) auch in der Form:

$$\text{XVI}') \quad h = 2 \cdot \frac{Q_0 \cdot L_1}{g \cdot T \cdot F_1} \sin^2 \left(\sqrt{\frac{F_1}{F_2} \cdot \frac{g}{L_1}} \cdot \frac{t}{2} \right)$$ [1]

geschrieben werden.

Diese Gleichung stellt uns (analog der frühern) eine schwingende Bewegung dar, wobei zu beachten ist, daß h nie negativ werden kann, da der Wert der trigonometrischen Funktion in der Gleichung quadratisch auftritt.

Für:

$$\text{XVII}) \quad \ldots \quad t_m = \pi \cdot \sqrt{\frac{F_2}{F_1} \cdot \frac{L_1}{g}}$$ [2]

ist der maximale Wert der Niveauerhöhung wiederum gegeben durch:

$$\text{XVIII}) \quad \ldots \quad h_{max} = 2 \frac{Q_0 \cdot L_1}{g \cdot T \cdot F_1}$$ [3]

wobei jedoch, wie schon bemerkt, die Schließzeit $T \geqq t_m$ sein muß, d. h. in unserm Falle:

$$\text{XIX}) \quad \ldots \quad T \geqq \pi \cdot \sqrt{\frac{F_2}{F_1} \cdot \frac{L_1}{g}}.$$

Einen interessanten Spezialfall erhalten wir auch hier für:

$$T = \pi \cdot \sqrt{\frac{F_2}{F_1} \cdot \frac{L_1}{g}}$$

es ergibt sich dann, wenn wir diesen Wert in Gleichung XVI) einsetzen:

$$\text{XX}) \quad \ldots \quad h_{max} = \frac{2}{\pi} \cdot \frac{Q_0}{\sqrt{F_1 \cdot F_2}} \cdot \sqrt{\frac{L_1}{g}}.$$ [4]

---

[1]) Siehe auch Gleichung VII').

[2]) Siehe auch Gleichung VIII).

[3]) Siehe auch Gleichung XI).

[4]) Siehe auch Gleichung X).

Es ist dies, wie aus Gleichung XVIII) zu ersehen ist, der größte Wert, welchen die Niveauerhöhung im Wasserschloß annehmen kann, sofern die Schließzeit:

$$T \geqq \pi \cdot \sqrt{\frac{F_2}{F_1} \cdot \frac{L_1}{g}}$$

ist.

Wie wir nun aber im folgenden Zahlenbeispiel sehen werden, ist bei fast allen in der Praxis vorkommenden Fällen die Schließzeit T immer bedeutend kleiner als:

$$\pi \cdot \sqrt{\frac{F_2}{F_1} \cdot \frac{L_1}{g}}$$

so daß der Wert von h meistens kleiner als die Amplitude der Sinusschwingung wird.

Für den Augenblick des Abschließens:

$$T < \pi \sqrt{\frac{F_2}{F_1} \cdot \frac{L_1}{g}}$$

ist dann die Niveauerhöhung h_T im Wasserschloß mit Hilfe der Gleichung XVI') zu berechnen, indem man in ihr für $t = T$ einsetzt.

Es ergibt sich:

$$\text{XXI)} \quad \mathbf{h_T = 2 \frac{Q_0 \cdot L_1}{g \cdot T \cdot F_1} \sin^2 \left(\sqrt{\frac{F_1}{F_2} \cdot \frac{g}{L_1}} \frac{T}{2} \right)}\ ^{1)} .$$

Ebenso läßt sich die Geschwindigkeit c_2 des Wassers im Wasserschloß als Funktion der Zeit darstellen.

Durch Differentiation von Gleichung XVI) erhalten wir:

$$\frac{dh}{dt} = c_2 = \frac{Q_0}{T \cdot \sqrt{F_1 \cdot F_2}} \sqrt{\frac{L_1}{g}} \sin \left(\sqrt{\frac{F_1}{F_2} \cdot \frac{g}{L_1}}\, t \right)$$

$$\text{XXII)} \quad \mathbf{c_2 = \frac{Q_0}{T \cdot \sqrt{F_1 \cdot F_2}} \cdot \sqrt{\frac{L_1}{g}} \sin \left(\sqrt{\frac{F_1}{F_2} \cdot \frac{g}{L_1}}\, t \right)}\ ^{2)} .$$

Als Variation von c_2 ergibt sich somit wie früher eine reine Sinusschwingung, wobei wir wiederum zwei Zeitintervalle unterscheiden können.

Erstes Intervall:

$$\text{XXIII)} \; . \; . \; . \; . \; . \quad T \geqq \frac{\pi}{2} \cdot \sqrt{\frac{F_2}{F_1} \cdot \frac{L_1}{g}}$$

---

[1]) Siehe auch Gleichung IX).

[2]) Siehe auch Gleichung XII).

der maximale Wert der Geschwindigkeit c_2 ist dann gegeben durch:

$$\text{XXIV)} \quad \ldots\ldots \quad c_2 = \frac{Q_0}{T \cdot \sqrt{F_1 \cdot F_2}} \sqrt{\frac{L_1}{g}}\ ^{1)} .$$

Für den Spezialfall:

$$\text{XXV)} \quad \ldots\ldots\ldots \quad T = \frac{\pi}{2} \cdot \sqrt{\frac{F_2}{F_1} \cdot \frac{L_1}{g}}$$

erhalten wir nach Gleichung XXIV):

$$\text{XXVI)} \quad \ldots\ldots\ldots \quad c_2 = \frac{2}{\pi} \cdot \frac{Q_0}{F_2}\ ^{2)}$$

wo c_2 wiederum der maximale Wert ist, den die Geschwindigkeit im Wasserschloß annehmen kann, sofern:

$$T \geqq \frac{\pi}{2} \cdot \sqrt{\frac{F_2}{F_1} \cdot \frac{L_1}{g}}$$

ist.

Zweites Intervall:

$$\text{XXVII)} \quad \ldots\ldots \quad T < \frac{\pi}{2} \cdot \sqrt{\frac{F_2}{F_1} \cdot \frac{L_1}{g}} .$$

Es ist dies derjenige Fall, welcher in der Praxis gewöhnlich vorkommt.

Die Geschwindigkeit c_2 ist dann für eine bestimmte Zeit:

$$t_1 < \frac{\pi}{2} \sqrt{\frac{F_2}{F_1} \cdot \frac{L_1}{g}}$$

einfach mit Hilfe der Gleichung XXII) zu berechnen, und es ergibt sich z. B. für die Geschwindigkeit c_{2T} im Augenblick des Abschließens der Ausdruck:

$$\text{XXVIII)} \quad c_{2T} = \frac{Q_0}{T \cdot \sqrt{F_1 \cdot F_2}} \sqrt{\frac{L_1}{g}} \sin\left(\sqrt{\frac{F_1}{F_2} \cdot \frac{g}{L_1}} T\right)^{3)} .$$

Wir bemerken noch, daß das Anwendungsgebiet von Gleichung XVI) sowohl wie auch von Gleichung XXII) ein unbegrenztes ist, d. h. daß wir durch Einsetzen eines bestimmten Zeitwertes t_1 in die Gleichungen die jeweils zugehörigen Werte von h_1 resp. c_{2_1} bekommen können, wobei jedoch zu beachten ist, daß die maximalen Werte von h und c_2 nur auf Grund der vorstehend ausgeführten Überlegungen erhalten werden.

---

[1]) Siehe auch Gleichung XIV).

[2]) Siehe auch Gleichung XIII).

[3]) Siehe auch Gleichung XII').

Zahlenbeispiel.

Gegeben sei ein Druckstollen mit folgenden Daten:

$$F_1 = 7 \text{ m}^2$$
$$L_1 = 7000 \text{ m}$$
$$Q_0 = 14 \text{ m}^3/\text{sec.}$$

Somit:

$$c_0 = 2 \text{ m/sec.}$$

Für das Wasserschloß sei:

$$F_2 = 63 \text{ m}^2$$
$$H_0 = 15 \text{ m.}$$

Wir nehmen vorläufig für die Schließzeit:

$$\underline{T = 6 \text{ Sekunden}}$$

an.

Dann ergibt sich:

$$K_1 = H_0 + L_1 \frac{F_2}{F_1} = 15 + 7000 \cdot \frac{63}{7}$$
$$\underline{K_1 = 63\,015 \text{ m.}}$$

Ebenso:

$$K_2 = \frac{Q_0 \,.\, L_1}{F_1 \,.\, T \,.\, g} = \frac{14 \,.\, 7000}{7 \,.\, 6 \,.\, 9{,}81} = \frac{2333}{9{,}81}$$
$$\underline{K_2 = 238 \text{ m.}}$$

Durch Einsetzen dieser Werte in Gleichung V) erhalten wir:

$$\text{V}') \quad . \; . \; . \quad \underline{\frac{dh}{dt} = \sqrt{2\,g\left(63\,253 \lg\left\{1 + \frac{h}{63\,015}\right\} - h\right)}}$$

woraus die Variation der Geschwindigkeit $c_2 = \frac{dh}{dt}$ als Funktion von h zu berechnen ist.

Da, wie später gezeigt werden wird, die Zeit bis zum Auftreten des Druckmaximums jedenfalls bedeutend größer als die Schließzeit ($T = 6$ Sek.) ist, so kann zur Berechnung der größten Niveauerhöhung h_{max} die Gleichung VI) nicht benutzt werden, denn, wie ausdrücklich betont werden muß, es gelten (zufolge der Kontinuitätsgleichung II) alle bis jetzt abgeleiteten Beziehungen nur für das Zeitintervall $0 \leqq t \leqq T$.

Die Berechnung der größten Niveauerhöhung zur Zeit $t = T$ kann nur auf Grund der Näherungsgleichung IX) oder XXI) geschehen, und wir wollen nun unter Zuhilfenahme der zuletzt abgeleiteten Beziehungen die Aufgabe weiter verfolgen.

Als Zeit bis zum Auftreten des ersten Druckmaximums ergibt sich:

$$\pi \sqrt{\frac{F_2}{F_1} \cdot \frac{L_1}{g}} = \pi \sqrt{\frac{63}{7} \cdot \frac{7000}{9{,}81}} = \pi \,.\, 3 \,.\, 26{,}75$$

$$= 252 \text{ Sek.}^{1)}$$

Es ist somit die Schließzeit T bedeutend kleiner als:

$$\pi \,.\, \sqrt{\frac{F_2}{F_1} \cdot \frac{L_1}{g}}$$

und es besitzt demzufolge die Kurve der Niveauerhöhungen h in dem Intervall $0 \leqq t \leqq T$ keinen Scheitelpunkt.

Zur Berechnung der Niveauerhöhung h_T im Augenblick des Abschließens dient Gleichung XXI), und wir erhalten durch Einsetzen der bezüglichen Werte:

$$h_T = 2 \frac{14 \,.\, 7000}{9{,}81 \,.\, 6 \,.\, 7} \sin^2 \left(\frac{3}{80{,}2}\right)$$

$$\mathbf{h_T = 0{,}665 \text{ m.}}$$

Der Wasserspiegel im Wasserschloß steht also im Augenblick des Abschließens ($t = T$) rd. 665 mm höher als zu Beginn der Bewegung der Absperrorgane ($t = 0$).

Es kann nun ebenfalls die Geschwindigkeit c_{2T} im Augenblick $t = T = 6$ Sek. mit Hilfe der Gleichung XXVIII) berechnet werden. Wir erhalten:

$$c_{2T} = \frac{14}{6 \,.\, \sqrt{7 \,.\, 63}} \sqrt{\frac{7000}{9{,}81}} \sin \left(\frac{6}{80{,}2}\right)$$

$$\mathbf{c_{2T} = 0{,}2220 \text{ m/sec.}}$$

Berechnen wir mit Hilfe der Kontinuitätsgleichung die Geschwindigkeit c_2 im Momente des Abschließens, indem wir annehmen, daß die im Stollen sich in Bewegung befindende Wassermasse während des 6 Sekunden dauernden Abschließens der Druckleitungen keine Verzögerung erfahren habe, so ergibt sich:

$$c_{2T} = \frac{14}{63} = 0{,}2222 \text{ m/sec.}$$

$$c_{2T} = 0{,}2222 \text{ m/sec.}$$

---

1) Da in unserm Zahlenbeispiel:

$$\frac{H_0 \,.\, F_1}{L_1 \,.\, F_2} = \frac{15 \,.\, 7}{7000 \,.\, 63} = \frac{1}{4200}$$

wird, so sind die nachfolgenden Werte durchweg mit Hilfe der im Abschnitt b) abgeleiteten Beziehungen berechnet worden.

welcher Wert sich nun aber mit dem oben berechneten beinahe in genauer Übereinstimmung befindet und es erhellt daraus, daß während der Dauer des Abschließens $T = 6$ Sekunden die Verzögerung der Wassermassen tatsächlich beinahe gleich Null ist.

Berücksichtigen wir dieses Resultat, so können wir in höchst einfacher Weise die Niveauerhöhung im Wasserschloß zur Zeit $t = T$ berechnen.

Unter der Voraussetzung, daß die den Turbinen zufließende Wassermenge Q eine lineare Funktion der Zeit ist:

$$Q = Q_0 \left(1 - \frac{t}{T}\right)$$

erhalten wir für die sich im Wasserschloß aufspeichernde überflüssige Wassermenge $\frac{Q_0 \cdot T}{2}$ (unter Berücksichtigung des Wasserschloßquerschnittes F_2) den Ausdruck:

$$\frac{Q_0 \cdot T}{2} = F_2 \cdot h_T$$

woraus:

$$h_T = \frac{Q_0 \cdot T}{2 \cdot F_2} .$$

Setzen wir in diese Beziehung die bezüglichen Zahlenwerte ein, so ergibt sich:

$$h_T = \frac{14 \cdot 6}{2 \cdot 63} = \frac{2}{3} \text{ m}$$

$$\underline{h_T = 0{,}666 \text{ m}}$$

also wiederum beinahe genau derselbe Wert, den wir nach unserer frühern Berechnungsweise gefunden haben.

Zur Berechnung der Niveauerhöhungen h während der Dauer des Abschließens $0 \leqq t \leqq T$ erhalten wir nach Gleichung XVI') den Ausdruck:

$$\mathbf{h = 475 \cdot \sin^2 \left(\frac{t}{160{,}4}\right)}$$

und analog ergibt sich für die Geschwindigkeit c_2 nach Gleichung XXII):

$$\mathbf{c_2 = 2{,}972 \cdot \sin \left(\frac{t}{80{,}2}\right)}.$$

Zum Schlusse dieses Zahlenbeispiels wollen wir nun noch kurz zeigen, daß die Druck- und Geschwindigkeitsverhältnisse wesentlich andere werden, wenn für die Schließzeit der Druckleitungen ein sehr großer Wert angenommen wird.

Da für:

$$T = \pi \sqrt{\frac{F_2}{F_1} \cdot \frac{L_1}{g}}$$

die Kurve der Niveauerhöhungen ihr Maximum erreicht, so wollen wir einmal für diesen interessanten Spezialfall die im Wasserschloß auftretende veränderliche Bewegung verfolgen.

Es ist:

$$\underline{T = \pi \sqrt{\frac{F_2}{F_1} \cdot \frac{L_1}{g}} = 252 \text{ Sek.}}$$

Und nach Gleichung XX):

$$h_{max} = \frac{2}{\pi} \cdot \frac{Q_0}{\sqrt{F_1 \cdot F_2}} \cdot \sqrt{\frac{L_1}{g}}$$

$$= \frac{2}{\pi} \cdot \frac{14}{\sqrt{7 \cdot 63}} \sqrt{\frac{7000}{9{,}81}}$$

$$\mathbf{h_{max} = 11{,}36 \text{ m}}$$

wobei:

$$\mathbf{c_{2T} = 0} \text{ ist.}$$

Die früher für die kleine Schließzeit ausgeführte Näherungsrechnung gilt dann selbstverständlich in diesem Falle nicht mehr; da in den 252 Sekunden die Verzögerung der sich im Stollen in Bewegung befindenden Wassermasse, ein Heruntersinken der Geschwindigkeit c_2 auf den Wert Null bewirkt hat.

Die im Anfang des vorigen Paragraphen entwickelte genaue Berechnungsmethode ergibt:

$$K_1 = H_0 + L_1 \frac{F_2}{F_1} = 15 + 7000 \frac{63}{7}$$

$$\underline{K_1 = 63\,015 \text{ m}}$$

$$K_2 = \frac{Q_0 \cdot L_1}{F_1 \cdot T \cdot g} = \frac{14 \cdot 7000}{7 \cdot 252 \cdot 9{,}81}$$

$$\underline{K_2 = 5{,}65 \text{ m}}$$

und damit nach Gleichung V):

$$\text{V}') \quad \ldots \quad \underline{\frac{dh}{dt} = \sqrt{2\,g \left[63\,020 \lg \left\{1 + \frac{h}{63\,015}\right\} - h\right]}}$$

wobei h_{max} aus Gleichung VI) zu berechnen ist:

$$\text{VI}') \quad \ldots\ldots \quad \underline{\frac{h_{max}}{63\,020} = \lg \left(1 + \frac{h}{63\,015}\right)} .$$

Aus Gleichung V′) ist der Zusammenhang zwischen der Geschwindigkeit $c_2 = \frac{dh}{dt}$ und der Niveauerhöhung h zu entnehmen, während die Auflösung von Gleichung VI′) die maximale Druckzunahme h_{max} ergibt.

Wir erhalten:

$$\mathbf{h_{max} = 11{,}30\ m.}$$[1]

Wenn wir dieses Resultat mit dem früher berechneten (h = 11,36 m) vergleichen, so sehen wir, daß die effektiv eintretende größte Niveauerhöhung kleiner ist als diejenige, welche man auf Grund der Näherungsgleichung XX) erhält, und wir erkennen zugleich, daß das Differieren der beiden Ergebnisse mit der Art unserer Vernachlässigung (Vernach-

---

[1]) Da in Gleichung VI′) der Ausdruck unter dem Logarithmus nur sehr wenig von 1 abweicht, ist es vorteilhafter, von einer graphischen Lösung Umgang zu nehmen und die Logarithmusfunktion in eine Reihe zu entwickeln:

$$\lg\left(1+\frac{h_{max}}{63\,015}\right) = \frac{h_{max}}{63\,015} - \frac{1}{2}\,\frac{h_{max}^2}{63\,015^2} + \frac{1}{3}\,\frac{h_{max}^3}{63\,015^3} - \frac{1}{4}\,\frac{h_{max}^4}{63\,015^4} + \cdots$$

Die Summe dieser Reihe ergibt uns den

$$\lg\left(1+\frac{h_{max}}{63\,015}\right)$$

und je nachdem wir nun auf der rechten Seite der Gleichung die Reihe mit einem positiven oder negativen Glied abbrechen, erhalten wir einen untern oder einen obern Grenzwert der Summe. Die beiden Grenzwerte werden sich immer mehr einander nähern, je mehr Glieder der Reihe genommen werden und wir erhalten im Grenzfall für ∞ viele Glieder den genauen Wert von

$$\lg\left(1+\frac{h_{max}}{63\,015}\right).$$

So ergibt sich z. B. ein erster Näherungswert für h_m aus der Bestimmungsgleichung:

$$\frac{h_{max}}{63\,020} = \frac{h_{max}}{63\,015} - \frac{1}{2}\,\frac{h_{max}^2}{63\,015^2}$$

und daraus:

$$\underline{h_{max} = 10\ m.}$$

Zur Bestimmung eines zweiten Näherungswertes erhalten wir:

$$\frac{h_{max}}{63\,020} = \frac{h_{max}}{63\,015} - \frac{1}{2}\,\frac{h_{max}^2}{63\,015^2} + \frac{1}{3}\,\frac{h_{max}^3}{63\,015^3}$$

woraus:

$$\underline{h_{max} = 13{,}5\ m} \qquad \text{usf.}$$

lässigung der sich im Stollen befindenden Wassermasse) in vollem Einklang steht.

Schließlich soll nun noch die größte Niveauerhöhung h_{max} für den extremen Fall berechnet werden, wo:

$$T > \pi \sqrt{\frac{F_2}{F_1} \cdot \frac{L_1}{g}} \quad \text{(d. h. } T > 252 \text{ Sek.)}$$

ist.

Wir nehmen an, es sei z. B.:

$$T = 600 \text{ Sek.} = 10 \text{ Min.}$$

und wir erhalten aus Gleichung XVIII) für den größten Wert, welchen die Niveauerhöhung h im Wasserschloß während des Intervalles $t = 0$ bis 600 Sekunden erhalten wird:

$$h_{max} = 2 \cdot \frac{14 \cdot 7000}{9{,}81 \cdot 600 \cdot 7}$$

$$\mathbf{h_{max} = 4{,}750 \text{ m.}}$$

Im Augenblick, wo dieses Maximum stattfindet, wird auch:

$$\mathbf{c_2 = 0.}$$

Die Bewegung des Wassers im Wasserschloß ist eine oszillierende, d. h. schwingende, wobei die Amplituden der Oszillationen mit wachsender Zeit abnehmen (dämpfender Einfluß der Reibungswiderstände).

Soll für den Augenblick des Abschließens, d. h. für $t = 600$ Sekunden die momentan vorhandene Niveauerhöhung berechnet werden, so benutzen wir die Gleichung XVI'):

$$h_T = 4{,}750 \sin^2 \left(\frac{300}{80{,}2} \right)$$

$$h_T = 1{,}50 \text{ m}$$

und analog ergibt sich aus Gleichung XXII) für die im Wasserschloß vorhandene Geschwindigkeit c_2:

$$c_{2T} = \frac{14}{600 \sqrt{7 \cdot 63}} \sqrt{\frac{7000}{9{,}81}} \sin \left(\frac{600}{80{,}2} \right)$$

$$c_{2T} = 0{,}027\,60 \text{ m/sec.}$$

Für die Berechnung der Druck- und Geschwindigkeitsverhältnisse während der Dauer des Abschließens ($0 \leqq t \leqq 600$ Sekunden) erhalten wir die Beziehungen:

I) . . . . . . $h = 4{,}750 \cdot \sin^2 \left(\frac{t}{160{,}4} \right)$

II) . . . . . . $c_2 = 0{,}0297 \cdot \sin \left(\frac{t}{80{,}2} \right)$.

Zusammenfassung der Resultate.

1. Annahme:

$$T = 6 \text{ Sek.} < \pi \sqrt{\frac{F_2}{F_1} \cdot \frac{L_1}{g}}.$$

Dann ist:

$$\frac{dh}{dt} = \sqrt{2\,g \left\{63\,253 \lg \left(1 + \frac{h}{63\,015}\right) - h\right\}}$$

und die Niveauerhöhung h_T nach 6 Sekunden, d. h. im Augenblick des Abschließens:

$$h_T = 0{,}665 \text{ m}$$

sowie die Wassergeschwindigkeit:

$$c_{2T} = 0{,}222 \text{ m/sec}$$

wobei diese Werte jedoch keineswegs die maximalen Beträge der Niveauerhöhung h und Geschwindigkeit c_2 darstellen, da, wie im folgenden Paragraphen gezeigt werden wird, nach Abschluß der Druckleitungen beide Größen noch eine wesentliche Steigerung erfahren können.

Während der Dauer des Abschließens $0 \leqq t \leqq 6$ Sekunden variiert h und c_2 nach den Gleichungen:

$$h = 475 \,.\, \sin^2 \left(\frac{t}{160{,}4}\right)$$

$$c_2 = 2{,}972 \,.\, \sin \left(\frac{t}{80{,}2}\right).$$

2. Annahme:

$$T = \pi \sqrt{\frac{F_2}{F_1} \cdot \frac{L_1}{g}} = 252 \text{ Sek.}$$

Dann ergibt sich:

$$\frac{dh}{dt} = \sqrt{2\,g \left\{63\,020 \lg \left(1 + \frac{h}{63\,015}\right) - h\right\}}$$

und daraus für $\frac{dh}{dt} = 0$:

$$h_{max} = 11{,}30 \text{ m.}$$

Nach der angenäherten Berechnungsweise erhalten wir:

$$h_{max} = 11{,}36 \text{ m}$$

in welchem Augenblick:

$$c_2 = 0$$

wird.

m
Niveauerhöhung
Parabel (angenähert) τ = 600 Sek.
Parabel (angenähert) τ = 252 Sek.
Erste Phase τ = 252 Sek.
Parabel (angenähert) τ = 6 Sek.
Sinuskurve (genau)
Sinuskurve (genau) τ = 252 Sek.
Erste Phase (τ = 600 Sek.)
Sinuskurve (genau) τ = 600 Sek.
Erste Phase τ = 6 Sek.
hm - h
hm
h
20 Sek. (wenn τ = 6 Sek.)
400 Sek. (wenn τ = 252 Sek.)
800 Sek. (wenn τ = 600 Sek.)

Fig. 21.

m/Sek.
Geschwindigkeit C2
Sinuskurve (genau) τ = 6 Sek.
Gerade Linie (angenähert) τ = 6 Sek.
Gerade Linie (angenähert) τ = 252 Sek.
Gerade Linie (angenähert) τ = 600 Sek.
Erste Phase τ = 6 Sek.
Erste Phase (τ = 252 Sek.)
Erste Phase (τ = 600 Sek.)
Sinuskurve (genau) τ = 252 Sek.
Sinuskurve (genau) τ = 600 Sek.
C2m
20 Sek. (wenn τ = 6 Sek.)
400 Sek. (wenn τ = 252 Sek.)
800 Sek. (wenn τ = 600 Sek.)

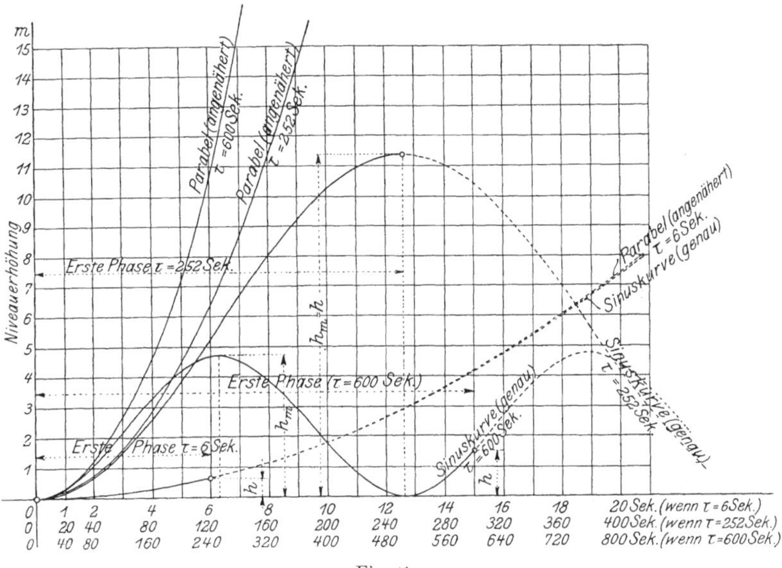

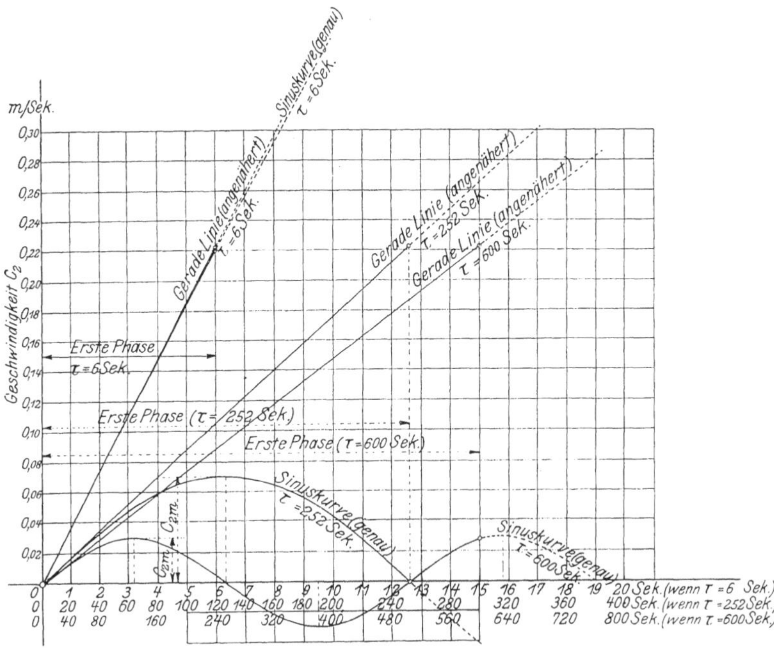

Fig. 22.

Während der Dauer des Abschließens $0 \leqq t \leqq 252$ Sekunden ergibt sich der jeweilige Wert von h und c_2 aus den Beziehungen:

$$h = 11{,}36 \sin^2 \left(\frac{t}{160{,}4}\right)$$

und:

$$c_2 = 0{,}0707 \,.\, \sin \left(\frac{t}{80{,}2}\right) .$$

3. Annahme:

$$\underline{T = 600 \text{ Sek.} > \pi \sqrt{\frac{F_2}{F_1} \cdot \frac{L_1}{g}}} \,.$$

Wir erhalten:

$$\frac{dh}{dt} = \sqrt{2\,g \left\{63\,017 \lg \left(1 + \frac{h}{63\,015}\right) - h\right\}}$$

woraus wieder für $\frac{dh}{dt} = 0$ der maximale Wert von h zu berechnen ist.

Die angenäherte Berechnungsweise ergibt:

$$\underline{h_{max} = 4{,}750 \text{ m}}$$

wobei:

$$\underline{c_2 = 0}$$

ist.

Für den Augenblick des Abschließens $t = T = 600$ Sekunden erhalten wir:

$$h_T = 1{,}50 \text{ m}$$
$$c_{2T} = 0{,}0276 \text{ m/sec.}$$

und während der Dauer der Schließbewegung $(0 \leqq t \leqq 600$ Sekunden) variiert die Niveauerhöhung h und die Wassergeschwindigkeit c_2 nach den Gleichungen:

$$h = 4{,}750 \,.\, \sin^2 \left(\frac{t}{160{,}4}\right)$$

$$c_2 = 0{,}0297 \,.\, \sin \left(\frac{t}{80{,}2}\right) .$$

In Figur 21 und 22 sind die für die drei Annahmen sich ergebenden Kurven der Niveauerhöhungen und Geschwindigkeiten graphisch dargestellt, und ist aus ihnen leicht zu ersehen, in welcher Weise h und c_2 während der Phase des Abschließens variieren.

c) Ableitung weiterer Annäherungsformeln, gültig für den Fall relativ kleiner Schließzeiten.

$$T \leqq 10 \text{ Sek.}$$

Wie wir aus vorstehendem Zahlenbeispiel entnehmen können, ist die Schließzeit der Druckleitungen in den meisten praktisch vorkommenden Fällen bedeutend kleiner als die Zeit:

$$\pi \sqrt{\frac{F_2}{F_1} \cdot \frac{L_1}{g}}$$

welche bis zum Auftreten der größten Niveauerhöhung verstreicht.

Bei den nun folgenden Ableitungen ist vorausgesetzt, daß:

$$\frac{F_2}{F_1} \cdot \frac{L_1}{g} > 20 \text{ Sek.}^2$$

oder:

$$t_m = \pi \sqrt{\frac{F_2}{F_1} \cdot \frac{L_1}{g}} > 14 \text{ Sek.}$$

wird, in welchem Falle die Näherungsformeln Resultate ergeben, die nur höchstens um $\pm 1\,{}^0\!/_0$ von denjenigen der genauen Formeln differieren.

Wir greifen auf Gleichung XVI) zurück und entwickeln die Funktion in eine Reihe.

Es war:

$$\text{XVI)} \quad . \quad . \quad . \quad h = \frac{Q_0 \cdot L_1}{g \cdot T \cdot F_1}\left[1 - \cos \sqrt{\frac{F_1}{F_2} \cdot \frac{g}{L_1}}\, t\right]$$

es ist:

$$\cos\left(\sqrt{\frac{F_1 \cdot g}{F_2 \cdot L_1}}\, t\right) = 1 - \frac{1}{2!}\left(\sqrt{\frac{F_1 \cdot g}{F_2 \cdot L_1}}\, t\right)^2 + \frac{1}{4!}\left(\sqrt{\frac{F_1 \cdot g}{F_2 \cdot F_1}}\, t\right)^4 - \ldots$$

Die Argumente der Reihe erhalten ihren größten Wert für $t = T$, doch können wir selbst für diesen Wert ($t = T$) die Glieder der höhern Potenzen der Reihe gegenüber den Gliedern der niedern Potenzen vernachlässigen, sofern die eingangs erwähnten Bedingungen für T und t_m erfüllt sind.

Es gilt dann mit guter Annäherung:

$$\cos\left(\sqrt{\frac{F_1 \cdot g}{F_2 \cdot L_1}}\, t\right) = 1 - \frac{1}{2!}\left(\sqrt{\frac{F_1 \cdot g}{F_2 \cdot L_1}}\, t\right)^2$$

oder:

$$\text{XXIX)} \qquad 1 - \cos\left(\sqrt{\frac{F_1 \cdot g}{F_2 \cdot L_1}}\, t\right) = \frac{1}{2}\left(\sqrt{\frac{F_1 \cdot g}{F_2 \cdot L_1}}\, t\right)^2$$

Durch Einsetzen dieses Wertes in die Gleichung XVI) erhalten wir:

$$h = \frac{Q_0 \cdot L_1}{g \cdot T \cdot F_1} \cdot \frac{1}{2} \cdot \frac{F_1 \cdot g}{F_2 \cdot L_1} \cdot t^2$$

oder:

$$\text{XXX)} \quad \ldots \ldots \quad \mathbf{h = \frac{Q_0}{T \cdot F_2} \cdot \frac{t^2}{2}}.$$

Die gleiche Beziehung kann auch aus der angenäherten Differentialgleichung XV)

$$\frac{d^2h}{dt^2} + \frac{F_1}{F_2} \cdot \frac{g}{L_1} h - \frac{Q_0}{F_2 \cdot T} = 0$$

direkt abgeleitet werden, indem man in dieser Gleichung das Glied $\frac{F_1}{F_2} \cdot \frac{g}{L_1}$, welches gegenüber den andern Gliedern meistens sehr klein ist, vernachlässigt.

Wir erhalten dann:

$$\frac{d^2h}{dt^2} = \frac{Q_0}{F_2 \cdot T}$$

und durch Integration und Konstantenbestimmung für die Bedingung $t = 0$, dann $h = 0$, ergibt sich:

$$h = \frac{Q_0}{F_2 \cdot T} \cdot \frac{t^2}{2}$$

d. i. genau dieselbe Beziehung wie schon abgeleitet.

Im Augenblick des Abschließens ist $t = T$, und man erhält aus Gleichung XXX) für die Niveauerhöhung h_T den Wert:

$$\text{XXXI)} \quad \ldots \quad h_T = \frac{Q_0 \cdot T}{2 \cdot F_2}.$$ [1]

Wie ferner aus Gleichung XXX) leicht zu ersehen ist, stellt uns dieselbe eine Parabel mit vertikaler Hauptachse dar; woraus erhellt, daß der untere Teil der Sinuskurve (Gleichung XVI') mit guter Annäherung durch eine Parabel ersetzt werden kann.

In analoger Weise kann auch für die Geschwindigkeit c_2 mit Hilfe der früher abgeleiteten Gleichung XXII) eine ähnliche Näherungsformel aufgestellt werden.

---

[1]) Diese Gleichung kann auch, wie bereits früher gezeigt wurde, auf Grund einer einfachen Überlegung sofort angeschrieben werden.

Es war:

$$c_2 = \frac{Q_0}{T\sqrt{F_1 . F_2}}\sqrt{\frac{L_1}{g}}\sin\left(\sqrt{\frac{F_1}{F_2}\cdot\frac{g}{L_1}}\,t\right)$$

wobei wiederum die Sinusfunktion in eine Reihe entwickelt werden kann:

$$\sin\left(\sqrt{\frac{F_1}{F_2}\cdot\frac{g}{L_1}}\,t\right) = \frac{1}{1!}\sqrt{\frac{F_1}{F_2}\cdot\frac{g}{L_1}}\,t - \frac{1}{3!}\left(\sqrt{\frac{F_1}{F_2}\cdot\frac{g}{L_1}}\,t\right)^3 + \ldots$$

oder mit guter Annäherung:

$$\text{XXXII)} \quad . \quad . \quad \underline{\sin\left(\sqrt{\frac{F_1}{F_2}\cdot\frac{g}{L_1}}\,t\right) = \sqrt{\frac{F_1}{F_2}\cdot\frac{g}{L_1}}\,t}$$

sofern die eingangs erwähnten Bedingungen erfüllt sind.

Durch Substitution in Gleichung XXII) erhalten wir dann:

$$c_2 = \frac{Q_0}{T . \sqrt{F_1 . F_2}}\sqrt{\frac{L_1}{g}}\sqrt{\frac{F_1}{F_2}\cdot\frac{g}{L_1}}\,t$$

oder:

$$\text{XXXIII)} \quad . \; , \; . \; . \; . \quad \mathbf{c_2 = \frac{Q_0}{T . F_2}\,t}$$

d. h. die Sinuskurve der Gleichung XXII) kann in ihrem untersten Teil mit guter Annäherung durch eine gerade Linie ersetzt werden.

Gleichung XXXIII) läßt sich auch direkt aus der reduzierten Differentialgleichung:

$$\frac{d^2h}{dt^2} = \frac{Q_0}{T . F_2}$$

ableiten, und man erhält durch einmalige Integration und Konstantenbestimmung (für $t = 0$: $\frac{dh}{dt} = 0$) die Formel:

$$\underline{\frac{dh}{dt} = c_2 = \frac{Q_0}{T . F_2}\,t}$$

d. h. genau dieselbe Beziehung wie XXXIII).

Für den Augenblick des Abschließens $t = T$ erhalten wir aus Gleichung XXXIII);

$$\text{XXXIV)} \quad . \; . \; . \; . \; . \; . \; . \quad c_{2T} = \frac{Q_0}{F_2}$$

welche Relation uns einfach die Kontinuitätsgleichung wiedergibt.

Unter Benutzung des vorstehend angeführten Zahlenbeispiels ergibt sich (wie bereits früher gerechnet):

$$\text{XXX}'\text{)} \quad . \quad . \quad h = \frac{14}{6.63} \cdot \frac{t^2}{2}$$

$$\underline{h = 0{,}01\,852 \,.\, t^2;} \qquad \underline{h_T = 0{,}666 \text{ m}}$$

und ebenso:

$$\text{XXXIII}'\text{)} \quad . \quad c_2 = \frac{14}{6.63} \cdot t$$

$$\underline{c_2 = 0{,}03\,704 \,.\, t} \qquad \underline{c_{2T} = 0{,}2222 \text{ m/sec.}}$$

In Fig. 21 u. 22 sind die sich aus den Gleichungen XXX′) und XXXIII′) ergebenden Kurven graphisch dargestellt und ebenso die Kurven der früher abgeleiteten genauern Gleichungen XVI′) und XXII), so daß ein Vergleich der Ergebnisse beider Rechnungsmethoden leicht möglich ist.

§ 2. Zweite Phase.

$$\underline{T \leqq t \leqq \infty.}$$

Niveauvariationen im Wasserschloß nach dem Stillstehen der Absperrorgane. (Vollständiges Schließen.)

Anschließend an die im vorigen Paragraphen (betreffs der im Wasserschloß während der ersten Phase eintretenden Bewegungsvorgänge) durchgeführte Untersuchung, soll nun im folgenden die nach dem vollständigen Abschließen der Absperrorgane im Wasserschloß eintretende veränderliche Bewegung des Wassers betrachtet werden.

Bei den in diesem Paragraphen abgeleiteten Beziehungen ist also zu beachten, daß dieselben nur für diejenigen Zeiten Gültigkeit besitzen, welche größer als die Schließzeit (T) sind.

Im Anschluß an diese Bedingung und auch zwecks Erzielung einfacherer Relationen ist es vorteilhaft, mit der Zeitzählung (während dieser Phase) von neuem zu beginnen, d. h. den Nullpunkt der Zeitzählung auf den Anfang der zweiten Phase zu verlegen,

Bedeutet also t_1 die Zeit, gerechnet vom Anfang der ersten Phase bis zu einem beliebigen Punkt der zweiten Phase, und t_2 die Zeit vom Anfang der zweiten Phase (neuer Nullpunkt) bis zu demselben Punkt, so besteht die einfache Relation:

$$\text{I)} \quad . \quad . \quad . \quad . \quad . \quad . \quad . \quad . \quad . \quad \underline{t_1 = T + t_2}$$

deren wir uns auch bei späteren Deduktionen bedienen werden.

Die Untersuchungen in § 1 haben ferner ergeben, daß die Gesetze der veränderlichen Bewegung während der ersten Phase periodische Funktionen der Zeit darstellen (Periode $= 2\pi$), und genügt es deshalb zur Charakterisierung der Bewegung vollständig, wenn wir unsere Untersuchungen über eine Periode erstrecken.

Da nun aber zufolge der Natur der Bewegung und der sie begleitenden Erscheinungen (welche sind: Reibung und sonstige Verluste) das zuerst auftretende Druckmaximum (d. h. die erste Druckwelle) das größte ist, welches während der ganzen Dauer der Bewegung (gleichwie ob:

$$T \lesseqgtr \pi \cdot \sqrt{\frac{F_2}{F_1} \cdot \frac{L_1}{g}}$$

ist) auftritt[1]), so genügt es, wenn wir die Bewegung während des Zeitintervalles:

$$\underline{0 \leqq t_2 \leqq \left(\pi \cdot \sqrt{\frac{F_2 \cdot L_1}{F_1 \cdot g}} - T\right)}$$

betrachten.

Dabei ist nun allerdings vorausgesetzt, daß das Druckmaximum in der zweiten Phase auch innerhalb der Zeit:

$$t_2 = \pi \cdot \sqrt{\frac{F_2 \cdot L_1}{F_1 \cdot g}} - T$$

auftritt, welche Voraussetzung, wie die spätern Beziehungen zeigen, tatsächlich erfüllt ist.

Nach diesen einleitenden Bemerkungen, welche zur Klärung der Sachlage vorausgeschickt werden mußten, schreiten wir nunmehr zur Aufstellung der bezüglichen Bedingungsgleichungen.

Da während der zweiten Phase die den Turbinen zuströmende Wassermenge Q gleich Null ist, so lautet jetzt die Kontinuitätsgleichung:

$$\text{II)} \quad . \; . \; . \; . \; . \; . \; . \; . \qquad \underline{F_1 \cdot c_1 = F_2 \cdot c_2}$$

d. h. die durch den Stollen dem Wasserschloß zufließende Wassermenge dient nun lediglich zur Erhöhung des Niveaus in demselben.

Bezeichnet man ferner mit h_T die Niveauerhöhung im Wasserschloß zur Zeit $t_1 = T$, d. h. zu Beginn der zweiten Phase $t_2 = 0$ (siehe

---

[1]) Es ist auch außerdem die Schließzeit T in den meisten praktisch vorkommenden Fällen bedeutend kleiner als:

$$\pi \cdot \sqrt{\frac{F_2 \cdot L_1}{F_1 \cdot g}}.$$

Gleichung I), und ist h die Niveauerhöhung der zweiten Phase, wobei für $t_2 = 0$: $h = 0$ sein soll (wie eingangs erwähnt; siehe auch Fig 23), so kann die Beschleunigungsgleichung nun in der Form:

$$\text{III)} \quad \frac{L_1}{g} \cdot \frac{dc_1}{dt} + \frac{H_0 + h_T + h}{g} \cdot \frac{d^2h}{dt^2} = -(h_T + h)$$

geschrieben werden, wo, da keine Verwechslungen mehr zu befürchten sind, der Index 2 für die Zeit weggelassen werden konnte.

Die mit Hilfe der in § 1 abgeleiteten Formeln berechnete Niveauerhöhung h_T ist für die zweite Phase eine Konstante und ebenso die Geschwindigkeit c_{2T}.

Durch Differentiation von Gleichung II) erhält man:

$$\text{II')} \quad \frac{dc_1}{dt} = \frac{F_2}{F_1} \cdot \frac{dc_2}{dt} = \frac{F_2}{F_1} \cdot \frac{d^2h}{dt^2}$$

und durch Substitution in Gleichung III):

$$\frac{F_2}{F_1} \cdot \frac{d^2h}{dt^2} + \frac{H_0 + h_T + h}{L_1} \cdot \frac{d^2h}{dt} + \frac{h_T + h}{L_1} g = 0$$

oder:

$$\text{III')} \quad \left[1 + \left(\frac{H_0 + h_T}{L_1} \cdot + \frac{h}{L_1}\right) \frac{F_1}{F_2}\right] \frac{d^2h}{dt^2} + \frac{F_1}{F_2} \cdot \frac{h_T + h}{L_1} g = 0 .$$

Diese Differentialgleichung ist gleich gebaut wie die Gleichung III') des § 1, und es kann deshalb[1]) die totale Integration (ohne Zuhilfenahme von Reihen oder graphischer Methode) nicht durchgeführt werden.

Betrachten wir hingegen die Gleichung III') als sogenannte t-freie Differentialgleichung, so ist, wie bereits in § 1 bemerkt wurde, eine erste Integration möglich.

Gleichung III') ergibt nach einigen Umformungen:

$$\left[h + \left(H_0 + h_T + L_1 \cdot \frac{F_2}{F_1}\right)\right] \frac{d^2h}{dt^2} + (h_T + h) g = 0 .$$

Setzen wir dann wiederum:

$$\alpha) \quad H_0 + h_T + L_1 \frac{F_2}{F_1} = K_1$$

und:

$$\beta) \quad h_T = - K_2$$

[1]) Die Gründe, welche eine Integration vereiteln, wurden schon in § 1 angeführt.

so wird mit diesen Substitutionen die Gleichung III') identisch mit der bezüglichen Gleichung III') des § 1.

In Analogie ergibt sich dann sofort als allgemeines Integral:

$$\text{IV)}\quad \frac{dh}{dt} = c_2 = \sqrt{2\,g\left[(K_2 + K_1)\lg\left[K\,(h + K_1)\right] - h\right]}$$

wo K wiederum die Integrationskonstante bedeutet.

Die Bestimmung der Konstanten K geschieht auf Grund der Anfangsbedingungen nach welchen für:

$$t = 0$$
$$h = 0$$
$$\frac{dh}{dt} = c_{2T}$$

ist.

Man erhält damit:

$$\frac{c_{2T}^2}{2\,g} = (K_1 + K_2)\lg.(K\,.\,K_2)$$

es war:

$$\frac{c_2^2}{2\,g} = (K_1 + K_2)\lg\left[K\,(K_1 + h)\right] - h$$

und durch Subtraktion:

$$\frac{c_2^2}{2\,g} - \frac{c_{2T}^2}{2\,g} = (K_1 + K_2)\lg\left(\frac{h + K_1}{K_1}\right) - h$$

oder:

$$\text{V)}\quad \frac{dh}{dt} = c_2 = \sqrt{c_{2T}^2 + 2\,g\left[\left\{K_1 + K_2\right\}\lg\left\{1 + \frac{h}{K_1}\right\} - h\right]}.$$

Für $c_{2T} = 0$ würde diese Gleichung identisch mit Gleichung V) des § 1.

Durch die obige Gleichung ist wiederum der Verlauf der Geschwindigkeit c_2 während der zweiten Phase bestimmt.

Soll die maximale Niveauerhöhung berechnet werden, so ist bekanntlich für diese $\frac{dh}{dt} = 0$ und aus Gleichung V) ergibt sich:

$$\text{VI)}\quad \frac{c_{2T}^2}{2\,g} + \left\{K_1 + K_2\right\}\lg\left\{1 + \frac{h_{max}}{K_1}\right\} - h_{max} = 0$$

aus welcher Gleichung h_{max} berechnet werden kann[1]).

[1]) Siehe die diesbezüglichen Ausführungen in § 1.

Man erhält nach einigen Umformungen:

$$\lg\left(1+\frac{h_{max}}{K_1}\right)=\frac{h_{max}}{H_0+L_1\frac{F_2}{F_1}}-\frac{\frac{c_{2T}^2}{2g}}{H_0+L_1\frac{F_2}{F_1}}$$

Zwecks leichterer Auflösung ist es in den meisten Fällen vorteilhaft, die Logarithmusfunktion in eine Reihe zu entwickeln.

Bezüglich der Konstruktion der $\frac{dh}{dt}=c_2$-Kurve gelten auch hier die gleichen Überlegungen wie in § 1.

Ebenso kann man:

$$\sqrt{c_{2T}+2g\left[\left\{K_1+K_2\right\}\lg\left\{1+\frac{h}{K_1}\right\}-h\right]}=\psi(h)$$

setzen, und man erhält:

$$\frac{dh}{dt}=\psi(h)$$

oder:

$$t=\int\frac{dh}{\psi(h)}+\text{Konstante}.$$

Die Auflösung dieses Integrals ist jedoch, wie bereits eingangs erwähnt, nicht in geschlossener Form durchführbar und wir wollen deshalb wiederum auf die Differentialgleichung III') zurückgreifen und nachsehen, ob sie nicht durch Zulassung von kleinen Vernachlässigungen leichter integrabel gemacht werden kann.

a) Ableitung erster Näherungsformeln, gültig für relativ kleine Niveauerhöhungen h.

Wir gehen wieder von den gleichen Überlegungen aus wie im Abschnitt a) des § 1 und vernachlässigen auch hier das Glied $\frac{h\,.\,F_1}{L_1\,.\,F_2}$ dessen Wert, wie in § 1 nachgewiesen wurde, gegenüber der Einheit meistens sehr klein ist.

Wir setzen also:

$$\frac{h\,.\,F_1}{L_1\,.\,F_2}=0$$

wodurch Gleichung III') in die Form:

$$\left\{1+\left(\frac{H_0+h_T}{L_1}\right)\frac{F_1}{F_2}\right\}\frac{d^2h}{dt^2}+\frac{F_1}{F_2}\cdot\frac{h_T+h}{L_1}g=0$$

übergeht.

Man erhält daraus:

$$\frac{d^2h}{dt^2} + \frac{F_1 \cdot g \cdot h}{F_2 \cdot L_1 \left(1 + \frac{H_0 + h_T}{L_1} \cdot \frac{F_1}{F_2}\right)} + \frac{F_1 \cdot g \cdot h_T}{F_2 \cdot L_1 \left(1 + \frac{H_0 + h_T}{L_1} \cdot \frac{F_1}{F_2}\right)} = 0 .$$

Die Integration dieser Differentialgleichung ergibt:

1. Als partikuläres Integral.

$$h_p = -h_T .$$

2. Als Lösung der reduzierten Gleichung.

$$h_r = A \cos \left(\sqrt{\frac{F_1 \cdot g}{F_2 \cdot L_1 + (H_0 + h_T) F_1}}\, t\right) + B \sin \sqrt{\frac{F_1 \cdot g}{F_2 \cdot L_1 + (H_0 + h_T) F_1}}\, t .$$

Das allgemeine Integral ist dann wiederum gleich der Summe der beiden Lösungen:

$$h = h_r + h_p$$

wobei die Konstanten A und B aus den Anfangsbedingungen zu bestimmen sind.

In Berücksichtigung der zu Anfang dieses Paragraphen gemachten Voraussetzung haben wir für:

$$t = 0 \colon h = 0 \colon \frac{dh}{dt} = c_{2T}$$

und es ergibt sich damit:

$$A = h_T ; \; B = c_{2T} \cdot \sqrt{\frac{F_2 \cdot L_1 + (H_0 + h_T) F_1}{F_1 \cdot g}} .$$

Das allgemeine Integral lautet dann:

$$\text{VII)} \quad \mathbf{h = -h_T + h_T \cos \left(\sqrt{\frac{F_1 \cdot g}{F_2 \cdot L_1 + (H_0 + h_T) F_1}}\, t\right)}$$

$$\mathbf{+ c_{2T} \cdot \sqrt{\frac{F_2 \cdot L_1 + (H_0 + h_T) F_1}{F_1 \cdot g}} \sin \left(\sqrt{\frac{F_1 \cdot g}{F_2 \cdot L_1 + (H_0 + h_T) F_1}}\, t\right)} .$$

Diese Gleichung stellt uns eine schwingende Bewegung dar, wobei es jedoch nicht ohne weiteres möglich ist, die Amplitude und die Periode der Schwingung anzugeben.

Der Kürze halber sei:

$$\sqrt{\frac{F_1 \cdot g}{F_2 \cdot L_1 + (H_0 + h_T) F_1}} = \frac{1}{T_\nu} \quad \text{(konstant)};$$

damit geht die Gleichung VII) über in:

$$h = -h_T + h_T \cdot \cos\left(\frac{t}{T_\nu}\right) + c_{2T} \cdot T_\nu \cdot \sin\left(\frac{t}{T_\nu}\right).$$

Setzt man nun für h_T und c_{2T} die in § 1 berechneten Werte ein, wobei wiederum der Kürze halber:

$$\sqrt{\frac{g \cdot F_1}{L_1 \cdot F_2 + H_0 \cdot F_1}} = \frac{1}{T_\mu} \quad \text{sei,}$$

so folgt (nach Gleichung VII) und Gleichung XII) des § 1):

$$h + h_T = \frac{Q_0 \cdot L_1}{g \cdot T \cdot F_1}\left[1 - \cos\left(\frac{T}{T_\mu}\right)\right]\cos\left(\frac{t}{T_\nu}\right)$$
$$+ \frac{Q_0 \cdot L_1}{g \cdot T \cdot F_1} \cdot \frac{T_\nu}{T_\mu} \sin\left(\frac{T}{T_\mu}\right) \sin\left(\frac{t}{T_\nu}\right)$$

und nach einigen Umformungen:

$$\text{VIII)}\quad \mathbf{h + h_T = 2 \cdot \frac{Q_0 \cdot L_1}{g \cdot T \cdot F_1} \sin\left(\frac{T}{2\,T_\mu}\right) \sin\left\{\frac{1}{T_\mu}\left(\frac{T}{2} + t\right)\right\}}.$$ [1]

Betrachten wir die linke Seite dieser Gleichung so sehen wir, daß dieselbe nichts anderes als die totale Niveauerhöhung h_t darstellt, d. h. die Niveauerhöhung vom Augenblick des Beginns der Bewegung der Absperrorgane an gerechnet. Es kann also $h + h_T = h_t$ gesetzt werden. Beziehen wir die Zeit ebenfalls wieder auf diesen Anfangspunkt, so müssen wir in Gleichung VIII) t nach Gleichung I) durch $t_1 - T$ ersetzen.

Denken wir uns nun diese Operationen ausgeführt, so erhalten wir nach Fortlassung der bezüglichen Indices:

$$\text{IX)}.\quad \underline{h = 2 \cdot \frac{Q_0 \cdot L_1}{g \cdot T \cdot F_1} \cdot \sin\left(\frac{T}{2\,T_\mu}\right) \sin\left\{\frac{1}{T_\mu}\left(t - \frac{T}{2}\right)\right\}}$$

oder, indem man für $\frac{1}{T_\mu}$ wieder den Substitutionswert einführt:

$$\text{IX')}.\quad \mathbf{h = 2\frac{Q_0 \cdot L_1}{g \cdot T \cdot F_1} \sin\left(\sqrt{\frac{g \cdot F_1}{L_1 \cdot F_2 + H_0 \cdot F_1}}\,\frac{T}{2}\right)}.$$
$$\mathbf{. \sin\left[\sqrt{\frac{g \cdot F_1}{L_1 \cdot F_2 + H_0 \cdot F_1}}\left(t - \frac{T}{2}\right)\right]}.$$

---

[1]) Bei der Herleitung dieser Beziehung wurde zwecks Erzielung einfacher Relationen angenommen, es sei $\frac{T_\nu}{T_\mu} = 1$; welche Annahme auch in den meisten Fällen eine sehr gute Annäherung geben wird.

Mit Hilfe dieser Gleichung, welche nichts anderes als eine äquivalente Umformung von Gleichung VII) darstellt, ist es nun leicht, die Art der Bewegung zu studieren.

In erster Linie muß wiederum betont werden, daß die Gleichung IX') nur für diejenigen Zeiten gültig ist, welche größer als die Schließzeit T sind (siehe Anfang dieses Paragraphen). Wir erhalten dann für $t > T$, wie bereits früher bemerkt wurde, eine schwingende, d. h. oszillierende Bewegung, deren Amplitude und Periode nun leicht bestimmt werden kann.

Das Maximum der Niveauerhöhung, d. h. die Amplitude der Schwingung, ergibt sich für:

$$\text{X)} \quad . \quad . \quad \mathbf{t}_{\max} = \frac{1}{2}\left(\pi \sqrt{\frac{L_1 . F_2 + H_0 . F_1}{g . F_1}} + T\right)^{1)}$$

damit:

$$\text{XI)} \quad \mathbf{h}_{\max} = 2\frac{Q_0 . L_1}{g . T . F_1} \sin\left(\sqrt{\frac{g . F_1}{L_1 . F_2 + H_0 . F_1}} \frac{T}{2}\right).$$

Ebenso läßt sich mit Hilfe der Gleichung IX') für irgend eine Zeit $T > T$ die zugehörige Niveauerhöhung berechnen.

Man hat:

$$\text{XII)} \quad . \quad h_T = 2\frac{Q_0 . L_1}{g . T . F_1} \sin\left(\sqrt{\frac{g . F_1}{L_1 . F_2 + H_0 . F_1}} \frac{T}{2}\right) \sin\sqrt{\frac{g . F_1}{L_1 . F_2 + H_0 . F_1}}\left(T - \frac{T}{2}\right).$$

Es wird aber in jedem Falle [nur früher oder später] die sich aus der Gleichung XI) ergebende maximale Niveauerhöhung h_{max} eintreten, und ist deshalb diese Gleichung für uns von besonderem Interesse.

Setzen wir in Gleichung XI) für $T = 0$, so wird der Ausdruck für $h_{max} = \frac{0}{0}$, d. h. unbestimmt. Die Bestimmung des wahren Wertes dieses unbestimmten Ausdruckes ergibt:

$$\text{XIII)} \quad \left|\mathbf{h}_{\max}\right|_{T=0} = \frac{Q_0 . L_1}{g . F_1} \cdot \sqrt{\frac{g . F_1}{L_1 . F_2 + H_0 . F_1}} .^{2)}$$

[1]) Es ist dabei natürlich vorausgesetzt, daß das Druckmaximum während der zweiten Phase stattfindet, d. h. daß:

$$T \leq \pi \sqrt{\frac{L_1 . F_2 + H_0 . F_1}{g . F_1}} \quad \text{ist.}$$

[2]) Dieses Druckmaximum tritt dann nach Gleichung X) in

$$\frac{\pi}{2}\sqrt{\frac{F_2 . L_1 + H_0 . F_1}{g . F_1}} \quad \text{Sekunden auf.}$$

Durch Differentiation von Gleichung XI) kann nun leicht nachgewiesen werden, daß dieser Wert von h_{max} überhaupt der größte ist, der auftreten kann. Die Niveauerhöhung im Wasserschloß wird also dann am größten, wenn der Abschluß der Druckleitungen plötzlich, d. h. stoßartig erfolgt. Es ist dies eine Bestätigung der Richtigkeit der in § 1 abgeleiteten Beziehungen, nach welchen die Niveauerhöhungen um so kleiner werden, je größer die Schließzeiten T sind. Auch aus Gleichung XI) dieses Paragraphen kann dies leicht nachgewiesen werden, wenn man berücksichtigt, daß der Sinus eines Winkels stets kleiner, oder für sehr kleine Winkel höchstens gleich, dem Winkel selbst ist.

Einen interessanten Spezialfall erhalten wir auch hier, wenn wir in Gleichung X) $t_{max} = T$ setzen.

Somit:

$$T = \frac{1}{2}\left[\pi \sqrt{\frac{F_2 . L_1 + H_0 . F_1}{g . F_1}} + T\right]$$

oder:

$$\text{XIV)} \quad . \quad . \quad . \quad . \quad T = \pi . \sqrt{\frac{F_2 . L_1 + H_0 . F_1}{g . F_1}} .$$ [1]

Wir erhalten damit:

$$\text{XV)} \quad . \quad . \quad h_{max} = \frac{2}{\pi} . \frac{Q_0}{\sqrt{F_1 . F_2}} \sqrt{\frac{L_1}{g}} . \frac{1}{\sqrt{1 + \frac{H_0 . F_1}{L_1 . F_2}}}$$ [2]

und wenn wir diese Resultate mit denjenigen des § 1 vergleichen, so sehen wir, daß sich genau dieselben Beziehungen ergeben haben.

Durch Differentiation von Gleichung IX') erhalten wir das Gesetz der Geschwindigkeitsänderungen im Wasserschloß.

Es ergibt sich:

$$\frac{dh}{dt} = c_2 = 2 . \frac{Q_0 . L_1}{g . T . F_1} \sin\left(\sqrt{\frac{g . F_1}{L_1 . F_2 + H_0 . F_1}} . \frac{T}{2}\right) \sqrt{\frac{g . F_1}{L_1 . F_2 + H_0 . F_1}} . \\ . \cos\left[\sqrt{\frac{g . F_1}{L_1 . F_2 + H_0 . F_1}} \left(t - \frac{T}{2}\right)\right]$$

oder:

$$\text{XVI)} \quad . \quad . \quad c_2 = 2 . \frac{Q_0}{T} \sqrt{\frac{L_1}{g}} . \frac{1}{\sqrt{F_1 . F_2}} . \\ . \frac{1}{\sqrt{1 + \frac{H_0 . F_1}{L_1 . F_2}}} \sin\left(\sqrt{\frac{g . F_1}{L_1 . F_2 + H_0 . F_1}} . \frac{T}{2}\right) . \cos\left[\sqrt{\frac{g . F_1}{L_1 . F_2 + H_0 . F_1}} \left(t - \frac{T}{2}\right)\right] .$$

[1]) Siehe auch Gleichung VIII') § 1.

[2]) Siehe auch Gleichung X) § 1.

Setzt man in dieser Gleichung t = T, so erhält man:

$$c_{2T} = \frac{Q_0}{T\sqrt{F_1 . F_2}} \cdot \sqrt{\frac{L_1}{g}} \sin\left(\sqrt{\frac{g . F_1}{L_1 . F_2 + H_0 . F_1}}\, T\right) \frac{1}{\sqrt{1 + \frac{H_0 . F_1}{L_1 . F_2}}}$$

d. h. genau dieselbe Beziehung wie in § 1 Gleichung XII').

c_2 würde ein Maximum für $t = \frac{T}{2}$; da unsere Gleichungen aber nur von dem Zeitpunkt t = T an gelten, so ist dieser Wert für uns unbrauchbar, und wir müssen den nächsten Wert:

$$\text{XVII)} \quad . \; . \quad t_{max} = \frac{1}{2}\left(2 . \pi \sqrt{\frac{L_1 . F_2 + H_0 . F_1}{g . F_1}} + T\right)$$

nehmen; es wird dafür:

$$\text{XVIII)} \; c_{2max} = -2 . \frac{Q_0}{T\sqrt{F_1 . F_2}} \cdot \sqrt{\frac{L_1}{g}} \cdot \frac{\sin\left(\sqrt{\frac{g . F_1}{L_1 . F_2 + H_0 . F_1}}\, T\right)}{\sqrt{1 + \frac{H_0 . F_1}{L_1 . F_2}}} .$$

Ebenso kann mit Hilfe der Gleichung XVI) für irgend eine Zeit $t = \mathcal{T}$ die zu diesem Zeitpunkt gehörende Geschwindigkeit $c_{2\mathcal{T}}$ berechnet werden.

Man erhält:

$$\text{XIX)} . \; c_{2T} = 2 \frac{Q_0}{T\sqrt{F_1 . F_2}} \cdot \sqrt{\frac{L_1}{g}} \cdot \frac{\sin\left(\sqrt{\frac{g . F_1}{L_1 . F_2 + H_0 . F_1}} \cdot \frac{T}{2}\right)}{\sqrt{1 + \frac{H_0 . F_1}{L_1 . F_2}}} .$$

$$\cdot \cos\left[\sqrt{\frac{g . F_1}{L_1 . F_2 + H_0 . F_1}}\left(\mathcal{T} - \frac{T}{2}\right)\right] .$$

Wie aus den Gleichungen IX') und XVI) zu ersehen ist, wird jeweilen c_2 gleich Null wenn h ein Maximum ist, und umgekehrt.

Durch die Gleichungen VII) bis XIX) ist die veränderliche Bewegung des Wassers im Wasserschloß während der zweiten Phase vollständig charakterisiert.

Da nun aber diese Gleichungen mehr oder weniger kompliziert sind und sich deshalb für praktische Berechnungen nicht gut eignen, so soll im folgenden Abschnitt untersucht werden, ob sie nicht durch Zulassung von kleinen Vernachlässigungen vereinfacht werden können, ohne daß dabei ihre Genauigkeit wesentlich Schaden leidet.

β) Ableitung zweiter Näherungsformeln, gültig für relativ kleine Wassertiefen H_0 im Wasserschloß.

Wenn wir berücksichtigen, daß in den meisten praktisch vorkommenden Fällen die maximale im Wasserschloß eintretende Druckhöhe sehr klein ist gegenüber der totalen Stollenlänge, und daß der Querschnitt des Wasserschlosses meistens bedeutend größer ist als der Stollenquerschnitt, so können wir jedenfalls mit guter Annäherung:

$$\frac{H_0 + h_T}{L_1} \cdot \frac{F_1}{F_2} = 0$$

setzen, d. h. annehmen, dieser Wert sei gegenüber der Einheit verschwindend klein.

Unter Zugrundelegung dieser Annäherung geht dann die Differentialgleichung III') über in:

$$\frac{d^2h}{dt^2} + \frac{F_1}{F_2} \cdot \frac{g}{L_1} h + \frac{F_1}{F_2} \cdot \frac{g}{L_1} h_T = 0.$$

Durch Integration dieser Differentialgleichung würden wir dann weitere Annäherungsformeln erhalten; es ist jedoch zweckmäßiger, dieselben direkt aus den im vorhergehenden Abschnitt α) gegebenen Beziehungen abzuleiten.

Wir setzen in den bezüglichen Formeln einfach überall:

$$\frac{H_0 + h_T}{L_1} \cdot \frac{F_1}{F_2} = 0$$

und erhalten damit aus Gleichung VII):

$$\text{XX)} \quad \underline{h + h_T = h_T \cdot \cos\left(\sqrt{\frac{F_1 \cdot g}{F_2 \cdot L_1}}\, t\right) + c_{2T} \sqrt{\frac{F_2 \cdot L_1}{F_1 \cdot g}} \sin\left(\sqrt{\frac{F_1 \cdot g}{F_2 \cdot L_1}}\, t\right)}$$

in welcher Gleichung h und t wiederum die im Anfang dieses Paragraphen festgelegte Bedeutung haben.

Durch Verlegung des Nullpunktes der Zeitzählung und der Niveauerhöhung wurde dann im vorigen Abschnitt α) die Gleichung IX') erhalten, welche nun zufolge unserer Vernachlässigung in die Form:

$$\text{XXI)} \quad \mathbf{h = 2\frac{Q_0 \cdot L_1}{g \cdot T \cdot F_1} \sin\left(\sqrt{\frac{g \cdot F_1}{L_1 \cdot F_2}}\frac{T}{2}\right) \sin\left(\sqrt{\frac{g \cdot F_1}{L_1 \cdot F_2}}\left\{t - \frac{T}{2}\right\}\right)}$$

übergeht.

Ebenso ergibt sich für die Zeit t_{max}, in welcher die maximale Niveauerhöhung h_{max} eintritt, aus Gleichung X) nunmehr die Relation:

$$\text{XXII)} \quad \ldots \quad \mathbf{t_{max}} = \frac{1}{2}\left(\pi \sqrt{\frac{L_1 . F_2}{g . F_1}} + T\right)$$

wobei dann:

$$\text{XXIII)} \quad . \quad \mathbf{h_{max}} = 2\,\frac{Q_0 . L_1}{g . T . F_1} \sin\left(\sqrt{\frac{g . F_1}{F_1 . F_2}} \cdot \frac{T}{2}\right)$$

ist.

Soll für eine beliebige Zeit $\mathcal{T} > T$ die vorhandene Niveauerhöhung berechnet werden, so kann dies mit Hilfe der vereinfachten Gleichung XII) geschehen.

Wir haben:

$$\text{XXIV)} \quad h_T = 2\,\frac{Q_0 . L_1}{g . T . F_1} \sin\left(\sqrt{\frac{g . F_1}{L_1 . F_2}}\,\frac{T}{2}\right) \sin\left(\sqrt{\frac{g . F_1}{L_1 . F_2}}\left(\mathcal{T} - \frac{T}{2}\right)\right).$$

Es wurde ferner in Abschnitt α) abgeleitet, daß die größte mögliche Niveauerhöhung für stoßartiges, d. h. plötzliches Abschließen der Druckleitungen eintritt ($T = 0$).

Die zur Berechnung dieser maximalen Druckhöhe dienende Gleichung XIII) geht für $\frac{H_0 . F_1}{L_1 . F_2} = 0$ über in:

$$\text{XXV)} \quad \left|\mathbf{h_{max}}\right|_{T=0} = \frac{Q_0 . L_1}{g . F_1}\sqrt{\frac{g . F_1}{L_1 . F_2}} = \frac{Q_0}{\sqrt{F_1 . F_2}} \cdot \sqrt{\frac{L_1}{g}}$$

wobei dieses Druckmaximum in der Zeit:

$$\left|t_{max}\right|_{T=0} = \frac{\pi}{2} \cdot \sqrt{\frac{L_1 . F_2}{g . F_1}}$$

eintritt.

Für den speziellen Fall:

$$T = \frac{1}{2}\left(\pi \sqrt{\frac{L_1 . F_2}{g . F_1}} + T\right), \text{ d. h.:}$$

$$T = \pi \sqrt{\frac{L_1 . F_2}{g . F_1}}$$

ergibt sich dann aus Gleichung XV) für $\frac{H_0 . F_1}{L_1 . F_2} = 0$:

$$\text{XXVI)} \quad \ldots \quad h_{max} = \frac{2}{\pi} \cdot \frac{Q_0}{\sqrt{F_1 . F_2}} \cdot \sqrt{\frac{L_1}{g}}.$$

Ebenso vereinfachen sich die Gleichungen für die Geschwindigkeit c_2.

Man erhält aus der Beziehung XVI):

$$\text{XXVII)} \quad c_2 = 2 \cdot \frac{Q_0}{T\sqrt{F_1 \cdot F_2}} \cdot \sqrt{\frac{L_1}{g}} \sin\left(\sqrt{\frac{g \cdot F_1}{L_1 \cdot F_2}} \cdot \frac{T}{2}\right) \cos\left(\sqrt{\frac{g \cdot F_1}{L_1 \cdot F_2}} \left\{t - \frac{T}{2}\right\}\right)$$

und ist z. B. $t = T$, so ergibt sich:

$$\text{XXVIII)} \ . \quad c_{2T} = \frac{Q_0}{T \cdot \sqrt{F_1 \cdot F_2}} \sqrt{\frac{L_1}{g}} \cdot \sin\left(\sqrt{\frac{g \cdot F_1}{L_1 \cdot F_2}}\, T\right)^{1)}.$$

c_2 wird wiederum ein Maximum für:

$$\text{XXIX)} \ . \ . \ . \ . \quad t_{max} = \frac{1}{2}\left(2\pi\sqrt{\frac{L_1 \cdot F_2}{g \cdot F_1}} + T\right)$$

für welchen Wert man:

$$\text{XXX)} \quad c_{2max} = -2\, \frac{Q_0}{T \cdot \sqrt{F_1 \cdot F_2}} \sqrt{\frac{L_1}{g}} \sin\left(\sqrt{\frac{g \cdot F_1}{L_1 \cdot F_2}} \cdot \frac{T}{2}\right)$$

erhält.

Soll für eine beliebige Zeit $t = \mathit{T} > \mathrm{T}$, die zu diesem Zeitpunkt gehörende Geschwindigkeit $c_{2\mathit{T}}$ berechnet werden, so kann dies mit Hilfe der Gleichung:

$$\text{XXXI)} \quad C_{2T} = 2 \cdot \frac{Q_0}{T \cdot \sqrt{F_1 \cdot F_2}} \cdot \sqrt{\frac{L_1}{g}} \sin\sqrt{\frac{g \cdot F_1}{L_1 \cdot F_2}}\, \frac{T}{2}\Bigg) \cos\left(\sqrt{\frac{g \cdot F_1}{L_1 \cdot F_2}} \left(\mathit{T} - \frac{T}{2}\right)\right)$$

geschehen.

Im übrigen gelten auch hier alle im vorigen Abschnitt gemachten Bemerkungen.

Da es bei praktischen Berechnungen nun aber öfters von Wichtigkeit ist, rasch einen überschläglichen Zahlenwert angeben zu können, dies aber nur mit Hilfe einfacher Formeln geschehen kann, so soll im folgenden Abschnitt untersucht werden, ob es nicht durch Zulassung von weiteren kleineren Vernachlässigungen möglich ist, einfachere Relationen abzuleiten.

---

[1]) Siehe auch Gleichung XVIII) § 1.

γ) Ableitung weiterer Näherungsformeln, gültig für den Fall relativ kleiner Schließzeiten.

$T \leqq 10$ Sek.

In den meisten praktisch vorkommenden Fällen ist die Schließzeit T bedeutend kleiner als die Zeit:

$$\frac{1}{2}\left(\pi \sqrt{\frac{L_1 \cdot F_2}{g \cdot F_1}} + T\right)$$

welche bis zum Auftreten des Druckmaximums verstreicht, und es können deshalb in einer eventuellen Reihenentwicklung die höhern Potenzen von

$$\frac{T}{2\sqrt{\frac{L_1 \cdot F_2}{g \cdot F_1}}}$$

mit guter Annäherung gegenüber den niedern Potenzen vernachlässigt werden.

Es war:

$$\text{XXIII)} \quad . \quad h_{max} = 2 \frac{Q_0 \cdot L_1}{g \cdot T \cdot F_1} \sin\left(\sqrt{\frac{g \cdot F_1}{L_1 \cdot F_2}} \cdot \frac{T}{2}\right)$$

oder in eine Reihe entwickelt:

$$\text{XXII)} \quad h_{max} = 2 \frac{Q_0 \cdot L_1}{g \cdot T \cdot F_1}\left[\sqrt{\frac{g \cdot F_1}{L_1 \cdot F_2}} \cdot \frac{T}{2} - \frac{1}{3!}\left(\sqrt{\frac{g \cdot F_1}{L_1 \cdot F_2}} \cdot \frac{T}{2}\right)^3 + \frac{1}{5!}\left(\sqrt{\frac{g \cdot F_1}{L_1 \cdot F_2}} \cdot \frac{T}{2}\right)^5 - \ldots\right].$$

Indem wir nun die höhern Potenzen vernachlässigen, ergibt sich:

$$\text{XXXII)} \quad . \quad . \quad . \quad \mathbf{h_{max}} = \frac{\mathbf{Q_0}}{\sqrt{\mathbf{F_1} \cdot \mathbf{F_2}}} \cdot \sqrt{\frac{\mathbf{L_1}}{\mathbf{g}}}$$

d. i. aber genau dieselbe Gleichung, welche wir für $T = 0$ erhalten haben (Gleichung XXV). Wie man sieht, beeinflußt also die Schließzeit T die Größe des auftretenden Druckmaximums nicht besonders, sofern sie wenigstens innerhalb gewisser Grenzen bleibt ($T < 10$ Sek.).

Es kann dann ebenfalls mit guter Annäherung:

$$\text{XXXIII)} \quad . \quad . \quad . \quad . \quad \underline{t_{max} = \frac{\pi}{2} \sqrt{\frac{L_1 \cdot F_2}{g \cdot F_1}}}$$

gesetzt werden.

Auch Gleichung XXIV) vereinfacht sich wesentlich. Sie erhält die Form:

$$\text{XXXIV)} \quad h_T = \frac{Q_0}{\sqrt{F_1 . F_2}} \cdot \sqrt{\frac{L_1}{g}} \sin\left(\sqrt{\frac{g . F_1}{L_1 . F_2}}\left\{T - \frac{T}{2}\right\}\right).$$

In gleicher Weise ergibt sich für die allgemeine Gleichung XXI):

$$\text{XXXV)} \quad \mathbf{h} = \frac{Q_0}{\sqrt{F_1 . F_2}} \sqrt{\frac{L_1}{g}} \sin\left(\sqrt{\frac{g . F_1}{L_1 . F_2}}\left\{t - \frac{T}{2}\right\}\right).$$

Die zur Berechnung der Geschwindigkeit c_2 dienenden Gleichungen XXVII) und XXVIII) ergeben dann:

$$\text{XXXVI)} \quad c_2 = \frac{Q_0}{F_2} \cos\left[\sqrt{\frac{g . F_1}{L_1 . F_2}}\left(t - \frac{T}{2}\right)\right].$$

Ebenso läßt sich nun leicht die Zeit angeben, welche bis zum Eintreten der maximalen Geschwindigkeit vergeht.

Wir erhalten aus Beziehung XXIX):

$$\text{XXXVII)} \quad \ldots \quad t_{max} = \pi \cdot \sqrt{\frac{L_1 . F_2}{g . F_1}}$$

wobei die maximale Geschwindigkeit gegeben ist durch:

$$\text{XXXVIII)} \quad \ldots \quad c_{2max} = -\frac{Q_0}{F_2}$$

Die in irgendeinem Zeitpunkt $t = T$ im Wasserschloß vorhandene Geschwindigkeit c_{2T} ist dann mit Hilfe der Beziehung:

$$\text{XXXIX)} \quad c_{2T} = \frac{Q_0}{F_2} \cdot \cos\left(\sqrt{\frac{g . F_1}{L_1 . F_2}}\left(T - \frac{T}{2}\right)\right)$$

zu berechnen.

Zum Schlusse bemerken wir noch, daß bei der Ausführung von Berechnungen hauptsächlich die Beziehung XXXII) in Betracht kommen wird, sie liefert uns einen guten Näherungswert für die bei raschem Abschluß sämtlicher Druckleitungen im Wasserschloß auftretende maximale Niveauerhöhung h_{max}.

Zahlenbeispiel.

In Anwendung der vorstehend abgeleiteten allgemeinen Beziehungen wollen wir nun für das im ersten Paragraphen behandelte Zahlenbeispiel die während der zweiten Phase stattfindenden Niveauerhöhungen und Geschwindigkeitsvariationen berechnen.

Es war:

$$\left.\begin{aligned} F_1 &= 7\ \text{m}^2 \\ L_1 &= 7000\ \text{m} \\ Q_0 &= 14\ \text{m}^3/\text{sec} \\ c_0 &= 2\ \text{m/sec} \end{aligned}\right\} \text{Stollen}$$

$$\left.\begin{aligned} F_2 &= 63\ \text{m}^2 \\ H_0 &= 15\ \text{m} \end{aligned}\right\} \text{Wasserschloß.}$$

Für die Schließzeit T wurde zuerst:

$$\underline{T = 6\ \text{Sekunden}}$$

angenommen.

Dann ergab sich:

$$h_T = 0{,}665\ \text{m}$$
$$c_{2T} = 0{,}222\ \text{m/sec}$$

und aus den Beziehungen α) und β) des § 2 folgt dann:

$$K_1 = H_0 + h_T + L_1 \frac{F_2}{F_1} = 15 + 0{,}665 + 7000 \frac{63}{7}$$

$$\underline{K_1 = 63\,015{,}665\ \text{m}}$$

$$\underline{K_2 = -h_T = -0{,}665\ \text{m.}}$$

Setzen wir diese Werte für K_1 und K_2 sowie c_{2T} in die Gleichung V) ein, so folgt:

$$\frac{dh}{dt} = c_2 = \sqrt{c_{2T}^2 + 2\,g\left[\left\{K_1 + K_2\right\} \lg\left\{1 + \frac{h}{K_1}\right\} - h\right]}$$

$$= c_2 = \sqrt{0{,}049\,14 + 2g\left[63015 \lg\left\{1 + \frac{h}{63\,015{,}665}\right\} - h\right]}$$

woraus sich die Variation von c_2 als Funktion der Niveauerhöhung h ergibt.

Für die maximale Niveauerhöhung erhält man durch Einsetzen in Gleichung VI) die Beziehung:

$$\underline{\lg\left\{1 + \frac{h_{max}}{63\,015{,}665}\right\} = \frac{h_{max}}{63\,015} - \frac{0{,}002\,505}{63\,015}}$$

und die Auflösung ergibt als ersten Näherungswert:

$$\mathbf{h_{max} = 17{,}78\ m.}$$

Rechnet man mit den in Abschnitt β) abgeleiteten Näherungsformeln, so erhält man nach Gleichung XXIII):

$$h_{max} = 2\frac{Q_0 \cdot L_1}{g \cdot T \cdot F_1} \sin\left(\sqrt{\frac{g \cdot F_1}{L_1 \cdot F_2}} \cdot \frac{T}{2}\right)$$

$$= 2\frac{7000 \cdot 14}{9{,}81 \cdot 6 \cdot 7} \sin\left(\sqrt{\frac{9{,}81 \cdot 7{,}00}{7000 \cdot 63}} \cdot \frac{6}{2}\right)$$

$$\mathbf{h_{max} = 17{,}82\ m}$$

wobei dieses Druckmaximum nach Gleichung XXII) in der Zeit:

$$t_{max} = \frac{1}{2}\left(\pi \cdot \sqrt{\frac{L_1 \cdot F_2}{g \cdot F_1}} + T\right) = \frac{1}{2}\left(\pi \cdot \sqrt{\frac{7000 \cdot 63}{9{,}81 \cdot 7}} + 6\right)$$

$$t_{max} = 129 \text{ Sekunden}$$

eintritt.

Die Variation der Niveauerhöhung als Funktion der Zeit folgt aus Gleichung XXI), nach welcher:

$$h = 2 \cdot \frac{Q_0 \cdot L_1}{g \cdot T \cdot F_1} \sin\left(\sqrt{\frac{g \cdot F_1}{L_1 \cdot F_2}} \cdot \frac{T}{2}\right) \sin\left(\sqrt{\frac{g \cdot F_1}{L_1 \cdot F_2}}\left\{t - \frac{T}{2}\right\}\right)$$

$$h = 17{,}82 \cdot \sin\left\{\frac{1}{80{,}2}(t - 3)\right\}$$

ist.

Nimmt man momentanes Abschließen an ($T = 0$), so ergibt sich für die maximale Niveauerhöhung aus Gleichung XXV) der Wert:

$$h_{max} = \frac{Q_0}{\sqrt{F_1 \cdot F_2}} \cdot \sqrt{\frac{L_1}{g}} = \frac{14}{\sqrt{63 \cdot 7}} \cdot \sqrt{\frac{7000}{9{,}81}}$$

$$\mathbf{h_{max} = 17{,}82\ m}$$

(wo dann $t_{max} = 126$ Sek.); das ist aber genau derselbe Wert, den wir für $t = 6$ Sekunden erhalten haben. Die Schließzeit war also jedenfalls zu klein gewählt, um eine Reduktion der maximalen Niveauerhöhung zu bewirken.

Die während der zweiten Phase stattfindenden Geschwindigkeitsvariationen ergeben sich aus Gleichung XXVII).

Man erhält:

$$c_2 = \frac{2 \cdot Q_0}{T \cdot \sqrt{F_1 \cdot F_2}} \cdot \sqrt{\frac{L_1}{g}} \sin\left(\sqrt{\frac{g \cdot F_1}{L_1 \cdot F_2}} \cdot \frac{T}{2}\right) \cos\left(\sqrt{\frac{g \cdot F_1}{L_1 \cdot F_2}}\left(t - \frac{T}{2}\right)\right)$$

$$= \frac{2 \cdot 14}{6 \cdot \sqrt{63 \cdot 7}} \sqrt{\frac{7000}{9{,}81}} \sin\left(\sqrt{\frac{9{,}81 \cdot 7}{7000 \cdot 63}} \cdot \frac{6}{2}\right) \cos\left(\sqrt{\frac{9{,}81 \cdot 7{,}00}{7000 \cdot 63}}(t - 3)\right)$$

$$c_2 = 0{,}222 \cdot \cos\left\{\frac{1}{80{,}2}(t - 3)\right\}$$

und c_2 wird nach Gleichung XXIX) ein Maximum für:

$$t_{max} = \frac{1}{2}\left\{2\pi . \sqrt{\frac{L_1 . F_2}{g . F_1}} + T\right\} = \frac{1}{2}\left\{2\pi . \sqrt{\frac{7000 . 63}{9{,}81 . 7}} + 6\right\}$$

$$\underline{t_{max} = 255 \text{ Sekunden}}$$

dann ist:

$$\mathbf{c_{2max} = -0{,}222\ m/sec.}$$

Für den **speziellen Fall,** wo die Schließzeit:

$$\underline{T = \pi . \sqrt{\frac{L_1 . F_2}{g . F_1}} = 252 \text{ Sekunden}}$$

ist, ergibt sich die maximale Niveauerhöhung nach Gleichung XXVI) zu:

$$h_{max} = \frac{2}{\pi} \cdot \frac{Q_0}{\sqrt{F_1 . F_2}} \sqrt{\frac{L_1}{g}} = \frac{2}{\pi} \cdot \frac{14}{\sqrt{7 . 63}} \cdot \sqrt{\frac{7000}{9{,}81}}$$

$$\mathbf{h_{max} = 11{,}35\ m} \quad \text{(siehe auch § 1)}$$

wobei dieses Maximum nach:

$$\underline{t_{max} = 252 \text{ Sekunden}}$$

eintritt.

Rechnet man mit der genauen Beziehung V) so ergibt sich[1]):

$$K_1 = H_0 + h_T + L_1 \cdot \frac{F_2}{F_1} = 15 + 11{,}35 + 7000 \frac{63}{7}$$

$$\underline{K_1 = 63026{,}35 \text{ m}}$$

$$\underline{K_2 = -11{,}35 \text{ m}}$$

und damit:

$$\frac{dh}{dt} = c_2 = \sqrt{c_{2T}^2 + 2g\left[(K_1 + K_2)\lg\left(1 + \frac{h}{K_1}\right) - h\right]}$$

$$\mathbf{c_2 = \sqrt{2 . g\left[63015 . \lg\left\{1 + \frac{h}{63026{,}35}\right\} - h\right]}.}$$

---

[1]) Für T = 252 Sekunden wurde im Zahlenbeispiel des § 1:

$$h_T = 11{,}35 \text{ m}$$

und

$$c_{2T} = 0$$

gefunden.

Die Niveauerhöhung wird ein Maximum, wenn $c_2 = 0$ ist. Nach Gleichung VI) folgt dann:

$$\lg \left\{1 + \frac{h_{max}}{63026{,}35}\right\} = \frac{h_{max}}{63015}$$

und daraus:

$$\mathbf{h_{max} = 11{,}30\ m.}$$

Für die Berechnung der Niveauvariationen kann auch wiederum die Gleichung XXI) verwendet werden.

Man erhält:

$$h = 2 \cdot \frac{Q_0 \cdot L_1}{g \cdot T \cdot F_1} \sin\left(\sqrt{\frac{g \cdot F_1}{L_1 \cdot F_2}} \cdot \frac{T}{2}\right) \sin\left(\sqrt{\frac{g \cdot F_1}{L_1 \cdot F_2}}\left(t - \frac{T}{2}\right)\right)$$

$$= 2 \frac{14 \cdot 7000}{9{,}81 \cdot 252 \cdot 7} \sin\left(\frac{1}{80{,}2} \cdot \frac{252}{2}\right) \sin\left(\frac{1}{80{,}2}\left(t - \frac{252}{2}\right)\right)$$

$$\mathbf{h = 11{,}35 \cdot \sin\left(\frac{1}{80{,}2}\left\{t - 126\right\}\right).}$$

Die Geschwindigkeitsvariationen ergeben sich aus Gleichung XXVII). Es ist:

$$c_2 = \frac{2 \cdot Q_0}{T\sqrt{F_1 \cdot F_2}} \cdot \sqrt{\frac{L_1}{g}} \sin\left(\sqrt{\frac{g \cdot F_1}{L_1 \cdot F_2}} \cdot \frac{T}{2}\right) \cdot \cos\left(\sqrt{\frac{g \cdot F_1}{L_1 \cdot F_2}}\left\{t - \frac{T}{2}\right\}\right)$$

$$c_2 = \frac{2 \cdot 14}{252 \cdot \sqrt{63 \cdot 7}} \cdot \sqrt{\frac{7000}{9{,}81}} \sin\left(\frac{1}{80{,}2} \cdot \frac{252}{2}\right) \cdot \cos\left(\frac{1}{80{,}2}\left\{t - \frac{252}{2}\right\}\right)$$

$$c_2 = 0{,}1414 \cdot \cos\left(\frac{1}{80{,}2}\left\{t - 126\right\}\right).$$

c_2 wird ein Maximum nach Gleichung XXIX) für:

$$t_{max} = 378 \text{ Sekunden.}$$

und ist dann:

$$\mathbf{c_{2max} = -\ 0{,}1414\ m/sec.}$$

Nehmen wir nun noch zuletzt:

$$\mathbf{T = 600\ Sekunden}$$

an, so ergibt Gleichung XXIII) eine maximale Niveauerhöhung von:

$$h_{max} = 2 \cdot \frac{14 \cdot 7000}{9{,}81 \cdot 600 \cdot 7} \cdot \sin\left(\sqrt{\frac{9{,}81 \cdot 7{,}00}{7000 \cdot 63}} \cdot \frac{600}{2}\right)$$

$$\mathbf{h_{max} = 2{,}675\ m}$$

und es würde dieses Maximum nach Gleichung XXIV) in:

$$t_{max} = \frac{1}{2}\left(\pi\sqrt{\frac{F_2 \,.\, L_1}{g \,.\, F_1}} + 600\right)$$

$$\underline{t_{max} = 426 \text{ Sekunden}}$$

eintreten, wenn dieser Wert größer als die Schließzeit wäre. Da nun aber die Dauer der ersten Phase 600 Sekunden beträgt, so fällt obiger Wert in die erste Phase und ist demzufolge ungültig. Wir müssen für t_{max} nun denjenigen Zeitwert nehmen, bei welchem die Funktion:

$$\left(h = f(t)\right)$$

ein zweites Maximum besitzt.

Dies tritt ein für:

$$t_{max} = \frac{1}{2}\left\{3 \,.\, \pi \,.\, \sqrt{\frac{L_1 \,.\, F_2}{g \,.\, F_1}} + T\right\}$$

$$\underline{t_{max} = 678 \text{ Sekunden.}}$$

Für die Berechnung der während der zweiten Phase stattfindenden Niveauvariation erhält man aus Gleichung XXI) die Beziehung:

$$h = 2\,\frac{14 \,.\, 7000}{g \,.\, 600 \,.\, 7}\sin\left\{\frac{1}{80{,}2}\cdot\frac{600}{2}\right\}\sin\left\{\frac{1}{80{,}2}\left(t - \frac{600}{2}\right)\right\}$$

$$\underline{h = 2{,}675 \,.\, \sin\left\{\frac{1}{80{,}2}(t - 300)\right\}}$$

während die Geschwindigkeitsänderungen aus der Beziehung:

$$c_2 = \frac{2 \,.\, 14}{600 \,.\, \sqrt{63 \,.\, 7}}\sqrt{\frac{7000}{9{,}81}}\sin\left\{\frac{1}{80{,}2}\cdot\frac{600}{2}\right\}\cos\left\{\frac{1}{80{,}2}\left(t - \frac{600}{2}\right)\right\}$$

$$\underline{c_2 = -\,0{,}033\,35 \,.\, \cos\left\{\frac{1}{80{,}2}(t - 300)\right\}}$$

zu berechnen sind.

Die Geschwindigkeit c_2 wird ein Maximum für:

$$\underline{t_{max} = 552 \text{ Sekunden.}}$$

Da dieser Wert aber auch wieder in die erste Phase fällt [und demzufolge ungültig ist], so haben wir für t_{max} denjenigen Wert zu nehmen, für welchen c_2 ein zweites Maximum erreicht. Dies tritt ein für:

$$\underline{t_{max} = 804 \text{ Sekunden}}$$

und ist dann:

$$\mathbf{c_{2max} = 0{,}033\,35 \text{ m/sec.}}$$

Druckanstiege
Druckabfälle
Erste Phase
τ = 600 Sek.
Zweite Phase
Sinuskurve für τ = 6 Sek.
h_{max} = 17,82 m
Erste Phase t_{max} = 252 Sek.
τ = 252 Sek.
Zweite Phase
t_{max} = 129 Sek.
Erste Phase
τ = 6 Sek.
Zweite Phase
h_{max} = 11,35 m
Sinuskurve für τ = 252 Sek.
Sinuskurve für τ = 600 Sek.
h_{max} = 2,675 m
200 Sek. (wenn τ = 6 Sek.)
400 Sek. (wenn τ = 252 Sek.)
800 Sek. (wenn τ = 600 Sek.)

Fig. 23.

m/Sek.
Geschwindigkeit C_2
Erste Phase τ = 600 Sek.
Zweite Phase t_{max} = 804 Sek.
Erste Phase τ = 252 Sek.
Zweite Phase t_{max} = 378 Sek.
Erste Phase τ = 6 Sek.
Zweite Phase t_{max} = 255 Sek.
Cosinuskurve für τ = 600 Sek.
200 Sek. (wenn τ = 6 Sek.
400 Sek. (wenn τ = 252 Sek.
800 Sek. (wenn τ = 600 Sek.
Sinuskurve für τ = 252 Sek.
Cosinuskurve für τ = 6 Sek.

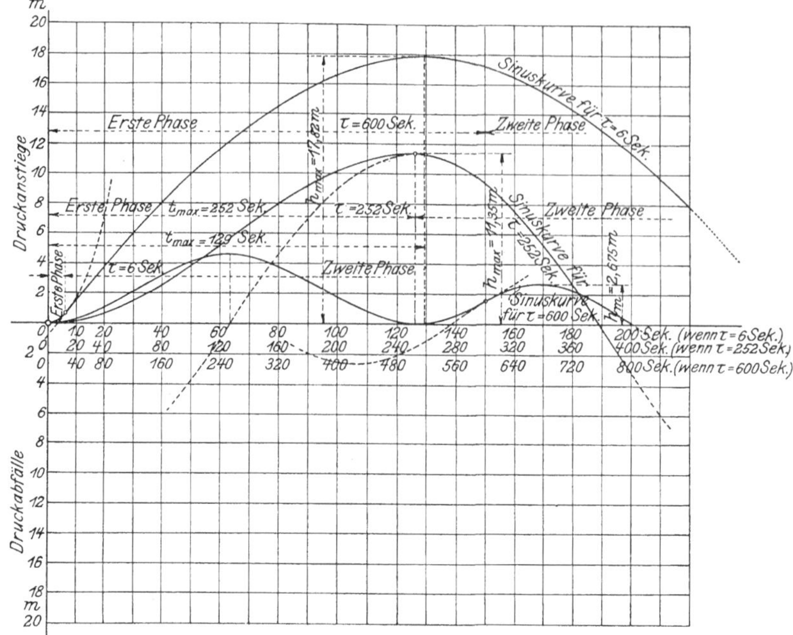

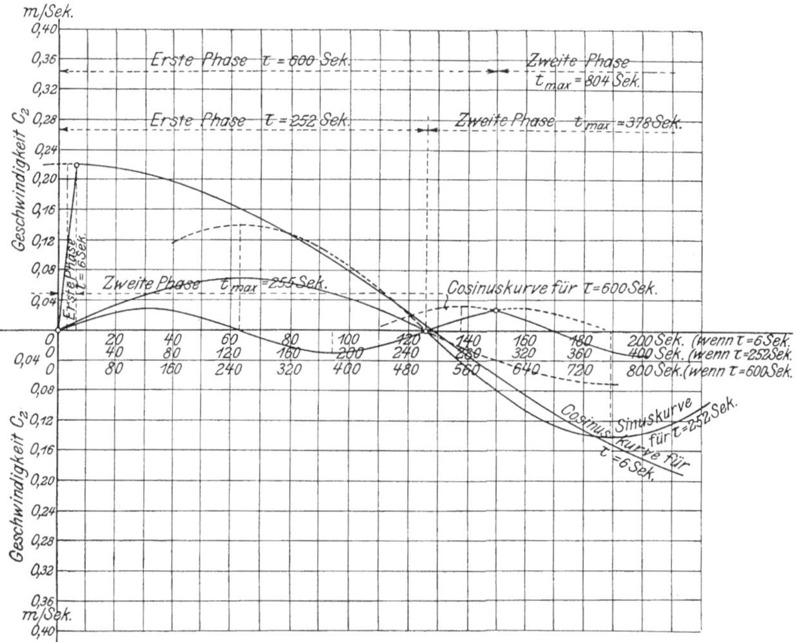

Fig. 24.

In Fig. 23 und 24 sind die sich für die verschiedenen Schließzeiten ($T = 6, 252, 600$ Sekunden) ergebenden Kurven der Geschwindigkeitsänderungen und Niveauvariationen graphisch dargestellt, und es ist aus ihnen der Verlauf von h und c_2 als Funktion der Zeit leicht zu ersehen.

§ 3. Zusammenstellung der für die praktischen Berechnungen hauptsächlich in Betracht kommenden Formeln.

Bei der Berechnung der maximalen Niveauerhöhung h_{max} haben wir in der Hauptsache zwei Fälle zu unterscheiden.

1. Fall:

$$T < \pi \cdot \sqrt{\frac{L_1 F_2 + H_0 F_1}{g \cdot F_1}}.$$

In diesem Falle tritt die maximale Niveauerhöhung während der zweiten Phase auf und es ergibt sich für dieselbe nach Gleichung XI) des § 2):

$$h_{max} = 2 \cdot \frac{Q_0 \cdot L_1}{g \cdot T \cdot F_1} \sin\left(\sqrt{\frac{g \cdot F_1}{L_1 \cdot F_2 + H_0 \cdot F_1}} \cdot \frac{T}{2}\right)$$

oder auch, für **relativ kleine Schließzeiten** ($T < 10$ Sekunden), mit guter Annäherung:

$$h_{max} = \frac{Q_0 \cdot L_1}{g \cdot F_1} \cdot \sqrt{\frac{g \cdot F_1}{L_1 \cdot F_2 + H_0 \cdot F_1}}.$$

Diese letztere Beziehung kann noch weiter vereinfacht werden, da in den meisten Fällen $\frac{H_0 \cdot F_1}{L_1 \cdot F_2}$ gegenüber der Einheit vernachlässigt werden darf. Wir erhalten:

$$\mathbf{h_{max} = \frac{Q_0}{\sqrt{F_1 \cdot F_2}} \cdot \sqrt{\frac{L_1}{g}}}.$$

Die Zeit bis zum Eintreffen dieses Druckmaximums ist durch die Beziehung (X. § 2)

$$\mathbf{t_{max} = \frac{1}{2}\left(\pi \cdot \sqrt{\frac{F_1 \cdot F_2 + H_0 \cdot F_1}{g \cdot F_1}} + T\right)}$$

gegeben.

2. Fall:

$$T > \pi \cdot \sqrt{\frac{L_1 \cdot F_2 + H_0 \cdot F_1}{F_1 \cdot g}}.$$

Die maximale Niveauerhöhung h_{max} tritt dann in diesem Falle während der ersten Phase auf und es ergibt sich für dieselbe nach Gleichung XI) § 1 der Ausdruck:

$$\mathbf{h_{max} = 2 \frac{Q_0 \cdot L_1}{g \cdot T \cdot F_1}}$$

wobei zu bemerken ist, daß dieses Druckmaximum zur Zeit

$$\mathbf{t_{max} = \pi \cdot \sqrt{\frac{L_1 \cdot F_2 + H_0 \cdot F_1}{F_1 \cdot g}}}$$

stattfindet.

Es können auch hier wiederum die Formeln durch Vernachlässigung von $\frac{H_0 \cdot F_1}{L_1 \cdot F_2}$ wesentlich vereinfacht werden.

Für den

Spezialfall:

$$T = \pi \cdot \sqrt{\frac{L_1 \cdot F_2 + H_0 \cdot F_1}{g \cdot F_1}}$$

ergibt sich:

$$h_{max} = \frac{2}{\pi} \cdot \frac{Q_0}{\sqrt{F_1 \cdot F_2}} \sqrt{\frac{L_1}{g}} \cdot \frac{1}{\sqrt{1 + \frac{H_0 \cdot F_1}{L_1 \cdot F_2}}}$$

wobei zu bemerken ist, daß diese größte Niveauerhöhung zur Zeit

$$t_{max} = \pi \cdot \sqrt{\frac{L_1 \cdot F_2 + H_0 \cdot F_1}{g \cdot F_1}}$$

d. h. beim Übergang von der ersten zur zweiten Phase, stattfindet.

Die obige zur Berechnung von h_{max} dienende Gleichung läßt sich in den meisten Fällen mit guter Annäherung auch in der Form:

$$h_{max} = \frac{2}{\pi} \cdot \frac{Q_0}{\sqrt{F_1 \cdot F_2}} \sqrt{\frac{L_1}{g}}$$

anschreiben.

§ 4. Niveauvariationen im Wasserschloß bei nicht linearem Schließen der Absperrorgane.

Es soll im folgenden nun noch kurz gezeigt werden, wie bei nicht linearem Abschließen das Gesetz der Niveauvariationen unter Zugrundelegung eines bestimmten allgemeinen Schließgesetzes erhalten werden kann.

Wir nehmen an, die Absperrorgane schließen (entsprechend dem effektiven Reguliervorgang) erst rasch und dann immer langsamer, so daß die den Turbinen pro Zeiteinheit zuströmende Wassermenge Q ungefähr nach der (angenommenen) Gleichung:

$$1) \ldots\ldots \quad Q = Q_0 \cdot e^{-\alpha . t} \text{ [1]}$$

variieren möge.

Man erhält für

$$t = 0: \qquad Q = Q_0$$
$$t = \infty: \qquad Q = 0.$$

Die Kontinuitätsgleichung lautet dann:

$$F_1 . c_1 = F_2 . c_2 + Q_0 . e^{-\alpha . t}$$

oder:

$$2) \ldots \quad F_1 . \frac{dc_1}{dt} = F_2 . \frac{d^2h}{dt^2} - \alpha . Q_0 . e^{-\alpha . t}$$

Da das Gesetz der Wassermengenänderung nur während der ersten Phase eine Rolle spielt, so gelten die folgenden Ableitungen natürlich nur für diese Phase.

Wir haben dann wiederum wie im § 1 die Beschleunigungsgleichung:

$$3) \ldots\ldots \quad \frac{L_1}{g} \cdot \frac{dc_1}{dt} + \frac{H_0 + h}{g} \cdot \frac{d^2h}{dt^2} = - h$$

und durch entsprechende Substitutionen ergibt sich:

$$4) . \quad \left(1 + \frac{H_0 + h}{L_1} \cdot \frac{F_1}{F_2}\right) \frac{d^2h}{dt^2} + \frac{h . F_1}{L_1 . F_2} g - \frac{\alpha . Q_0}{F_2} e^{-\alpha . t} = 0 .$$

Um eine Integration dieser Differentialgleichung in geschlossener Form zu ermöglichen, vernachlässigen wir (was man, wie bereits früher

[1]) In dieser Beziehung bedeutet $\frac{1}{\alpha}$ eine beliebig wählbare konstante Zeit.

gezeigt wurde, mit guter Annäherung tun darf) das Glied $\frac{h}{L_1} \cdot \frac{F_1}{F_2}$ und erhalten:

$$4') \quad \left(1 + \frac{H_0 \cdot F_1}{L_1 \cdot F_2}\right) \frac{d^2h}{dt^2} + \frac{h \cdot F_1}{L_1 \cdot F_2} \cdot g - \frac{\alpha \cdot Q_0}{F_2} \cdot e^{-\alpha \cdot t} = 0 \cdot$$

Als partikuläres Integral dieser Differentialgleichung ergibt sich:

$$h_p = \frac{\alpha \cdot Q_0 \cdot L_1}{g \cdot F_1 + \alpha^2 (L_1 \cdot F_2 + H_0 \cdot F_1)} e^{-\alpha \cdot t}$$

und als Lösung der reduzierten Gleichung erhalten wir:

$$h_r = A \cdot \cos\left(\sqrt{\frac{g \cdot F_1}{L_1 \cdot F_2 + H_0 \cdot F_1}}\, t\right) + B \cdot \sin\left(\sqrt{\frac{g \cdot F_1}{L_1 \cdot F_2 + H_0 \cdot F_1}}\, t\right) \cdot$$

Das totale Integral ist dann gleich der Summe der beiden Integrale. Die Bestimmung der Konstanten A und B) geschieht auf Grund der Grenzbedingungen[1]). Man erhält für:

$$A = -\frac{\alpha \cdot Q_0 \cdot L_1}{g \cdot F_1 + \alpha^2 (L_1 \cdot F_2 + H_0 \cdot F_1)}$$

$$B = +\frac{\alpha^2 \cdot Q_0 \cdot L_1}{g \cdot F_1 + \alpha^2 \cdot (L_1 \cdot F_2 + H_0 \cdot F_1)} \cdot \sqrt{\frac{L_1 \cdot F_2 + H_0 \cdot F_1}{g \cdot F_1}} \,.$$

Durch Einsetzen dieser Werte ergibt sich:

$$5) \quad \mathbf{h} = \frac{\alpha \cdot Q_0 \cdot L_1}{g \cdot F_1 + \alpha^2 (L_1 \cdot F_2 + H_0 F_1)} \left[e^{-\alpha \cdot t} - \cos\left(\sqrt{\frac{g \cdot F_1}{L_1 \cdot F_2 + H_0 \cdot F_1}}\, t\right) + \alpha \cdot \sqrt{\frac{L_1 \cdot F_2 + H_0 \cdot F_1}{g \cdot F_1}} \sin\left(\sqrt{\frac{g \cdot F_1}{L_1 \cdot F_2 + H_0 \cdot F_1}}\, t\right)\right]$$

womit die Variation des Wasserniveaus als Funktion der Zeit bestimmt ist.

Die maximale Niveauerhöhung kann dann mit Hilfe dieser Gleichung auf dem Wege systematischen Probierens ermittelt werden.

Für den speziellen Fall:

$$t = \pi \cdot \sqrt{\frac{L_1 \cdot F_2 + H_0 \cdot F_1}{g \cdot F_1}}$$

ergibt sich:

$$6) \quad . \quad h_{t_1} = \frac{\alpha \cdot Q_0 \cdot L_1}{g \cdot F_1 + \alpha^2 \cdot (L_1 \cdot F_2 + H_0 \cdot F_1{}^1)} \left[1 + e^{-\alpha \sqrt{\frac{L_1 \cdot F_2 + H_0 \cdot F_1}{g \cdot F_1}}\, \pi}\right]$$

---

[1]) Es ist für $t = 0 : h = 0 : \frac{dh}{dt} = 0$.

und für:

$$t = \frac{\pi}{2} \cdot \sqrt{\frac{L_1 . F_2 + H_0 . F_1}{g . F_1}}$$

erhält man:

$$7) \quad . \quad . \quad h_{t_2} = \frac{\alpha . Q_0 . L_1}{g . F_1 + \alpha^2 (L_1 . F_2 + H_0 . F_1)} \cdot \left[e^{-\alpha . \sqrt{\frac{L_1 . F_2 + H_0 . F_1}{g . F_1}} \cdot \frac{\pi}{2}} + \alpha . \sqrt{\frac{L_1 . F_2 + H_0 . F_1}{g . F_1}} \right].$$

Nimmt man nun z. B. $\alpha = 1$ Sekunde $^{-1}$ an, so ist leicht zu ersehen, daß die Gleichung 6) einen größern Wert für h liefert als die Gleichung 7), was unter Berücksichtigung des Verlaufes der Funktion $e^{-\alpha t}$ vermuten läßt, daß in diesem Falle das Druckmaximum wieder in der Nähe des Zeitpunktes

$$t = \pi \sqrt{\frac{L_1 . F_2 + H_0 . F_1}{g . F_1}}$$

liegt.

Als Bestimmungsgleichung für die maximale Niveauerhöhung erhalten wir aus Gleichung 5) allgemein die Beziehung:

$$-\alpha . e^{-\alpha . t} + \sqrt{\frac{g . F_1}{L_1 . F_2 + H_0 . F_1}} \sin\left(\sqrt{\frac{g . F_1}{L_1 . F_2 + H_0 . F_1}}\, t\right) + \alpha \cos\left(\sqrt{\frac{g . F_1}{L_1 . F_2 + H_0 . F_1}}\, t\right) = 0$$

oder in anderer Form

$$8) \quad \alpha . \left[e^{-\alpha . t} - \cos\left(\sqrt{\frac{g . F_1}{L_1 . F_2 + H_0 . F_1}}\, t\right)\right] = \sqrt{\frac{g . F_1}{L_1 . F_2 + H_0 . F_1}} \sin\left(\sqrt{\frac{g . F_1}{L_1 . F_2 + H_0 . F_1}}\, t\right).$$

Diese Gleichung enthält als einzige Unbekannte die Zeit t in welcher das Druckmaximum auftritt, und es läßt sich somit mit Hilfe irgend einer Annäherungsmethode die bezügliche Zeit berechnen.

Durch Differentiation von Gleichung 5) kann ferner auch leicht die Geschwindigkeitsgleichung erhalten werden und es ergeben sich auch alle übrigen Beziehungen in genau gleicher Weise wie in § 1 und § 2 gezeigt wurde.

§ 5. Niveauvariationen bei teilweisem Schließen der Absperrorgane.

Da in den meisten Fällen kein totales Abschließen der Absperrorgane stattfindet, d. h. nur ein Teil der durch den Stollen im Beharrungszustand fließenden Wassermenge (Q_0) abgesperrt wird, so wollen wir nun untersuchen, welches Gesetz sich für die Niveauvariationen in diesem Falle ergibt.

Wir nehmen wiederum an, die während der Abschließperiode den Turbinen (oder sonstigen Kraftmaschinen) zufließende Wassermenge Q sei eine lineare Funktion der Zeit[1]).

Wird dann in der Zeit T die Wassermenge $\beta \cdot Q_0$ abgesperrt, so daß nach dem Stillstehen der Absperrorgane den Turbinen noch die Wassermenge $(1 - \beta)\, Q_0$ zuströmt, so haben wir die Beziehung:

$$Q = Q_0 \left(1 - \beta \cdot \frac{t}{T}\right) \cdot ^{2)}$$

Die Kontinuitätsgleichung lautet dann wiederum:

$$F_1 \cdot c_1 = F_2 \cdot \frac{dh}{dt} + Q$$

und daraus:

$$F_1 \cdot \frac{dc_1}{dt} = F_2 \cdot \frac{d^2h}{dt^2} - \frac{\beta \cdot Q_0}{T}$$

Wenn wir diese Beziehung mit der bezüglichen Gleichung II'') § 1 vergleichen, so sehen wir, daß an Stelle von Q_0 nun $\beta \cdot Q_0$ steht. Es erhellt somit, daß die in § 1 abgeleiteten Relationen auch ohne weiteres auf den Fall teilweisen Schließens anwendbar sind, indem man einfach in den bezüglichen Beziehungen Q_0 durch $\beta \cdot Q_0$ zu ersetzen hat.

Ebenso kann leicht gezeigt werden, daß diese Relation auch auf die zweite Phase anwendbar ist.

Für diese zweite Phase lautet dann die Kontinuitätsgleichung:

$$F_1 \cdot c_1 = F_2 \cdot \frac{dh}{dt} + Q_0 (1 - \beta)$$

und daraus:

$$F_1 \cdot \frac{dc_1}{dt} = F_2 \cdot \frac{d^2h}{dt^2} \cdot ^{3)}$$

---

[1]) Es gelten jedoch auch hier dieselben Bemerkungen wie in § 1 (Gleichung I). Siehe auch Anhang.

[2]) In welcher Gleichung β von 0 bis 1 variieren kann.

Für $\beta = 0$: $Q = Q_0 =$ konstant (kein Abschließen).

„ $\beta = 1$: $Q = 0$ für $t = T$: (totales Abschließen).

[3]) Da Q_0 und β konstante Werte bedeuten, ist $\frac{d\,(Q_0\,(1 - \beta))}{dt} = 0$, wenn man die zufolge der Gefällsänderung eintretende Wassermengenänderung nicht berücksichtigt.

Indem wir diese Gleichung wiederum mit der bezüglichen Gleichung II') des § 2 vergleichen, sehen wir, daß vollständige Identität besteht. Wir würden somit bei teilweisem Schließen genau dieselben Differentialgleichungen erhalten wie bei totalem Schließen und demzufolge eo ipso auch die gleichen Integrale.

Es gilt also folgender Satz:

Wird in der Zeit T durch die Absperrorgane ein bestimmter Bruchteil $\beta \cdot Q_0$ (wo $0 \leqq \beta \leqq 1$) der totalen Wassermenge Q_0 abgesperrt, so können zur Berechnung der Niveauvariationen ohne weiteres die in § 1 und § 2 abgeleiteten Beziehungen verwendet werden, indem man in ihnen einfach an Stelle von Q_0, $\beta \cdot Q_0$ zu setzen hat.

§ 6. Niveauvariationen bei vollständigem Öffnen der Absperrorgane.

Wir wollen nun noch untersuchen, welche Gesetze sich für die Berechnung der bei vollständigem Öffnen der Druckleitungen eintretenden Druckabfälle ergeben.

Es können auch hier zwei Phasen der Bewegung unterschieden werden.

1. Phase:

$$0 \leqq t \leqq T.$$

Niveauvariationen im Wasserschloß während der Bewegung der Absperrorgane.

Es soll wiederum vorausgesetzt werden, daß die den Turbinen während des Öffnens zuströmende Wassermenge Q eine lineare Funktion der Zeit t sei.

Wir haben dann:

$$\text{I)} \quad Q = Q_0 \cdot \frac{t}{T} \,.\,[1]$$

Und die Kontinuitätsgleichung lautet:

$$\text{II)} \quad F_1 \cdot c_1 \cdot + F_2 \cdot \frac{dh}{dt} = Q$$

während die Beschleunigungsgleichung nun die Form:

$$\text{III)} \quad \frac{L_1}{g} \cdot \frac{dc_1}{dt} = h$$

annimmt.

[1]) Es gelten auch hier dieselben Bemerkungen wie in § 5. Siehe auch Anhang.

Durch Differentiation von Gleichung II und Substitution von Q aus Gleichung I ergibt sich die Beziehung:

$$\frac{dc_1}{dt} = \frac{Q_0}{F_1 \cdot T} - \frac{F_2}{F_1} \cdot \frac{d^2h}{dt^2}.$$

Setzen wir dann diesen Wert von $\frac{dc_1}{dt}$ in Gleichung III ein, so erhalten wir nach einigen Umformungen:

$$\text{IV)} \quad \ldots \quad \frac{d^2h}{dt^2} + \frac{h \cdot F_1}{L_1 \cdot F_2} g - \frac{Q_0}{F_2 \cdot T} = 0$$

Diese Differentialgleichung stimmt nun aber beinahe genau mit der Gleichung III' des § 1 überein. Es ist in der letzteren Gleichung einfach an Stelle von $\frac{H_0 + h}{L_1}$ der Wert Null zu setzen.

Ebenso kann die Gleichung IV als eine Folge der in Abschnitt a) § 1 abgeleiteten analogen Beziehung betrachtet werden, wenn man $\frac{H_0 \cdot F_1}{L_1 \cdot F_2}$ gegenüber der Einheit vernachlässigt.

An Stelle von $+\frac{H_0 \cdot F_1}{L_1 \cdot F_2}$ in Abschnitt a) steht nun in unserem Falle Null; während alle andern Glieder sich vollständig decken.

Es ist damit folgendes bemerkenswerte Resultat gewonnen:

Zur Berechnung der bei vollständigem Öffnen [in der Zeit T] aller Absperrorgane eintretenden Niveauvariationen können ohne weiteres die in § 1 [für das Schließen] abgeleiteten Beziehungen verwendet werden, indem man einfach in den bezüglichen Relationen an Stelle von $+\frac{H_0 \cdot F_1}{L_1 \cdot F_2}$ [für das Schließen] Null [für das Öffnen] zu setzen hat. Sinngemäß ergeben dann die Formeln keine Druckanstiege, sondern Druckabfälle, da $+h$ durch $-h$ zu ersetzen ist.

In gleicher Weise kann für die

2. Phase:

$$t \geqq T$$

Niveauvariationen im Wasserschloß nach dem Stillstehen der Absperrorgane

nachgewiesen werden, daß auch in diesem Intervall das oben angegebene Gesetz Gültigkeit besitzt.

Die Kontinuitätsgleichung lautet nun:

$$F_1 \cdot c_1 + F_2 \cdot \frac{dh}{dt} = Q_0 \quad ^{1)}$$

1) Siehe auch Anhang.

indem man wiederum wie im vorigen Abschnitt annimmt, daß immer noch die durch den Stollen zufließende Wassermenge kleiner ist als die den Turbinen zuströmende.

Durch Differentiation der obigen Gleichung ergibt sich:

$$\text{a)} \quad \frac{dc_1}{dt} = -\frac{F_2}{F_1} \cdot \frac{d^2h}{dt^2} .$$

Während der Zeit T des Öffnungsvorganges hat sich der Wasserspiegel im Wasserschloß um den Betrag h_T abgesenkt, und erhält nun demzufolge die Beschleunigungsgleichung die Form:

$$\text{b)} \quad \frac{L_1}{g} \cdot \frac{dc_1}{dt} = h + h_T$$

wobei wiederum wie in § 2 der Nullpunkt der Zeitzählung auf den Anfangspunkt der zweiten Phase verlegt ist, und ebenso der Niveauabfall h von diesem neuen Nullpunkt an gerechnet wird

$$\left(\text{für } t = 0\text{: } h = 0 \text{ aber } \frac{dh}{dt} < 0\right) .$$

Durch Kombination der Gleichungen a) und b) ergibt sich nach einigen Umformungen:

$$\frac{d^2h}{dt^2} + \frac{g \cdot F_1}{L_1 \cdot F_2} h + \frac{g \cdot F_1}{L_1 \cdot F_2} h_T = 0$$

Wenn man diese Gleichung mit der Gleichung III' des § 2 vergleicht, so sieht man, daß beinahe Identität besteht.

An Stelle von $\frac{H_0 + h_T + h}{L_1}$ haben wir nun Null, während alle andern Glieder sich genau decken.

Es sind demzufolge auch für diese Phase ohne weiteres die in § 2 abgeleiteten Beziehungen gültig, und haben wir einfach an Stelle von $+\frac{H_0 + h_T + h}{L_1}$ (beim Schließen) nun Null (beim Öffnen) zu setzen.

Das für die erste Phase abgeleitete Gesetz besitzt also tatsächlich auch Gültigkeit für die zweite Phase.

§ 7. Niveauvariationen bei teilweisem Öffnen der Absperrorgane.

Werden die Absperrorgane in der Zeit T um einen gewissen Betrag β geöffnet, so daß den Turbinen nur die Wassermenge $\beta \cdot Q_0$ zuströmen kann, so ist ohne weiteres klar, daß zur Berechnung der Niveauvariationen direkt die Formeln für totales Öffnen angewandt werden können, indem man an Stelle der totalen Wassermenge Q_0 nun einfach $\beta \cdot Q_0$ zu setzen hat.

In den meisten praktisch vorkommenden Fällen kann das Glied

$$\frac{H_0 + h}{L_1} \cdot \frac{F_1}{F_2} \text{ resp. } \frac{H_0 + (h_T + h)}{L_1} \cdot \frac{F_1}{F_2}$$

mit genügender Genauigkeit gegenüber der Einheit vernachlässigt werden, und erhalten wir dann, wie in Abschnitt b) der §§ 1 und 2 gezeigt wurde, bedeutend einfachere Berechnungsformeln.

Überhaupt ist, wie eingangs bereits erwähnt wurde, stets zu bedenken, daß alle bis jetzt abgeleiteten Beziehungen nur Annäherungswerte ergeben können da es zufolge der Natur der Bewegung unmöglich ist, alle die Bewegung irgendwie beeinflussenden Vorgänge zu berücksichtigen, d. h. ihre Wirkung mathematisch zu formulieren.

II. Kapitel.

Veränderliche Bewegung des Wassers in Stollen und Wasserschloſs mit Berücksichtigung der Reibungswiderstände.

§ 8. Erste Phase.

$$0 \leqq t \leqq T$$

Niveauvariationen im Wasserschloß während der Bewegung der Absperrorgane.

Als Ursache der hydrodynamischen Störung nehmen wir vorerst wiederum wie in Kapitel 1 § 1 eine Schließbewegung der Absperrorgane an und es sei die den Turbinen während der Bewegung zufließende Wassermenge Q durch die Gleichung

I) . . . . $Q = Q_0 \cdot \left(1 - \frac{t}{T}\right)$[1]

dargestellt.

---

[1]) Siehe auch Gleichung I: Kapitel 1, § 1. (Anhang.)

Die Kontinuitätsgleichung bleibt ebenfalls ungeändert und lautet:

$$\text{II)} \quad \ldots\ldots \quad F_1 \cdot c_1 = F_2 \cdot c_2 + Q \cdot$$

Es ist also einzig die Beschleunigungsgleichung III), welche bei Berücksichtigung der Reibungswiderstände eine andere Form erhält.

Wenn wir den Einfluß der Reibungswiderstände in der in der Hydraulik allgemein üblichen Form

$$\left[h_v = \xi \cdot L \cdot \frac{u}{F} \cdot \frac{c^2}{2\,g}\right]$$ [1]

in die Bewegungsgleichung einführen, so erhalten wir eine nicht in geschlossener Form integrable Differentialgleichung. Es empfiehlt sich daher den Einfluß der Reibung in anderer Weise darzustellen.

Wir gehen dabei von der Überlegung aus, daß jeder durch Reibung verloren gegangenen Druckhöhe h_v eine gewisse Kraft P_r entspricht, die zur Überwindung der Reibungswiderstände aufgewendet werden mußte. Es ist:

$$P_r = \gamma \cdot F \cdot h_v$$

oder, indem man für h_v den entsprechenden Wert einsetzt:

$$P_r = \gamma \cdot F \cdot \xi \cdot L \cdot \frac{u}{F} \cdot \frac{c^2}{2\,g}$$

und kürzer:

$$\text{III)} \quad \ldots\ldots \quad P_r = K \cdot \gamma \cdot F \cdot c^2$$

wo:

$$K = \xi \cdot L \cdot \frac{u}{F} \cdot \frac{1}{2\,g}$$

Dieser Wert ist für eine zylindrische Rohrleitung eine Konstante, da ξ nur wenig mit der Geschwindigkeit variiert.

Wie wir nun aus Gleichung III ersehen können, ist die Reibungskraft eine quadratische Funktion der Geschwindigkeit c, d. h. P_r variiert mit c in den Koordinaten einer Parabel. Wenn wir aber den Einfluß der Reibungswiderstände in dieser Form in die Differentialgleichung der Bewegung einführen so erhalten wir, wie bereits umstehend erwähnt wurde, eine nicht integrable Differentialgleichung[2]. Da die Nichtintegrierbarkeit der Gleichung lediglich zufolge des Exponenten (2) der

[1]) Da wir es in der Hauptsache mit Rohrreibung zu tun haben.

[2]) D. h. die Differentialgleichung ist nur angenähert auflösbar vermittelst Reihenentwicklung oder der graphischen Methode.

Geschwindigkeit (c) eintritt, so gestatten wir uns eine Annäherung und setzen:

IV) . . . . $P_r = \lambda \cdot \gamma \cdot F \cdot c$

wo nun:

$$\lambda = \xi \cdot L \cdot \frac{u}{F} \cdot \frac{c}{2g}$$

eine lineare Funktion der Geschwindigkeit c ist. Wenn wir diese Veränderlichkeit bestehen lassen wollten, so würde das erwünschte Resultat nicht erreicht. Wir berechnen uns daher eine mittlere Geschwindigkeit c_λ, die dann in die Gleichung für λ eingesetzt und für die folgenden Berechnungen als konstant angenommen wird.

Es erübrigt nun noch diese mittlere Geschwindigkeit c_λ passend zu wählen und ist wohl zu deren Bestimmung das folgende Verfahren das geeignetste.

Wenn wir annehmen, die Geschwindigkeit c variiere in der Zeit T von 0 bis c_{max}, dann ist die Summe der in dieser Zeit infolge Reibung verbrauchten Energien dargestellt durch:

$$E_T = \int_0^{c_{max}} P_r \cdot dc \cdot$$

Diese totale Energie kann nun auf zwei Wegen verbraucht werden, und zwar entweder gemäß der Gleichung III) auf quadratischem oder gemäß der Gleichung IV) auf linearem Wege[1]), je nachdem wir:

1) . . . . $P_r = \gamma \cdot F \cdot K \cdot c^2$

oder:

2) . . . . $P_r = \gamma \cdot F \cdot \lambda \cdot c$

setzen.

Wir stellen nun die Bedingung, daß die Summe der verbrauchten Energien in beiden Fällen dieselbe sein soll, aus welcher Bedingung sich eine Bestimmungsgleichung für c_λ ergibt.

Für den ersten Fall haben wir:

$$E_{T_1} = \int_0^{c_{max}} \gamma \,.\, F \,.\, K \,.\, c^2 \,.\, dc$$

α) . . . . . $$\mathbf{E_{T_1} = \gamma \,.\, F \,.\, K \cdot \frac{c_{max}^{\;3}}{3}}$$

[1]) Siehe auch Figur 25.

analog ergibt sich für den zweiten Fall:

$$E_{T_2} = \int_0^{c_{max}} \gamma \,.\, F \,.\, \lambda \,.\, c \,.\, dc$$

$$\beta) \quad \ldots\ldots \quad \mathbf{E_{T_2} = \gamma\, F \,.\, \lambda \cdot \frac{c_{max}{}^2}{2}}.$$

Es muß nun auf Grund der oben gestellten Bedingung:

$$\gamma \,.\, F \,.\, K \cdot \frac{c_{max}{}^3}{3} = \gamma \,.\, F \,.\, \lambda \cdot \frac{c_{max}{}^2}{2}$$

sein.

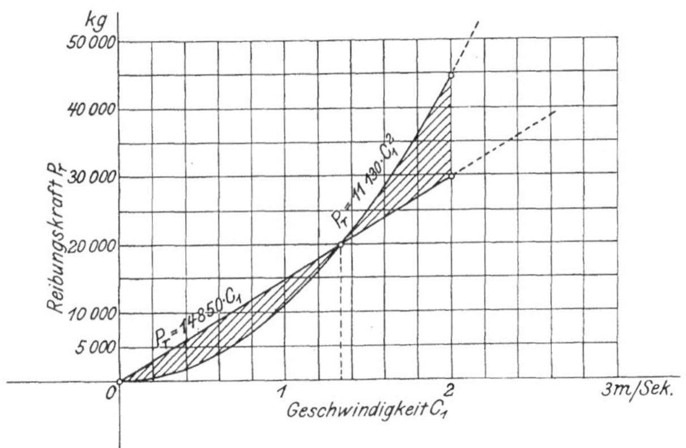

Fig. 25.

Und daraus:

$$\text{VI)} \quad \ldots\ldots\ldots \quad \mathbf{\lambda = \frac{2}{3} K \cdot c_{max}}$$

Wie aus der Dimension von K leicht zu ersehen ist muß, damit die Homogenität gewahrt bleibt, λ gleich einer Zeit sein (d. h. λ hat die Dimension einer Zeit).

Bei der nun folgenden Aufstellung der Beschleunigungsgleichung ist zwecks Vereinfachung der Formeln von vornherein die im 1. Kapitel [§ 1 Abschnitt a) und § 2 Abschnitt α)] angegebene Vernachlässigung zugelassen worden, indem die Veränderlichkeit der sich im Wasserschloß befindenden Wassermasse nicht berücksichtigt wurde.

Die Beschleunigungsgleichung lautet dann:

$$\frac{L_1}{g} \cdot \frac{dc_1}{dt} + \frac{H_0}{g} \cdot \frac{dc_2}{dt} = -h - h_{c_1} - h_{c_2}$$

wo h_{c_1} und h_{c_2} die zufolge der Reibungswiderstände in Stollen und Wasserschloß verloren gehenden Druckhöhen bedeuten. Da der Reibungswiderstand als passive Kraft stets der Bewegungsrichtung entgegengesetzt gerichtet ist, so sind die bezüglichen Reibungshöhen mit dem negativen Vorzeichen in die Bewegungsgleichung einzuführen.

Zwecks Vereinfachung der resultierenden Formeln und damit leichteren Vergleiches zwischen den Beziehungen, welche sich mit und ohne Berücksichtigung des Reibungswiderstandes ergeben, wurde bei der Aufstellung der obigen Gleichung angenommen, die Niveaus im Stauweiher (Stolleneinlauf) und Wasserschloß befinden sich auf derselben Höhe, d. h. die Bewegung des Wassers im Stollen und die Überwindung der damit verbundenen Widerstände werde nicht durch eine Niveaudifferenz, sondern durch irgendeine äußere gedachte Kraft (Injektor, Wasserrad, Propeller usw.) bewirkt. Diese Kraft werde jeweilen so reguliert, daß sie in jedem Augenblick demjenigen Gefällsverlust entspricht, welcher zufolge der durch die Druckleitungen den Turbinen zuströmenden Wassermenge im Stollen erzeugt wird. Bei totalem Schließen der Absperrorgane werde also diese Kraft im Momente des Abschließens vollständig ausgeschaltet, bei halbem Schließen auf $^1/_4$ reduziert usf.

Die durch die gedachte Vorrichtung jeweils aufzubringende Leistung ist somit gleich der infolge des Gefällsverlustes im Beharrungszustand verloren gehenden Leistung.

Unter Zugrundelegung dieser Annahme müssen die im Wasserschloß auftretenden Niveauerhöhungen lediglich als Folge von Massenwirkungen angesehen werden und es gilt somit ohne weiteres die oben angeschriebene Beschleunigungsgleichung, welche sich von der für reibungsfreie Strömung abgeleiteten nur durch die Glieder h_{c_1} und h_{c_2} unterscheidet.

In Berücksichtigung der Gleichung IV) erhalten wir für die Reibungshöhen h_{c_1} und h_{c_2} folgende Beziehungen:

$$h_{c_1} = \frac{P_{r_1}}{\gamma \cdot F_1} = \lambda_1 \cdot c_1$$

$$h_{c_2} = \frac{P_{r_2}}{\gamma \cdot F_2} = \lambda_2 \cdot c_2$$

wo wiederum:

$$\lambda_1 = \frac{2}{3} \cdot K_1 \cdot c_{1max} = \frac{2}{3} \cdot \xi_1 \cdot L_1 \cdot \frac{u_1}{F_1} \cdot \frac{c_{1max}}{2g}$$

und

$$\lambda_2 = \frac{2}{3} \cdot K_2 \cdot c_{2max} = \frac{2}{3} \cdot \xi_2 \cdot L_2 \cdot \frac{u_2}{F_2} \cdot \frac{c_{2max}}{2g}.$$

Führen wir dann für h_{c_1} und h_{c_2} die bezüglichen Ausdrücke in die Beschleunigungsgleichung ein, so ergibt sich:

$$\text{VII)} \quad . \quad \frac{L_1}{g} \cdot \frac{dc_1}{dt} + \frac{H_0}{g} \cdot \frac{dc_2}{dt} = -h - \lambda_1 \cdot c_1 - \lambda_2 \cdot c_2.$$

In dieser Gleichung kann nun wiederum mit Hilfe der Gleichungen I) und II) die Geschwindigkeit c_1 durch c_2 durch $\frac{dh}{dt}$ ausgedrückt werden. Man erhält nach einigen Umformungen:

$$\text{VIII)} \quad \left(1 + \frac{H_0}{L_1} \cdot \frac{F_1}{F_2}\right) \frac{d^2h}{dt^2} + \left(\lambda_2 \cdot \frac{F_1}{F_2} + \lambda_1\right) \frac{g}{L_1} \cdot \frac{dh}{dt} + $$

$$+ \frac{F_1}{F_2} \cdot \frac{g}{L_1} \cdot h + \left(\lambda_1 \{T - t\} - \frac{L_1}{g}\right) \cdot \frac{Q_0}{F_2 . T} \cdot \frac{g}{L_1} = 0 \text{ [1]}.$$

---

[1]) Diese Gleichung kann auch in der Form:

$$\left(1 + \frac{H_0 . F_1}{L_1 . F_2}\right) \frac{d^2h}{dt^2} + \left(\lambda_1 + \lambda_2 \frac{F_1}{F_2}\right) \frac{g}{L_1} \cdot \frac{dh}{dt} + \frac{F_1 . g}{F_2 . L_1} h + \frac{\lambda_1 . T}{T} \cdot \frac{Q_0 . g}{L_1 . F_2}$$

$$= \lambda_1 . t \cdot \frac{Q_0 . g}{F_2 . T . L_1} + \frac{Q_0}{F_2 . T}$$

geschrieben werden.

Setzt man nun der Kürze halber:

$$1 + \frac{H_0 . F_1}{L_1 . F_2} \equiv K_1$$

$$\frac{g}{L_1}\left(\lambda_1 + \lambda_2 \cdot \frac{F_1}{F_2}\right) \equiv K_2$$

$$\frac{F_1 . g}{F_2 . L_1} \equiv K_3$$

$$\frac{\lambda_1 . Q_0 . g}{T . F_2 . L_1} \equiv K_4$$

$$\frac{Q_0}{F_2 . T} - \frac{\lambda_1 . Q_0 . g}{L_1 . F_2} \equiv K_5$$

so folgt:

$$1) \quad . \ . \ . \ . \quad K_1 \cdot \frac{d^2h}{dt^2} + K_2 \cdot \frac{dh}{dt} + K_3 . h = K_4 . t + K_5$$

Ein partikuläres Integral dieser Differentialgleichung ergibt sich auf dem Wege des Ansatzes vermittelst der Korrelatenmethode.

Es sei:

$$h = m . t + n$$

wo m und n unbestimmte Koeffizienten bedeuten.

Dann ist:

$$\frac{dh}{dt} = m \qquad \frac{d^2h}{dt^2} = 0$$

und mit Hilfe der Differentialgleichung 1) erhält man nach einigen Umformungen:

$$(K_3 . m - K_4) t + (K_2 m + K_3 . n - K_5) = 0.$$

Die Integration dieser unhomogenen linearen Differentialgleichung zweiter Ordnung führt, da eine Störungsfunktion vorhanden ist, auf äußerst verwickelte Formeln die wegen ihrer Unübersichtlichkeit nur schwer interpretierbar sind und sich demzufolge für praktische Be-

---

Diese Gleichung ist für jeden Wert der Zeit t identisch erfüllt, wenn:

$$K_3 \cdot m - K_4 = 0$$

und

$$K_2 \cdot m + K_3 \cdot n - K_5 = 0$$

ist.

Daraus:

$$m = \frac{K_4}{K_3}$$

$$n = \frac{K_5}{K_3} - \frac{K_2 \cdot K_4}{K_3^2}$$

oder:

$$n = \frac{K_3 \cdot K_5 - K_2 \cdot K_4}{K_3^2}$$

Dann ist:

$$2) \quad \dots \quad \mathbf{h_p = \frac{K_4}{K_3} t + \frac{K_3 \cdot K_5 - K_2 \cdot K_4}{K_3^2}} .$$

Die reduzierte Gleichung lautet nun:

$$K_1 \cdot \frac{d^2h}{dt^2} + K_2 \frac{dh}{dt} + K_3 \cdot h = 0.$$

Es sei:

$$h = e^{\rho \cdot t}$$

wo:

$$\rho = \frac{-K_2 \pm \sqrt{K_2^2 - 4 \cdot K_1 \cdot K_3}}{2 \cdot K_1} .$$

Bezeichnet man die beiden Wurzelwerte mit ρ_1 und ρ_2, so ist:

$$3) \quad \dots \quad \mathbf{h_r = A \cdot e^{\rho_1 \cdot t} + B \cdot e^{\rho_2 \cdot t}}.$$

Das totale Integral lautet nun:

$$4) \quad . \quad \mathbf{h = \frac{K_4}{K_3} t + \frac{K_3 \cdot K_5 - K_2 \cdot K_4}{K_3^2} + A \cdot e^{\rho_1 \cdot t} + B \cdot e^{\rho_2 \cdot t}}$$

wo die Konstanten A und B auf Grund der Grenzbedingungen bestimmt werden müssen.

Je nachdem nun:

$$K_2 \gtreqless 2 \cdot \sqrt{K_1 \cdot K_3}$$

ist, erhält man eine aperiodische oder eine gedämpfte periodische Schwingung.

Wie die Nachrechnung einiger praktisch vorkommender Fälle zeigt, hat man es meistens mit gedämpften periodischen Schwingungen zu tun.

rechnungen wenig eignen. In Erwägung dieses Umstandes und in Berücksichtigung der Tatsache, daß wir es in praktischen Fällen meistens mit relativ kleinen Schließzeiten zu tun haben, für welche die im 1. Kapitel (§ 1 Abschnitt c) abgeleiteten Näherungsformeln auch in diesem Fall (mit Berücksichtigung des Reibungswiderstandes) mit genügender Annäherung angewendet werden dürfen und demzufolge die Kenntnis der genauen Formeln für die Praxis wohl kaum je von Wichtigkeit ist, würde ihre Ableitung lediglich theoretisches Interesse besitzen und treten wir darum hier nicht näher darauf ein.

§ 9. Zweite Phase.

$t \geqq T$

Niveauvariationen im Wasserschloß nach dem Stillstehen der Absperrorgane.

Anschließend an die im vorigen Paragraphen gemachten Betrachtungen sollen nun im folgenden unter Voraussetzung relativ kleiner Schließzeiten ($T < 10$ Sek.) und verhältnismäßig großer Stollenlänge:

$$\left(\frac{H_0}{L_1} \cdot \frac{F_1}{F_2} \sim 0\right)$$

die nach dem vollständigen Abschließen der Absperrorgane im Wasserschloß auftretenden Bewegungsvorgänge untersucht werden.

Da die in diesem Paragraphen abzuleitenden Beziehungen wiederum nur für Zeiten (t) größer als die Schließzeit (T) gültig sind, ist es vorteilhaft, den Nullpunkt der Zeitzählung auf den Anfangspunkt der zweiten Phase zu verlegen und ebenso den Beginn der Niveauerhöhung erst von diesem Punkt an zu zählen (siehe auch 1. Kapitel § 2). In den bezüglichen Schlußformeln muß dann natürlich diese Verschiebung entsprechende Berücksichtigung finden. Im übrigen gelten auch hier die im 1. Kapitel § 2 eingangs angeführten Überlegungen.

Zur Verhütung von Verwechslungen sollen nunmehr die sich auf den neuen Nullpunkt beziehenden Zeiten und Niveauerhöhungen mit t_1 resp. h_1 bezeichnet werden.

Es ist somit:

$$\text{I)} \quad \ldots\ldots\ldots \quad h = h_T + h_1$$

$$\text{II)} \quad \ldots\ldots\ldots \quad t = T + t_1$$

wo h_T die Niveauerhöhung und T die Dauer der ersten Phase bedeutet.

Die Kontinuitätsgleichung lautet nun:

$$\text{III)} \quad \ldots\ldots\ldots \quad F_1 \cdot c_1 = F_2 \cdot c_2$$

und die Beschleunigungsgleichung erhält die Form:

$$\text{IV)} \quad . \quad \frac{L_1}{g} \cdot \frac{dc_1}{dt_1} + \frac{H_0}{g} \cdot \frac{dc_2}{dt_1} = -h_1 - \lambda_1 \cdot c_1 - \lambda_2 \cdot c_2 - h_T.$$

Durch Differentiation der Gleichung III) und nach Ausführung der entsprechenden Substitutionen erhalten wir:

$$\text{V)} \quad . \quad \left(1 + \frac{H_0}{L_1} \cdot \frac{F_1}{F_2}\right) \frac{d^2h_1}{dt_1^2} + \left(\lambda_2 \frac{F_1}{F_2} + \lambda_1\right) \frac{g}{L_1} \cdot \frac{dh_1}{dt_1} + \frac{F_1}{F_2} \cdot \frac{g}{L_1} \cdot h_1 + \frac{F_1}{F_2} \cdot \frac{g}{L_1} h_T = 0$$

welche Gleichung mit der Gleichung VIII) des vorigen Paragraphen große Ähnlichkeit besitzt.

Der Kürze halber sei nun:

$$\frac{L_1}{g} \cdot \left(1 + \frac{H_0}{L_1} \cdot \frac{F_1}{F_2}\right) = a_0\,; \quad \left(\lambda_2 \cdot \frac{F_1}{F_2} + \lambda_1\right) = a_1\,; \quad \frac{F_1}{F_2} = a_2.$$

Damit geht Gleichung V) über in:

$$\text{V')} \quad . \quad . \quad a_0 \frac{d^2h_1}{dt_1^2} + a_1 \frac{dh_1}{dt_1} + a_2 \cdot h_1 + a_2 \cdot h_T = 0.$$

Ein partikuläres Integral dieser Differentialgleichung ist:

$$\alpha) \quad \ldots\ldots\ldots \quad h_p = -h_T.$$

Die reduzierte Gleichung lautet:

$$a_0 \cdot \frac{d^2h_1}{dt_1^2} + a_1 \frac{dh_1}{dt_1} + a_2 \cdot h_1 = 0$$

und indem man:

$$h_1 = e^{\varrho \cdot t_1}; \quad \frac{dh_1}{dt_1} = \varrho \cdot e^{\varrho \cdot t_1}; \quad \frac{d^2h_1}{dt_1^2} = \varrho^2 \cdot e^{\varrho \cdot t_1}$$

setzt, ergibt sich die charakteristische Gleichung:

$$a_0 \cdot \varrho^2 + a_1 \varrho + a_2 = 0$$

woraus dann:

$$\text{VI)} \quad \ldots\ldots \quad \varrho = \frac{-a_1 \pm \sqrt{a_1^2 - 4 \cdot a_0 \cdot a_2}}{2 \cdot a_0}.$$

Es sind nun drei Fälle zu unterscheiden, je nachdem der Wert der Diskriminante im obigen Ausdruck $\gtreqless 0$ ist.

1. Fall:

Die Diskriminante ist positiv, d. h.:

$$a_1^2 - 4 \cdot a_0 \cdot a_2 > 0.$$

Die Wurzeln ρ_1 und ρ_2 der quadratischen Gleichung werden dann reell und voneinander verschieden.

Man hat:

$$\rho_1 = -m + n$$
$$\rho_2 = -m - n$$

wo m und n bekannte Zahlenwerte sind, die sich aus den Koeffizienten der Differentialgleichung V') mit Hilfe der Gleichung VI) ergeben.

Die Lösung der reduzierten Gleichung lautet dann:

$$h_1 = A \cdot e^{\rho_1 \cdot t_1} + B \cdot e^{\rho_2 \cdot t_1}$$

und nach Einführung der Werte für ρ_1 und ρ_2 ergibt sich:

$$h_1 = A \cdot e^{(-m+n)\,t_1} + B \cdot e^{(-m-n)\,t_1}$$

oder:

$$\beta) \quad . \quad . \quad . \quad h_1 = e^{-m \cdot t_1} \cdot (A \cdot e^{n \cdot t_1} + B \cdot e^{-n \cdot t_1}).$$

Das totale Integral erhält dann die Form:

$$h_1 = -h_T + e^{-m \cdot t_1} \cdot (A \cdot e^{+n \cdot t_1} + B \cdot e^{-n \cdot t_1}).$$

Die Bestimmung der Konstanten A und B geschieht auf Grund der Grenzbedingungen, nach welchen für $t_1 = 0$ $h_1 = 0$ und $\frac{dh_1}{dt} = c_{2T}$ ist, wo c_{2T} die Wassergeschwindigkeit im Wasserschloß am Ende der ersten Phase bedeutet.

Man erhält:

$$A = \frac{c_{2T} + (m+n)\,h_T}{2 \cdot n}; \qquad B = \frac{-c_{2T} + (n-m)\,h_T}{2 \cdot n}$$

und nach Einsetzung dieser Werte erhalten wir für das allgemeine Integral den Ausdruck:

$$\text{VII)} \quad h_1 = -h_T + \frac{e^{-m\,t_1}}{2 \cdot n}\left[\left\{c_{2T} + (m+n)\,h_T\right\} e^{n\,t_1} + \left\{-c_{2T} + (n-m)\,h_T\right\} e^{-n\,t_1}\right].$$

Da der Fall $a_1^2 - 4 \cdot a_0 \cdot a_2 > 0$ praktisch höchst selten[1]), man kann fast sagen nie, auftritt, wollen wir von einer weitern Diskussion der Gleichung VII) abstrahieren und direkt auf den

[1]) Damit $a_1^2 - 4 \cdot a_0 \cdot a_2 > 0$ wird, müßte z. B. für $F_1 = F_2$: $L_1 > 10{,}000$ m und $D_1 < 1{,}000$ m sein sowie $c_1 > 10{,}00$ m/sec.

2. Fall:

$$a_1^2 - 4 . a_0 . a_2 = 0$$

übergehen.

Die Wurzeln ρ_1 und ρ_2 der quadratischen Gleichungen fallen dann zusammen und werden reell:

$$\varrho_1 = \varrho_2 = -m$$

woraus sich nach den Regeln der Infinitesimalrechnung als Lösung der reduzierten Gleichung:

$$h_1 = A . e^{-m t_1} + B . t . e^{-m t_1}$$

oder:

$$\beta_2) \quad . \; . \; . \; . \; . \quad \underline{h_1 = e^{-m t_1} . [A + B . t_1]}$$

ergibt.

Damit erhalten wir für das totale Integral den Ausdruck:

$$h_1 = -h_T + e^{-m t_1}\left[A + B . t_1\right].$$

Die Bestimmung der Konstanten A und B geschieht genau auf dieselbe Weise wie früher.

Man erhält:

$$A = h_T; \qquad B = c_{2T} + m . h_T;$$

und nach Einsetzung dieser Werte ergibt sich als allgemeines Integral:

$$\text{VIII)} \quad \underline{h_1 = h_T\left[e^{-m . t_1} - 1\right] + \left[c_{2T} + m . h_T\right] t . e^{-m . t_1}.}$$

Auch in diesem Falle wollen wir von einer weitern Diskussion der Gleichung VIII) absehen, da dieselbe einen ganz speziellen Fall darstellt, der in der Praxis wohl nie vorkommen wird. Wie bereits in der bezüglichen Fußnote bemerkt wurde, waren zur Existenz der Fälle 1 und 2 ganz außergewöhnliche Dimensionen von Stollen und Wasserschloß sowie eine außerordentlich große Geschwindigkeit c_1 notwendig.

Es ist also lediglich der

3. Fall:

$$a_1^2 - 4 . a_0 . a_2 < 0$$

der für die praktischen Berechnungen in Betracht kommen wird.

Ist nun aber die Diskriminante negativ, so werden die Wurzeln der quadratischen Gleichung konjugiert komplex.

Man erhält:

$$\varrho_1 = -m + n . i$$
$$\varrho_2 = -m - n . i$$

wo nun:

$$\text{IX)} \quad . \; . \quad m = \frac{a_1}{2 a_0}; \qquad n = \sqrt{\frac{a_2}{a_0} - \left(\frac{a_1}{2 a_0}\right)^2}$$

Daraus ergibt sich als Lösung der reduzierten Gleichung:

$$h_1 = e^{-m \cdot t_1} \cdot \left[A \cdot e^{i \cdot n \cdot t_1} + B \cdot e^{-i \cdot n \cdot t_1}\right]$$

und indem wir diese Beziehung mit Hilfe der Eulerschen Relationen transformieren, ergibt sich:

$$\beta_3) \quad . \quad \underline{h_1 = \left[C_1 \cdot \cos(n \cdot t_1) + C_2 \cdot \sin(n \cdot t_1)\right] e^{-m \cdot t_1}.}$$

Das totale Integral lautet dann:

$$h_1 = -h_T + \left[C_1 \cdot \cos(n \cdot t_1) + C_2 \cdot \sin(n \cdot t_1)\right] e^{-m \cdot t_1}$$

und die Bestimmung der Konstanten C_1 und C_2 ergibt:

$$C_1 = h_T; \quad C_2 = \frac{c_{2T} + m \cdot h_T}{n}.$$

Durch Einsetzung dieser Werte erhält das allgemeine Integral die Form:

$$\text{X)} \quad \mathbf{h_1 = -h_T + \left[h_T \cdot \cos(n \cdot t_1) + \frac{c_{2T} + m \cdot h_T}{n} \sin(n \cdot t_1)\right] e^{-m \cdot t_1}}.$$

Berücksichtigen wir nun die zu Anfang dieses Paragraphen gemachten Voraussetzungen bezüglich des Nullpunkts der Niveauerhöhungen, so können wir auf Grund der Gleichung I) die Gleichung X) in der Form:

$$\text{X')} \quad \mathbf{h = \left[h_T \cdot \cos(n \cdot t_1) + \frac{c_{2T} + m \cdot h_T}{n} \sin(n \cdot t_1)\right] \cdot e^{-m \cdot t_1}}$$

anschreiben, wo nun h die totale Niveauerhöhung, d. h. die Niveauerhöhung gerechnet vom Anfang der ersten Phase, bedeutet.

Durch die Gleichungen X) und X') ist die Variation der Niveauerhöhungen als Funktion der Zeit dargestellt und wir sehen, daß bei Berücksichtigung der Reibungswiderstände das Gesetz der Niveauvariationen auf gedämpfte Schwingungen führt.

Der Dämpfungsfaktor ist $e^{-m t_1}$, und die Schwingungen selbst werden durch die Klammergröße dargestellt.

Wir schreiten nun zur Diskussion der Gleichung X'), indem wie uns eine Reihe von Aufgaben stellen.

1. Man bestimme die extremen Werte der Niveauvariationen sowie die Zeiten, in welchen sie auftreten.

Durch Differentiation der Gleichung X') und Nullsetzung des Differentialquotienten

$$\left(\frac{dh}{dt} = 0\right)$$

erhält man für die Zeit t_{1max} in welcher das Maximum der Niveauerhöhung stattfindet, die Bestimmungsgleichung:

$$\text{XI)} \quad \mathbf{tg\,(n\,.\,t_{1max})} = \frac{n}{m + \frac{h_T}{C_{2T}}(m^2 + n^2)}\,.$$

Die rechte Seite dieser Gleichung ist vollständig bekannt, denn m und n ergeben sich aus den Beziehungen IX) und h_T sowie auch C_{2T} sind aus den im 1. Kapitel (§ 1 Abschnitt c) abgeleiteten Beziehungen XXXI) und XXXIV) berechenbar:

$$h_T = \frac{Q_0\,.\,T}{2\,.\,F_2}$$

$$c_{2T} = \frac{Q_0}{F_2}\ ^{1)}\,.$$

Wenn wir dann den aus Gleichung XI) berechneten Wert von $n\,.\,t_{1max}$ in die Gleichung X') einsetzen, so erhalten wir den für diesen Zeitpunkt eintretenden maximalen Wert der Niveauerhöhung und wäre damit die unter 1. gestellte Aufgabe vollständig gelöst.

Da die allgemeine Ausführung der betreffenden Substitutionen auf sehr verwickelte und darum unübersichtliche Formeln führt, unterlassen wir es eine allgemeine Formel für h_{max} abzuleiten und empfiehlt es sich, in jedem speziellen Fall einzeln die bezüglichen Ausdrücke zu berechnen und erst zuletzt in Gleichung X') die betreffenden Substitutionen vorzunehmen.

Setzt man in Gleichung XI) für h_T und c_{2T} die betreffenden Werte ein, so ergibt sich:

$$\text{XI')} \quad \mathbf{tg\,(n\,.\,t_{1max})} = \frac{n}{m + \frac{T}{2}\cdot(m^2 + n^2)}\,.^{2)}$$

2. Man bestimme das Gesetz der Geschwindigkeitsänderungen sowie die maximale Geschwindigkeit c_{2max} und die Zeit t_{1max}, in welcher sie auftritt.

---

[1]) Diese Beziehungen gelten für verhältnismäßig kleine Schließzeiten T.

[2]) Bei dieser Beziehung ist jedoch zu beachten, daß sie nur für verhältnismäßig kleine Schließzeiten gültig ist. ($T < 10''$.)

Das Gesetz der Geschwindigkeitsänderung ergibt sich durch Differentiation der Gleichung X′) da ja bekanntlich (weil geradlinige Bewegung) $\frac{dh}{dt} = c_2$ ist.

Man erhält nach einigen Umformungen:

$$\text{XII)} \quad c_2 = \left[c_{2T} \cdot \cos(n\,t_1) - \frac{m \cdot c_{2T} + h_T\,(m^2 + n^2)}{n} \sin(n\,t_1)\right] e^{-m\,t_1}.$$

Durch weitere Differenzierung dieser Gleichung und Nullsetzung von $\frac{d^2h}{dt^2}$ erhalten wir eine Bestimmungsgleichung für die Zeit t_{1max}, in welcher die Geschwindigkeit c_2 ihr Maximum erreicht.

Es ergibt sich:

$$t_{1max} = 0 : c_{2max} = c_{2T} :$$

α) Ableitung von Näherungsformeln, gültig für kleine Schließzeiten ($T < 10''$).

In den meisten praktisch vorkommenden Fällen können nun aber die Formeln X) bis XIII) wesentlich vereinfacht werden; da

1. die Größen m und n sehr klein sind, so daß ihre Quadrate gegenüber den ersten Potenzen vernachlässigt werden dürfen, und
2. die Schließzeit T der Absperrorgane meistens auch so klein ist, daß $m \cdot h_T$ gegenüber c_{2T} vernachlässigt werden darf.

Berücksichtigen wir die im ersten Kapitel erhaltenen Resultate, so können wir in Analogie folgern, daß auch in unserm Fall (d. h. mit Berücksichtigung der Reibungswiderstände) für $T = 0$ die größte Niveauerhöhung eintreten wird.

In den nun folgenden Untersuchungen ist deshalb und auch zwecks Erzielung einfacherer Relationen

$$\underline{T = 0}$$

angenommen worden.

Aus Gleichung XXXI) Kapitel 1) folgt dann:

$$\underline{h_T = 0}$$

und Gleichung X′) geht über in:

$$\text{XIV)} \quad \ldots \quad h = \frac{c_{2T}}{n} \sin(n\,t_1) \cdot e^{-m \cdot t_1}$$

Die zur Bestimmung der Maximumszeit dienende Gleichung XI') erhält die Form:

$$\text{XV)} \quad \ldots\ldots \quad \mathbf{tg\,(n\,.\,t_{1max}) = \frac{n}{m}}$$

die auch direkt aus Gleichung XIV) abgeleitet werden kann.

Setzen wir diesen Wert von $tg\,(n\,.\,t_{1max})$ in die Gleichung XIV) ein, so ergibt sich für die maximale Niveauerhöhung h_{max} die Beziehung:

$$\text{XVI)} \quad . \; . \quad \mathbf{h_{max} = \frac{c_{2T}}{\sqrt{m^2 + n^2}}\, e^{-m\,.\,t_{1max}}} \text{ [1]}$$

und indem wir für m und n sowie für a_1, a_0 und a_2 die betreffenden Werte substituieren, erhalten wir:

$$\text{XVI')} \quad . \quad \mathbf{h_{max} = \frac{Q_0}{\sqrt{F_1\,.\,F_2}} \cdot \sqrt{\frac{L_1}{g}}\,.\,e^{-m\,.\,t_{1\,max}}} \text{ [2]}\,.$$

Diese Formel besitzt große Ähnlichkeit mit der im ersten Kapitel abgeleiteten Beziehung (siehe § 3, Zusammenstellung der wichtigsten Formeln).

Für $h_T = 0$ vereinfacht sich ebenfalls die die Geschwindigkeitsvariation wiedergebende Gleichung XII).

Man erhält:

$$\text{XVII)} \quad c_2 = \left[c_{2T}\,.\cos\,(n\,t_1) - c_{2T} \cdot \frac{m}{n} \sin\,(n\,t_1)\right] e^{-m\,.\,t_1}$$

oder:

$$c_2 = c_{2T} \cdot \left[\cos\,(n\,t_1) - \frac{m}{n} \sin\,(n\,t_1)\right] e^{-m\,.\,t_1}\,.$$

Aus Gleichung XV) ergibt sich für die Zeit t_{1max}, in welcher h_{max} auftritt, die Beziehung:

$$\text{XVIII)} \quad \ldots\ldots \quad t_{1max} = \frac{1}{n} \operatorname{arctg}\left(\frac{n}{m}\right)$$

und da T = 0 ist, erhalten wir nach Gleichung II):

$$t_{1max} = t_{max}\,.$$

---

[1]) Erhalten, indem man

$$\sin\,(n\,t_1) = \frac{tg\,(n\,t_1)}{\sqrt{1 + tg^2\,(n\,.\,t_1)}}$$

setzt.

[2]) In dieser Beziehung ist wiederum $\frac{H_0\,.\,F_1}{L_1\,.\,F_2}$ gegenüber der Einheit vernachlässigt worden.

Vergleichen wir die Beziehung XVI') mit der im ersten Kapitel § 2 abgeleiteten Gleichung XXV), so sehen wir, daß die beiden Formeln sich nur durch den Dämpfungsfaktor $e^{-m \cdot t_{I max}}$ unterscheiden.

Da $m \cdot t_{I max}$ stets > 0 ist, so ist naturgemäß $e^{-m \cdot t_{I max}}$ stets < 1, und wir erhalten das mit der praktischen Anschauung in Übereinstimmung stehende Resultat, daß die effektiv eintretende größte Niveauerhöhung (h_{max}) [zufolge der Reibungswiderstände] kleiner ist als diejenige, welche sich auf Grund der Rechnung [ohne Berücksichtigung der Reibungswiderstände] ergibt.

Zahlenbeispiel.

Zwecks weiterer Erläuterung der vorstehenden allgemeinen Ausführungen sollen nun im folgenden für das im 1. Kapitel § 1 angegebene Zahlenbeispiel die bezüglichen Berechnungen unter Berücksichtigung der Reibungswiderstände ausgeführt werden.

Es war gegeben:

$$F_1 = 7 \text{ m}^2$$
$$L_1 = 7000 \text{ m}$$
$$Q_0 = 14 \text{ m}^3/\text{sec}$$
$$c_0 = 2 \text{ m/sec.}$$

Das Wasserschloß hatte die Daten:

$$F_2 = 63 \text{ m}^2$$
$$H_0 = 15 \text{ m}$$

und die Schließzeit T wurde zu 6 Sekunden angenommen.

Die Konstanten a_0, a_1 und a_2 ergeben sich dann aus den Beziehungen:

$$\underline{a_0} = \frac{L_1}{g}\left(1 + \frac{H_0}{L_1} \cdot \frac{F_1}{F_2}\right) = \frac{7000}{9{,}81}(1 + 0{,}000\,235) = \underline{7{,}14 \text{ Sek.}^2}$$

$$\underline{a_1} = \lambda_2 \cdot \frac{F_1}{F_2} + \lambda_1 = 0{,}000\,017\,70 + 2{,}220 = \underline{2{,}220\,017\,7 \text{ Sek.}}$$

$$\underline{a_2} = \frac{F_1}{F_2} = \frac{7}{63} = \underline{\frac{1}{9}}$$

$$\underline{\lambda_1} = \frac{2}{3} \cdot \xi \cdot L_1 \cdot \frac{u_1}{F_1} \cdot \frac{c_{1max}}{2g} = \frac{2}{3}\, 0{,}003\,115 \cdot 7000 \cdot \frac{10}{7} \cdot \frac{2}{19{,}62}$$
$$= \underline{2{,}2200 \text{ Sek.}}$$

$$\underline{\lambda_2} = \frac{2}{3} \cdot \xi \cdot L_2 \cdot \frac{u_2}{F_2} \cdot \frac{c_{2max}}{2g} = \frac{2}{3}\, 0{,}003\,115 \cdot 15 \cdot \frac{28{,}13 \cdot 2}{63 \cdot 9} \cdot \frac{1}{19{,}62}$$
$$= \underline{0{,}000\,159\,4 \text{ Sek.}}$$

Und mit Hilfe dieser Größen berechnet sich m und n aus:

$$\underline{m} = \frac{a_1}{2\,a_0} = \frac{2{,}2200}{2 \,.\, 714} = \frac{2{,}2200}{1428} = \frac{1}{642} = \underline{0{,}001\,56 \text{ Sek.}}$$

$$\underline{n} = \sqrt{\frac{a_2}{a_0} - \left(\frac{a_1}{2\,a_0}\right)^2} = \sqrt{\frac{1}{9 \,.\, 714} - \left(\frac{1}{642}\right)^2} = \frac{1}{80{,}65} = \underline{0{,}0124 \text{ Sek.}}$$

Damit sind alle Größen bekannt welche bei der Berechnung der maximalen Niveauerhöhung eine Rolle spielen.

Aus Gleichung XI') folgt:

$$\underline{\operatorname{tg}(n \,.\, t_{1\,max})} = \frac{n}{m + \frac{T}{2}(m^2 + n^2)} = \frac{0{,}0124}{0{,}001\,56 + \frac{3}{9 \,.\, 714}} = \underline{6{,}130}$$

Dann ist:

$$\underline{\cos(n\, t_{1\,max})} = \frac{1}{\sqrt{1 + 6{,}13^2}} = \underline{0{,}1610}$$

$$\underline{\sin(n \,.\, t_{1\,max})} = \frac{6{,}130}{\sqrt{1 + 6{,}13^2}} = \underline{0{,}985}$$

und aus Gleichung X') folgt schließlich für h_{max}:

$$h_{max} = \left[0{,}666 \,.\, 0{,}1\,610 + \frac{0{,}222 + \frac{0{,}666}{642}}{0{,}0\,124}\, 0{,}985\right] . \, e^{-m \,.\, t_{1\,max}}$$

$$\mathbf{h_{max} = 17{,}80 \,.\, e^{-m \,.\, t_{1\,max}}}\,.$$

Berechnet man nun noch den Wert von $t_{1\,max}$ aus:

$$\operatorname{tg}(n \,.\, t_{1\,max}) = 6{,}130$$

so ergibt sich:

$$\underline{t_{1\,max} = 113{,}5 \text{ Sek.}}\ ^{1)}$$

und:

$$m \,.\, t_{1\,max} = 0{,}1768$$

daraus:

$$e^{-m\, t_{1\,max}} = \frac{1}{1{,}193\,44} = 0{,}838.$$

---

[1]) Die Zeit t_{max} ist dann nach Gleichung II) zu berechnen.

$$t_{max} = T + t_{1\,max} = 6 + 113{,}5 = 119{,}5 \text{ Sek.}$$

$$\underline{t_{max} = 119{,}5 \text{ Sek.}}$$

Damit ergibt sich als Endresultat:

$$h_{max} = 17{,}80 \,.\, 0{,}838 = 14{,}92$$

$$\mathbf{h_{max} = 14{,}92 \text{ m.}}$$

Ohne Dämpfung, d. h. ohne Berücksichtigung des Reibungswiderstandes, würde sich:

$$h_{max} = 17{,}80 \text{ m}$$

ergeben.

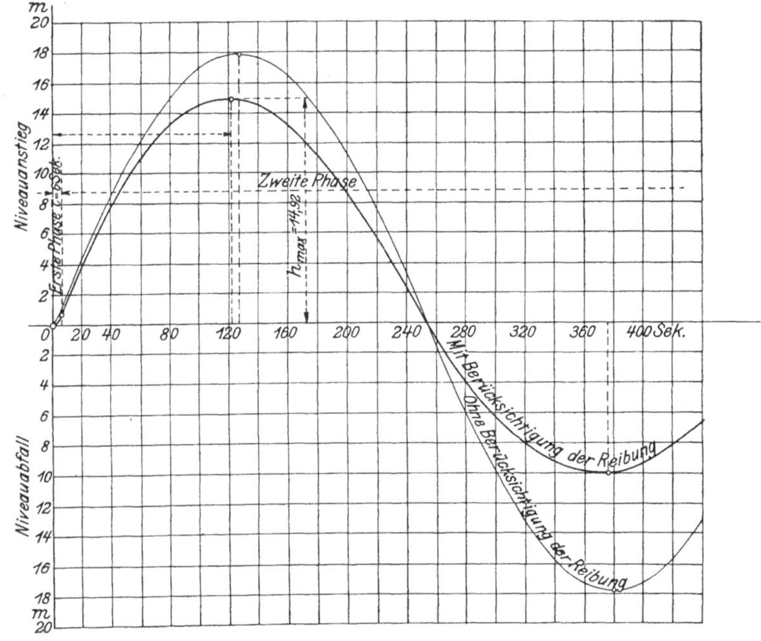

Fig. 26.

Zwecks Ausführung eines Vergleiches wollen wir nun noch die maximale Niveauerhöhung auf Grund der Gleichung XVI') berechnen.

Es ist:

$$h_{max} = \frac{Q_0}{\sqrt{F_1 \,.\, F_2}} \cdot \sqrt{\frac{L_1}{g}}\; e^{-m \,.\, t_{1max}}$$

$$= \frac{14}{\sqrt{7 \,.\, 63}} \cdot \sqrt{\frac{7000}{9{,}81}}\; e^{-m \,.\, t_{1max}}$$

$$h_{max} = 17{,}85\, e^{- \,.\, t_{1max}}$$

wo nunmehr t_{1max} aus der Beziehung XV) zu berechnen ist.

$$tg\,(n\,t_{1max}) = \frac{n}{m} = \frac{642}{80{,}65} = 7{,}95.$$

Somit:

$$t_{1\,max} = 116{,}5 \text{ Sek.}$$

und daraus schließlich:

$$e^{-m\,t_{1\,max}} = \frac{1}{1{,}1981} = 0{,}835.$$

Für h_{max} ergibt sich dann:

$$h_{max} = 17{,}82 \,.\, 0{,}835$$

$$h_{max} = 14{,}92 \text{ m}$$ [1])

d. h. genau gleich viel wie früher.

β) Ableitung von genauern Formeln, gültig für größere Schließzeiten.

Wie bereits früher bemerkt wurde, gelten die in diesem Paragraphen abgeleiteten Beziehungen nur, solange die totale Schließzeit der Absperrorgane relativ klein bleibt ($T < 10$ Sek.); da in der allgemeinen Gleichung X') die Größen h_T und c_{2T} mit Hilfe der im 1. Kapitel (§ 1 Abschnitt c) abgeleiteten Annäherungsformeln berechnet wurden.

Im folgenden soll nun für den Fall größerer Schließzeiten ($T > 10$ Sek.) das Gesetz der Niveauvariationen aufgestellt werden.

Wir gehen aus von der allgemeinen Gleichung X'):

$$h = \left[h_T \,.\, \cos(n\,t_1) + \frac{c_{2T} + m\,h_T}{n} \sin(n\,t_1)\right] . \, e^{-m\,.\,t_1}.$$

Nun ist nach Gleichung IX) (1. Kap. § 1)[2]):

$$h_T = 2\frac{Q_0 \,.\, L_1}{g\,.\,T\,.\,F_1} \,.\, \sin^2\left(\sqrt{\frac{g\,.\,F_1}{L_1\,.\,F_2 + H_0\,.\,F_1}} \cdot \frac{T}{2}\right)$$

und nach Gleichung XII'):

$$c_{2T} = 2\frac{Q_0 \,.\, L_1}{g\,.\,T\,.\,F_1} \cdot \sqrt{\frac{g\,.\,F_1}{L_1\,.\,F_2 + H_0\,.\,F_1}} \sin\left(\sqrt{\frac{g\,.\,F_1}{L_1\,.\,F_2 + H_0\,.\,F_1}}\,\frac{T}{2}\right) \cos\left(\sqrt{\frac{g\,.\,F_1}{L_1\,.\,F_2 + H_0\,.\,F_1}}\,\frac{T}{2}\right).$$

---

[1]) In Figur 26 sind die Niveauvariationen als Funktion der Zeit dargestellt.

[2]) Diese Beziehungen sind für reibungsfreie Strömung abgeleitet worden und sollen nun als Näherungsformeln benutzt werden.

Es war ferner nach Gleichung IX) dieses Paragraphen:

$$m = \frac{a_1}{2\,a_0} \qquad n = \sqrt{\frac{a_2}{a_0} - \left(\frac{a_1}{2\,a_0}\right)^2}.$$

Nun kann aber in dem Ausdruck für n mit guter Annäherung (siehe auch Zahlenbeispiel):

$$\left(\frac{a_1}{2\,a_0}\right)^2$$

gegenüber $\frac{a_2}{a_0}$ vernachlässigt werden, so daß man erhält:

$$n = \sqrt{\frac{a_2}{a_0}}$$

wo:

$$a_2 = \frac{F_1}{F_2}$$

$$a_0 = \frac{L_1}{g}\left(1 + \frac{H_0}{L_1} \cdot \frac{F_1}{F_2}\right)$$

und durch Einsetzen:

$$n = \sqrt{\frac{g \,.\, F_1}{L_1 \,.\, F_2 + H_0 \,.\, F_1}}.$$

Der Kürze halber sei nun:

a) . . . . $\sqrt{\frac{g \,.\, F_1}{L_1 \,.\, F_2 + H_0 \,.\, F_1}} \,.\, T = \alpha$ (bekannt)

b) . . . . $\sqrt{\frac{g \,.\, F_1}{L_1 \,.\, F_2 + H_0 \,.\, F_1}} \,.\, t_1 = x$ (variabel).

Dann kann Gleichung X') in der Form:

$$h = 2\,\frac{Q_0 \,.\, L_1}{g \,.\, T \,.\, F_1}\left[\frac{\alpha}{T}\sin^2\frac{\alpha}{2}\cos x + \left(\frac{\alpha}{T}\sin\frac{\alpha}{2}\cos\frac{\alpha}{2} + m\sin^2\frac{\alpha}{2}\right)\sin x\right] \,.\, e^{-m \,.\, t_1} \,.\, \frac{T}{\alpha}$$

geschrieben werden, woraus sich nach einigen Umformungen:

$$\text{XIX)} \quad h = 2\,\frac{Q_0 \,.\, L_1}{g \,.\, T \,.\, F_1}\sin\frac{\alpha}{2}\left[\sin\left(\frac{\alpha}{2} + x\right) + \left(\frac{m \,.\, T}{\alpha}\sin\frac{\alpha}{2}\right)\sin x\right] e^{-m \,.\, t_1}$$

ergibt.

Setzt man nun für α, x und m die bezüglichen Werte ein, so erhält man:

$$\text{XIX}') \; \mathbf{h} = 2 \frac{Q_0 \cdot L_1}{g \cdot T \cdot F_1} \sin\left(\sqrt{\frac{g \cdot F_1}{L_1 \cdot F_2}} \cdot \frac{T}{2}\right) \left[\sin\left\{\sqrt{\frac{g \cdot F_1}{L_1 \cdot F_2}} \cdot \left(\frac{T}{2} + t_1\right)\right\} + \frac{\lambda_1}{2} \sqrt{\frac{g \cdot F_2}{L_1 \cdot F_1}} \sin\left(\sqrt{\frac{g \cdot F_1}{L_1 \cdot F_2}} \frac{T}{2}\right) \sin\left(\sqrt{\frac{g \cdot F_1}{L_1 \cdot F_2}} \, t_1\right)\right] \cdot e^{-m t_1}.$$

In dieser Gleichung ist:

$$\frac{H_0}{L_1} \cdot \frac{F_1}{F_2}$$

gegenüber der Einheit, und $\lambda_2 \frac{F_1}{F_2}$ gegenüber λ_1, vernachlässigt worden. (Siehe Zahlenbeispiel).

Nach Gleichung II) kann nun auch die Zeit t_1 durch $t - T$ ersetzt werden, so daß Niveauerhöhung und Zeitzählung auf den gleichen Nullpunkt gebracht werden können.

Es ergibt sich:

$$\text{XX}) \quad h = 2 \frac{Q_0 \cdot L_1}{g \cdot T \cdot F_1} \sin\left(\sqrt{\frac{g \cdot F_1}{L_1 \cdot F_2}} \cdot \frac{T}{2}\right) \left[\sin\left\{\sqrt{\frac{g \cdot F_1}{L_1 \cdot F_2}} \left(t - \frac{T}{2}\right)\right\} + \frac{\lambda_1}{2} \sqrt{\frac{g \cdot F_2}{L_1 \cdot F_1}} \sin\left(\sqrt{\frac{g \cdot F_1}{L_1 \cdot F_2}} \cdot \frac{T}{2}\right) \sin\left\{\sqrt{\frac{g \cdot F_1}{L_1 \cdot F_2}} (t - T)\right\}\right] e^{-m \cdot (t - T)}$$ [1]).

Wenn man diese Gleichung mit der im 1. Kap. § 2 abgeleiteten Gleichung IX') vergleicht, so erkennt man leicht, daß die beiden Gleichungen große Ähnlichkeit besitzen.

In der Tat geht die oben abgeleitete Beziehung für $\lambda_1 = 0$, d. h. für reibungsfreie Strömung, über in:

$$h = 2 \frac{Q_0 \cdot L_1}{g \cdot T \cdot F_1} \sin\left(\sqrt{\frac{g \cdot F_1}{L_1 \cdot F_2}} \cdot \frac{T}{2}\right) \sin\left\{\sqrt{\frac{g \cdot F_1}{L_1 \cdot F_2}} \left(t - \frac{T}{2}\right)\right\}$$

welche Beziehung mit der in § 2 Kap. 1 abgeleiteten identisch wird, sofern man:

$$\frac{H_0}{L_1} \cdot \frac{F_1}{F_2}$$

vernachlässigt.

[1]) Da die Amplitude:

$$\frac{\lambda_1}{2} \sqrt{\frac{g \cdot F_2}{L_1 \cdot F_1}} \sin\left(\sqrt{\frac{g \cdot F_1}{L_1 \cdot F_2}} \frac{T}{2}\right)$$

der zweiten Sinusschwingung meistens sehr klein ist, beeinflußt diese Schwingung die erste nicht wesentlich, so daß man mit guter Annäherung die Niveauerhöhung als Funktion der ersten Schwingung betrachten kann.

Es soll an dieser Stelle nochmals ausdrücklich bemerkt werden, daß die in diesem Paragraphen abgeleiteten Formeln nur für die Zeiten $t_1 > 0$, d. h. $t < T$, gelten, da für kleinere Zeiten die Kontinuitätsgleichung III) nicht mehr erfüllt ist.

Die Niveauerhöhung wird ein Maximum, wenn:

$$\mathrm{tg}\,(n \, . \, t_1) = \frac{n}{m + \frac{h_T}{c_{2T}}\,(m^2 + n^2)}$$

wie bereits früher (Gleichung XI) abgeleitet wurde. Setzt man nun für h_T, c_{2T}, m und n die bezüglichen Werte ein, so ergibt sich nach einigen Umformungen:

$$\text{XXI)}^{1)} \quad \mathbf{tg}\,(n \, . \, t_{1max}) = \frac{n}{m + \sqrt{\frac{F_1 \, . \, g}{F_2 \, . \, L_1}} \, . \, \mathrm{tg}\left(\sqrt{\frac{F_1 \, . \, g}{F_2 \, . \, L_1}} \, \frac{T}{2}\right)} \, .$$

Aus dieser Beziehung wird dann mit Hilfe der bekannten Werte von m und n die Zeit t_{1max} berechnet.

Durch Differentiation der Gleichung XIX') oder XX) erhalten wir das Gesetz der Geschwindigkeitsänderungen sowie eine weitere Reihe interessanter Probleme, auf die jedoch hier nicht weiter eingegangen werden soll.

§ 10. Niveauvariationen im Wasserschloß bei teilweisem Schließen der Absperrorgane. ($Q = \beta \, . \, Q_0$.)

Wird durch die Absperrorgane in der Zeit T nur ein Teil β der vorher durch den Stollen fließenden Wassermenge Q_0 abgesperrt, so hat man, wie bereits im 1. Kap. § 5 nachgewiesen wurde, in den im vorigen Paragraphen abgeleiteten Beziehungen einfach an Stelle von Q_0, $\beta \, . \, Q_0$ bzw. $(1-\beta)\, Q_0$ zu setzen.

Die in dieser Weise abgeänderten Formeln des § 9 gelten dann mit einigen Modifikationen auch für teilweises Schließen, wie kurz gezeigt werden soll.

---

[1]) Man kann dann für n wieder mit guter Annäherung:

$$\sqrt{\frac{g \, . \, F_1}{L_1 \, . \, F_2}}$$

setzen, wie bereits früher nachgewiesen wurde.

Für die *erste Phase* hat man:

$$Q = Q_0\left(1 - \beta \cdot \frac{t}{T}\right)$$

$$F_1 \cdot c_1 = F_2 \cdot c_2 + Q_0\left(1 - \beta \cdot \frac{t}{T}\right)$$

$$\frac{dc_1}{dt} = \frac{F_2}{F_1} \cdot \frac{d^2h}{dt^2} - \frac{\beta \cdot Q_0}{F_1 \cdot T}.$$

Die Beschleunigungsgleichung lautet:

$$\frac{L_1}{g} \cdot \frac{dc_1}{dt} + \frac{H_0}{g} \cdot \frac{d^2h}{dt^2} = -h - \lambda_1 \cdot c_1 - \lambda_2 \cdot c_2$$

und wenn man für $\frac{dc_1}{dt}$ den oben berechneten Wert einsetzt, erhält man nach einigen Umformungen:

$$\left(1 + \frac{H_0 \cdot F_1}{L_1 \cdot F_2}\right)\frac{d^2h}{dt^2} + \frac{g}{L_1}\left(\lambda_1 + \lambda_2 \frac{F_1}{F_2}\right)\frac{dh}{dt} + \frac{g \cdot F_1}{L_1 \cdot F_2} h =$$

$$= \frac{\lambda_1 \cdot g \cdot \beta \cdot Q_0}{L_1 \cdot F_2 \cdot T} t + \frac{\beta \cdot Q_0}{F_2 \cdot T} - \frac{\lambda_1 \cdot g \cdot Q_0}{L_1 \cdot F_2}.$$

Der Kürze halber sei:

$$1 + \frac{H_0 \cdot F_1}{L_1 \cdot F_2} \equiv K_1$$

$$\frac{g}{L_1}\left(\lambda_1 + \lambda_2 \frac{F_1}{F_2}\right) \equiv K_2$$

$$\frac{g \cdot F_1}{L_1 \cdot F_2} \equiv K_3$$

$$\frac{\lambda_1 \cdot g \cdot \beta \cdot Q_0}{L_1 \cdot F_2 \cdot T} \equiv K_4$$

$$\frac{\beta \cdot Q_0}{F_2 \cdot T} - \frac{\lambda_1 \cdot g \cdot Q_0}{L_1 \cdot F_2} \equiv K_5\,.$$

Damit ergibt sich:

$$K_1 \cdot \frac{d^2h}{dt^2} + K_2 \cdot \frac{dh}{dt} + K_3 h = K_4 \cdot t + K_5.$$

Diese Differentialgleichung besitzt nun genau dieselbe Form wie die in der Fußnote des § 8 abgeleitete Differentialgleichung.

Das allgemeine Integral der obigen Differentialgleichung ist somit gegeben durch:

$$h = \frac{K_4}{K_3} t + \frac{K_3 . K_5 - K_2 . K_4}{K_3^2} + A . e^{\rho_1 . t} + B . e^{\rho_2 . t}$$

wo:

$$\rho_1 = \frac{- K_2 + \sqrt{K_2^2 - 4 K_1 . K_3}}{2 . K_1}$$

$$\rho_2 = \frac{- K_2 - \sqrt{K_2^2 - 4 K_1 . K_3}}{2 . K_1} .$$

Für:

$$K_2 > 2 \sqrt{K_1 . K_3}$$

tritt eine aperiodische Schwingung ein, und ist umgekehrt:

$$K_2 < 2 \sqrt{K_1 . K_3}$$

so ergibt sich eine periodische gedämpfte Schwingung.

Für die *zweite Phase* hat man:

$$F_1 . c_1 = F_2 . \frac{dh}{dt} + (1 - \beta) Q_0$$

$$\frac{dc_1}{dt} = \frac{F_2}{F_1} . \frac{d^2h}{dt^2} .$$

Die Beschleunigungsgleichung lautet:

$$\frac{L_1}{g} . \frac{dc_1}{dt} + \frac{H_0}{g} . \frac{d^2h}{dt^2} = - h - h_T - \lambda_1 . c_1 - \lambda_2 . c_2$$

und indem man für $\frac{dc_1}{dt}$ den oben berechneten Wert einsetzt, erhält man nach einigen Umformungen:

$$\left(1 + \frac{H_0 . F_1}{L_1 . F_2}\right) \frac{d^2h}{dt^2} + \frac{g}{L_1} \left(\lambda_1 + \lambda_2 \frac{F_1}{F_2}\right) \frac{dh}{dt} + \frac{g . F_1}{L_1 . F_2} h +$$

$$+ \frac{g . F_1}{L_1 . F_2} h_T + \lambda_1 . \frac{g (1-\beta) Q_0}{F_2 . L_1} = 0 .$$

Ein partikuläres Integral dieser Differentialgleichung ist:

$$h_P = - h_T - \lambda_1 \frac{(1 - \beta) Q_0}{F_1} .$$

Die Auflösung der reduzierten Gleichung ergibt:

$$\underline{h_r = A \cdot e^{\rho_1 \cdot t} + B \cdot e^{\rho_2 \cdot t}}$$

wo:

$$\rho_1 = \frac{-\left(\lambda_1 + \lambda_2 \frac{F_1}{F_2}\right) + \sqrt{\left(\lambda_1 + \lambda_2 \frac{F_1}{F_2}\right)^2 - 4 \frac{F_1}{F_2} \cdot \frac{L_1}{g} \left(1 + \frac{H_0 \cdot F_1}{L_1 \cdot F_2}\right)}}{2 \frac{L_1}{g} \left(1 + \frac{H_0 \cdot F_1}{L_1 \cdot F_2}\right)}$$

$$\rho_2 = \frac{-\left(\lambda_1 + \lambda_2 \frac{F_1}{F_2}\right) - \sqrt{\left(\lambda_1 + \lambda_2 \frac{F_1}{F_2}\right)^2 - 4 \frac{F_1}{F_2} \cdot \frac{L_1}{g} \left(1 + \frac{H_0 \cdot F_1}{L_1 \cdot F_2}\right)}}{2 \frac{L_1}{g} \left(1 + \frac{H_0 \cdot F_1}{L_1 \cdot F_2}\right)}.$$

Das totale Integral lautet dann:

$$\underline{h = -h_T - \lambda_1 \frac{(1-\beta) Q_0}{F_1} + A \cdot e^{\rho_1 \cdot t} + B \cdot e^{\rho_2 \cdot t}}$$

wo die Konstanten auf Grund der Grenzbedingungen zu bestimmen sind.

Ist nun:

$$\lambda_1 + \lambda_2 \frac{F_1}{F_2} > 2 \sqrt{\frac{F_1 \cdot L_1}{F_2 \cdot g} \left(1 + \frac{H_0 \cdot F_1}{L_1 \cdot Q_2}\right)}$$

so erhält man eine aperiodische Schwingung, und ist umgekehrt:

$$\lambda_1 + \lambda_2 \frac{F_1}{F_2} < 2 \sqrt{\frac{F_1 \cdot L_1}{F_2 \cdot g} \left(1 + \frac{H_0 \cdot F_1}{L_1 \cdot F_2}\right)}$$

so ergibt sich eine periodische gedämpfte Schwingung. Dieser letztere Fall ist, wie bereits früher bemerkt wurde, derjenige, welcher praktisch am meisten vorkommt.

§ 11. Niveauvariationen bei vollständigem Öffnen der Absperrorgane.

Es soll nun untersucht werden, welches das Gesetz der Niveauänderungen ist, wenn die Absperrorgane von geschlossener Stellung in der Zeit T vollständig geöffnet werden.

Zur Zeit $t = 0$ ist dann die durch den Stollen fließende Wassermenge $= 0$, und zur Zeit $t = T$ sei sie gleich Q_0.

Es sind auch hier wiederum zwei Phasen der Bewegung zu unterscheiden.

1. Phase:

$$0 \leqq t \leqq T$$

Niveauvariationen im Wasserschloß während der Bewegung der Absperrorgane.

Es sei auch hier vorausgesetzt, daß die den Turbinen zufließende Wassermenge eine lineare Funktion der Zeit sei.

$$\text{I)} \quad \ldots\ldots \quad Q = Q_0 \cdot \frac{t}{T} \,.^{1)}$$

Die Kontinuitätsgleichung erhält dann die Form:

$$\text{II)} \quad \ldots\ldots \quad F_1 \cdot c_1 + F_2 \cdot \frac{dh}{dt} = Q.$$

Und die Beschleunigungsgleichung lautet unter Vernachlässigung der sich im Wasserschloß befindenden Wassermasse:

$$\text{III)} \quad \ldots\ldots \quad \frac{L_1}{g} \cdot \frac{dc_1}{dt} = h - \lambda_1 \cdot c_1 \,.$$

Durch Differentiation der Gleichungen I) und II) und Ausführung der entsprechenden Substitutionen erhalten wir nach einigen Umformungen:

$$\text{IV)} \quad \frac{d^2h}{dt^2} + \lambda_1 \cdot \frac{g}{L_1} \cdot \frac{dh}{dt} + \frac{F_1}{F_2} \cdot \frac{g}{L_1} h - \frac{Q_0}{F_2 \cdot T} \cdot \frac{g}{L_1} \left(\lambda_1 \cdot t + \frac{L_1}{g} \right) = 0$$

welche Gleichung große Ähnlichkeit mit der im ersten Paragraphen abgeleiteten Gleichung VIII) besitzt.

Es ist auch hier die Integration der Differentialgleichung IV) mit Schwierigkeiten verknüpft, und es führt die Bildung des allgemeinen Integrals auf sehr verwickelte und darum unübersichtliche Formeln[2]).

Da ferner auch aus den bereits in § 8 erwähnten Gründen die während der ersten Phase auftretende Niveauerhöhung h_T in den meisten praktischen Fällen keine große Rolle spielt, wollen wir auf eine weitere Diskussion der obigen Differentialgleichung verzichten und direkt auf die

[1]) Siehe auch Anhang.

[2]) Siehe auch Fußnote bei § 8.

2. *Phase:*

$$t \geqq T$$

Niveauvariationen im Wasserschloß nach dem Stillstehen der Absperrorgane übergehen.

Die Kontinuitätsgleichung lautet jetzt:

$$\text{I)} \quad \ldots\ldots \quad F_1 \cdot c_1 + F_2 \frac{dh_1}{dt_1} = Q_0 \text{ [1]}$$

und die Beschleunigungsgleichung erhält die Form:

$$\text{II)} \quad \ldots\ldots \quad \frac{L_1}{g} \cdot \frac{dc_1}{dt_1} = h_1 + h_T - \lambda_1 \cdot c_1$$

wo h_T die Niveauerhöhung zur Zeit $t = T$ und h_1 die Niveauerhöhungen, gerechnet vom Anfang der zweiten Phase, bedeutet (siehe auch § 8).

Indem man nun wiederum die Gleichung I) differentiiert und in Gleichung II) die entsprechenden Substitutionen ausführt, kann die Beschleunigungsgleichung auf die Form:

$$\text{III)} \quad \frac{d^2h_1}{dt_1^2} + \lambda_1 \cdot \frac{g}{L_1} \cdot \frac{dh_1}{dt_1} + \frac{g}{L_1} \cdot \frac{F_1}{F_2} h_1 + \frac{g}{L_1} \cdot \frac{F_1}{F_2} h_T - \lambda_1 \cdot \frac{Q_0}{F_2} = 0$$

gebracht werden, die wiederum mit der entsprechenden Gleichung V) des § 9 große Ähnlichkeit besitzt.

Die Integration dieser Differentialgleichung ergibt:

1. als partikuläres Integral:

$$h_{1p} = \frac{\lambda_1 \cdot Q_0}{F_1} - h_T$$

2. als Lösung der reduzierten Gleichung:

$$h_{1r} = \left[C_1 \cdot \cos(n\, t_1) + C_2 \cdot \sin(n\, t_1)\right] e^{-m\, t_1} \text{ [2]}$$

---

[1]) Siehe auch Anhang.

[2]) Die reduzierte Gleichung lautet:

$$\frac{L_1}{g} \cdot \frac{d^2h_1}{dt_1^2} + \lambda_1 \cdot \frac{dh_1}{dt_1} + \frac{F_1}{F_2} h_1 = 0.$$

Setzt man nun:

$$h_1 = e^{\varrho\, t_1}; \quad \frac{dh_1}{dt_1} = \varrho \cdot e^{\varrho\, t_1}; \quad \frac{d^2h_1}{dt_1^2} = \varrho^2\, e^{\varrho\, t_1};$$

wo:

$$\text{V)} \quad m = \frac{\lambda_1 \cdot g}{2 \cdot L_1}$$

und

$$n = \sqrt{\frac{F_1}{F_2} \cdot \frac{g}{L_1} - \left(\frac{\lambda_1 \cdot g}{2 L_1}\right)^2}.$$

Die Ableitung dieser Beziehungen geschieht in genau der gleichen Weise, wie dies bereits in § 9 ausgeführt wurde.

Das totale Integral lautet somit:

$$\text{VI)} \quad h_1 = \frac{\lambda_1 \cdot Q_0}{F_1} - h_T + \left[C_1 \cdot \cos(n\,t_1) + C_2 \cdot \sin(n\,t_1)\right] e^{-m\,t_1}.$$

Die Bestimmung der Konstanten C_1 und C_2 geschieht wiederum auf Grund der Grenzbedingungen, nach welchen für:

$$t_1 = 0: \; h_1 = 0 \text{ und } \frac{dh_1}{dt_1} = c_{2T}$$

sein muß.

Wir erhalten:

$$C_1 = h_T - \frac{\lambda_1 \cdot Q_0}{L_1}; \qquad C_2 = \frac{c_{2T} + m\left(h_T - \frac{\lambda_1 \cdot Q_0}{F_1}\right)}{n}$$

und nach Einsetzen dieser Werte ergibt sich:

$$\text{VII)} \quad h_1 = \frac{\lambda_1 \cdot Q_0}{F_1} - h_T + \left[\left(h_T - \frac{\lambda_1 \cdot Q_0}{F_1}\right) \cos(n\,t_1) + \frac{c_{2T} + m\left(h_T - \frac{\lambda_1 \cdot Q_0}{F_1}\right)}{n} \sin(n\,t_1)\right] \cdot e^{-m \cdot t_1}.$$

Setzt man nun wieder entsprechend den Gleichungen I) und II) des § 9 für $h_1 + h_T = h$ und für $t_1 + T = t$, so erhält man:

---

so ergibt sich die charakteristische Gleichung:

$$\frac{L_1}{g} \varrho^2 + \lambda_1 \varrho + \frac{F_1}{F_2} = 0$$

und daraus:

$$\varrho = -\frac{\lambda_1 \cdot g}{2 L_1} \pm \sqrt{\left(\frac{\lambda_1 \cdot g}{2 L_1}\right)^2 - \frac{F_1}{F_2} \cdot \frac{g}{L_1}}$$

usf.

$$\text{VII}')\quad h = \frac{\lambda_1 \cdot Q_0}{F_1} + \left[\left(h_T - \frac{\lambda_1 \cdot Q_0}{F_1}\right)\cos\left(n\left\{t-T\right\}\right)\right.$$

$$\left. + \frac{c_{2T} + m\left(h_T - \frac{\lambda_1 \cdot Q_0}{F_1}\right)}{n}\sin\left(n\left\{t-T\right\}\right)\right] \cdot e^{-m(t-T)}.$$

Diese Gleichung, welche nur für Zeiten $t \geqq T$ gültig ist, stellt uns wiederum eine gedämpfte Schwingung dar. Wir erhalten in dem speziellen Falle, wo:

$$h_T = \frac{\lambda_1 \cdot Q_0}{F_1} = h_{c_1} \quad \text{(siehe § 8)}$$

ist, aus Gleichung VII) die Beziehung:

$$\text{VIII)} \quad \ldots \quad h_1 = \frac{c_{2T}}{n}\sin(n \cdot t_1) \cdot e^{-m \cdot t_1}$$

d. i. eine reine Sinusschwingung mit abnehmender Amplitude.

Aus Gleichung VII) ergibt sich auch nach einigen Umformungen:

$$\text{IX)}\quad h = \left[h_T \cdot \cos(n\,t_1) + \frac{c_{2T} + m \cdot h_T}{n}\sin(n\,t_1)\right] \cdot e^{-m \cdot t_1}$$

$$+ \frac{\lambda_1 \cdot Q_0}{F_1}\left[1 - \left\{\cos(n\,t_1) + \frac{m}{n}\sin(n\,t_1)\right.\right] \cdot e^{-m \cdot t_1}.$$

Vergleicht man diese Gleichung mit der Beziehung X') des § 9, so ist ersichtlich, daß der erste Ausdruck auf der rechten Seite der obigen Gleichung genau mit der rechten Seite der Gleichung X') übereinstimmt.

Es kann nun leicht nachgewiesen werden, daß der zweite Ausdruck auf der rechten Seite der Gleichung IX) in allen praktisch vorkommenden Fällen positiv ist und erhellt daraus, daß unter Voraussetzung gleicher Schließ- bzw. Öffnungszeiten (T) bei ein und demselben Stollen der Druckabfall stets größer als der Druckanstieg wird.

Durch Differentiation der Gleichung VII) ergibt sich für die Zeit t_{max}, in welcher der maximale Druckabfall auftritt, die Bestimmungsgleichung:

$$\text{X)} \quad . \; . \quad \operatorname{tg}\left(n \cdot t_{1\,max}\right) = \frac{n}{m + \dfrac{h_T - \dfrac{\lambda_1 \cdot Q_0}{F_1}}{c_{2T}}(m^2 + n^2)}.$$

Diese Beziehung besitzt wiederum große Ähnlichkeit mit der Gleichung XI) des § 9.

Setzt man für m und n aus Gleichung V) die betreffenden Substitutionswerte, so ergibt sich:

$$\text{X}') \quad . \quad . \quad \operatorname{tg}\left(n \cdot t_{1\max}\right) = \frac{n}{m + \dfrac{h_T - \dfrac{Q_0 \cdot \lambda_1}{F_1}}{c_{2T}} \cdot \dfrac{F_1 \cdot g}{F_2 \cdot L_1}}.$$

Das Gesetz der Geschwindigkeitsänderungen wird durch Differentiation der Gleichung VII) erhalten und man bekommt in Analogie zur Gleichung XII) § 9:

$$\text{XI}) \quad . \; c_2 = \left[c_{2T} \cdot \cos(n\, t_1) - \frac{m \cdot c_{2T} + (m^2 + n^2)\left(h_T - \dfrac{\lambda_1 \cdot Q_0}{F_1}\right)}{n} \sin(n\, t_1)\right] \cdot e^{-m\, t_1}.$$

α) Ableitung von Näherungsformeln.

Für kleine Öffnungszeiten ($T < 10$ Sek.) kann wiederum mit guter Annäherung für:

$$h_T = \frac{Q_0 \cdot T}{2 \cdot F_2}$$

und für:

$$c_{2T} = \frac{Q_0}{F_2}$$

gesetzt werden.

Damit ergibt sich aus Gleichung X'):

$$\text{XII}) \quad . \quad . \quad \operatorname{tg}\left(n \cdot t_{1\max}\right) = \frac{n}{m + \left(\dfrac{T}{2} - \lambda_1 \cdot \dfrac{F_2}{F_1}\right)\dfrac{F_1 \cdot g}{F_2 \cdot L_1}}$$

oder, indem man für m und n die bezüglichen Werte einführt und in dem Ausdruck für n:

$$\left(\frac{\lambda_1 \cdot g}{2 \cdot L_1}\right)^2$$

gegenüber:

$$\frac{F_1}{F_2} \cdot \frac{g}{L_1}$$

vernachlässigt, erhält man:

$$\text{XII}') \quad . \quad . \quad . \quad \operatorname{tg}\left(n \cdot t_{1\max}\right) = \frac{2 \cdot \sqrt{\dfrac{F_1 \cdot L_1}{F_2 \cdot g}}}{T \cdot \dfrac{F_1}{F_2} - \lambda_1}.$$

Wenn:

$$T = \lambda_1 \cdot \frac{F_2}{F_1}$$

so folgt der Spezialfall:

$$t_{1max} = \frac{\pi}{2} \cdot \sqrt{\frac{L_1 \cdot F_2}{g \cdot F_1}}.$$

Je nachdem also:

$$T \gtreqless \lambda_1 \cdot \frac{F_2}{F_1}$$

ist, liegt der Winkel ($n\, t_{1max}$) im ersten oder zweiten Quadranten, und richtet sich darnach das Vorzeichen der Winkelfunktionen.

Setzt man in Gleichung IX) an Stelle von $\frac{m}{n}$ den Annäherungswert:

$$\frac{\lambda_1}{2}\sqrt{\frac{F_2 \cdot g}{F_1 \cdot L_1}}$$

so folgt:

$$\text{XIII)} \quad h = \left[h_T \cdot \cos(n\, t_1) + \frac{c_{2T} + m \cdot h_T}{n} \sin(n\, t_1)\right] \cdot e^{-m \cdot t_1}$$

$$+ \frac{\lambda_1 \cdot Q_0}{F_1}\left[1 - \left\{\cos(n\, t_1) + \frac{\lambda_1}{2} \cdot \sqrt{\frac{F_2 \cdot g}{F_1 \cdot L_1}} \sin(n\, t_1)\right]\right. \cdot e^{-m\, t_1}.$$

Nimmt man als extremen Fall $T = 0$, d. h. plötzliches Öffnen an, so ergibt sich $t = t_1$; $h = h_1$; $h_T = 0$. Somit:

$$\text{XIV)} \quad \mathbf{tg\,(n\, t_{1max})} = -\frac{2}{\lambda_1} \cdot \sqrt{\frac{F_1 \cdot L_1}{F_2 \cdot g}} \qquad \left(n\, t_{1max} > \frac{\pi}{2}\right)$$

und:

$$\text{XV)} \quad h = \frac{c_{2T}}{n} \sin(n\, t)\, e^{-m\, t}$$

$$+ \frac{\lambda_1 \cdot Q_0}{F_1}\left[1 - \left\{\cos(n\, t) + \frac{m}{n} \sin(n\, t)\right]\right. \cdot e^{-m\, t}.$$

Zur Berechnung des maximalen Druckabfalles kann dann aus diesen Gleichungen die Beziehung:

$$\text{XVI)} \quad \mathbf{h_{max}} = \frac{Q_0}{\sqrt{F_1 \cdot F_2}} \cdot \sqrt{\frac{L_1}{g}}\, e^{-m \cdot t_{1max}} + \frac{\lambda_1 \cdot Q_0}{F_1}\, e^{-m \cdot t_{1max}}\ ^{1)}$$

abgeleitet werden.

---

[1]) Siehe auch Gleichung XVI') § 9.

Diese Gleichung kann auch für kleinere Schließzeiten (siehe das Zahlenbeispiel) mit guter Annäherung zur Berechnung des maximalen Niveauabfalls angewandt werden.

Für T = 0 vereinfacht sich auch die Geschwindigkeitsgleichung XI). Man erhält:

$$\text{XVII)}\quad c_2 = \left[c_{2T}\cdot\cos(n\,t) - \frac{m\,.\,c_{2T} - \frac{\lambda_1\,.\,Q_0}{F_1}(m^2+n^2)}{n}\cdot\sin(n\,t)\right].\,e^{-m\,.\,t}$$

In allen diesen Gleichungen bedeutet $\frac{\lambda_1\,.\,Q_0}{F_1} = \lambda_1\,.\,c_1$ nichts anderes als den Gefällsverlust h_{c_1}, der entsteht wenn die Wassermenge Q_0 (Maximum) durch den Stollen fließt.

Für relativ größere Schließzeiten (T > 10 Sek.) müssen

β) genauere Formeln

für die Berechnungen angewandt werden, deren Ableitung nun noch kurz gezeigt werden soll.

Um zu einem geschlossenen Ausdruck zu gelangen nehmen wir wiederum wie in § 9 an, die Strömung sei während der ersten Phase reibungsfrei, so daß die Größen h_T und c_{2T} durch die im 1. Kapitel § 1 abgeleiteten Beziehungen ausgedrückt werden dürfen.

Es war:

$$h_T = 2\cdot\frac{Q_0\,.\,L_1}{g\,.\,T\,.\,F_1}\cdot\sin^2\left(\sqrt{\frac{g\,.\,F_1}{L_1\,.\,F_2}}\cdot\frac{T}{2}\right)$$

und:

$$c_{2T} = 2\cdot\frac{Q_0\,.\,L_1}{g\,.\,T\,.\,F_1}\cdot\sqrt{\frac{g\,.\,F_1}{L_1\,.\,F_2}}\sin\left(\sqrt{\frac{g\,.\,F_1}{L_1\,.\,F_2}}\cdot\frac{T}{2}\right)\cos\left(\sqrt{\frac{g\,.\,F_1}{L_1\,.\,F_2}}\cdot\frac{T}{2}\right)\ ^{1)}$$

Setzt man nun diese Werte von h_T und c_{2T} in die Gleichung IX) ein, so ergibt sich nach einigen Umformungen:

$$\text{XVIII)}\quad h = 2\frac{Q_0\,.\,L_1}{g\,.\,T\,.\,F_1}\sin\left(\sqrt{\frac{g\,.\,F_1}{L_1\,.\,F_2}}\cdot\frac{T}{2}\right)\left[\sin\left\{\sqrt{\frac{g\,.\,F_1}{L_1\,.\,F_2}}\left(\frac{T}{2}+t_1\right)\right\}+\right.$$

$$\left.+\frac{\lambda_1}{2}\sqrt{\frac{g\,.\,F_2}{L_1\,.\,F_1}}\sin\left(\sqrt{\frac{g\,.\,F_1}{L_1\,.\,F_2}}\cdot\frac{T}{2}\right)\sin\left(\sqrt{\frac{g\,.\,F_1}{L_1\,.\,F_2}}\,t_1\right)\right].\,e^{-m\,t_1}$$

$$+\frac{\lambda_1\,.\,Q_0}{F_1}\left[1-\left\{\cos\left(\sqrt{\frac{g\,.\,F_1}{L_1\,.\,F_2}}\,t_1\right)+\frac{\lambda_1}{2}\sqrt{\frac{g\,.\,F_2}{L_1\,.\,F_1}}\sin\left(\sqrt{\frac{g\,.\,F_1}{L_1\,.\,F_2}}\,t_1\right)\right\}\right]e^{-m\,t_1}\ ^{2)}$$

---

[1]) Unter Vernachlässigung der sich im Wasserschloß befindenden Wassermasse.

[2]) Siehe auch Gleichung XIX') § 9.

wobei in dem Ausdruck für n:

$$\left(\frac{\lambda_1 \cdot g}{2 L_1}\right)^2$$

gegenüber:

$$\frac{F_1}{F_2} \cdot \frac{g}{L_1}$$

vernachlässigt wurde.

Soll die Gleichung auf den Anfangspunkt der Bewegung bezogen werden, so hat man einfach an Stelle von t_1: $t - T$ zu setzen.

Zur Bestimmung des maximalen Druckabfalls kann man sich auch hier wiederum der Gleichung X') bedienen, indem man vorerst h_T und c_{2T} auf Grund der im 1. Kapitel abgeleiteten Gleichungen IX) und XII') ermittelt und dann die betreffenden Werte in Gleichung X') substituiert.

Durch Differentiation von Gleichung XVIII) ergibt sich ohne weiteres das Gesetz der Geschwindigkeitsänderungen, da ja bekanntlich $\frac{dh}{dt} = c_2$ ist. Es soll jedoch hier von der Aufstellung einer allgemeinen Formel, die doch nur sekundäre Bedeutung hätte, Umgang genommen werden, da die Ableitung derselben auf äußerst verwickelte und darum unübersichtliche Formeln führt.

§ 12. Niveauvariationen im Wasserschloß bei teilweisem Öffnen der Absperrorgane ($Q = \beta \cdot Q_0$)[1].

Es gilt auch hier wiederum genau dasselbe, was bereits in § 10 gesagt wurde. Es können ohne weiteres die im vorigen Paragraphen abgeleiteten Formeln und Beziehungen auch auf den Fall teilweisen Öffnens angewandt werden, indem man in denselben einfach an Stelle von Q_0: $\beta \cdot Q_0$ bzw. $(1 - \beta)\, Q_0$ zu setzen hat, wo $\beta \cdot Q_0$ die Veränderung der Wassermenge bedeutet und T die Zeit ist, in welcher diese Veränderung stattfindet.

Zahlenbeispiel.

Es soll für das in § 9 angegebene Zahlenbeispiel der maximal eintretende Druckabfall berechnet werden, wenn das totale Öffnen der Druckleitungen in

$$\underline{T = 6 \text{ Sek.}}$$

stattfindet.

Da diese Öffnungszeit relativ klein ist, so dürfen für die Berechnungen die in § 11 sub α) abgeleiteten Näherungsformeln angewandt werden.

[1]) Siehe auch Anhang.

Wir hatten:

$$\underline{\lambda_1 = 2{,}2200 \text{ Sek.}}$$

damit ergibt sich nach Gleichung XII') § 11:

$$\underline{(\operatorname{tg}(n \cdot t_{1max})} = \frac{2\sqrt{\frac{F_1 \cdot L_1}{F_2 \cdot g}}}{T \cdot \frac{F_1}{F_2} - \lambda_1} = \frac{2\sqrt{\frac{7 \cdot 7000}{63 \cdot 9{,}81}}}{6 \cdot \frac{7}{63} - 2{,}22} = \underline{-11{,}50}$$

und es ist:

$$\underline{\sin(n\, t_{1max}) = +0{,}9960}$$

$$\underline{\cos(n\, t_{1max}) = -0{,}0825.}$$

Für die Zeit t_{1max}, in welcher der größte Druckabfall eintritt, erhalten wir:

$$\underline{t_{1max} = 133 \text{ Sek.}}\ ^{1)}$$

Dann ist:

$$h_{max} = \left[\frac{14 \cdot 6}{2 \cdot 63}(-0{,}0825) + \frac{\frac{14}{63} + \frac{2{,}22 \cdot 9{,}81}{2 \cdot 7000} \cdot \frac{14 \cdot 6}{2 \cdot 63}}{\sqrt{\frac{7 \cdot 9{,}81}{63 \cdot 7000}}} 0{,}996\right] e^{-m \cdot t_1}$$

$$+ \frac{2{,}22 \cdot 14}{7}\left[1 + 0{,}0825 - \frac{2{,}22}{2}\sqrt{\frac{63 \cdot 9{,}81}{7 \cdot 7000}} \cdot 0{,}996\right] \cdot e^{-m\, t_1}.$$

Somit:

$$\underline{h_{max} = 22{,}10 \cdot e^{-m \cdot t_{1max}}}$$

und schließlich, wenn man für $t_{1max} = 133$ Sek. setzt, ergibt sich:

$$\mathbf{h_{max} = 18{,}00 \text{ m}}$$

während wir früher für den maximalen Druckanstieg $h_{max} = 14{,}92$ m gefunden haben.

Zwecks Ausführung eines Vergleiches soll nun noch der maximale Druckabfall mit Hilfe der (für $T = 0$ abgeleiteten) Beziehung XVI) berechnet werden.

---

1) Die totale Zeit t_{max} ergibt sich dann aus der Beziehung:

$$t = t_1 + T$$

$$\underline{t_{max} = 133 + 6 = 139 \text{ Sek.}}$$

Es ist nach Gleichung XIV):

$$\operatorname{tg}(n \cdot t_{1\,max}) = -\frac{2}{\lambda_1} \cdot \sqrt{\frac{F_1\,L_1}{F_2\,g}} = -\frac{2}{2{,}22} \cdot \sqrt{\frac{7 \cdot 7000}{63 \cdot 9{,}81}}$$

$$\operatorname{tg}(n \cdot t_{1\,max}) = -8{,}025.$$

Somit:

$$t_{1\,max} = \sim 137 \text{ Sek.}$$

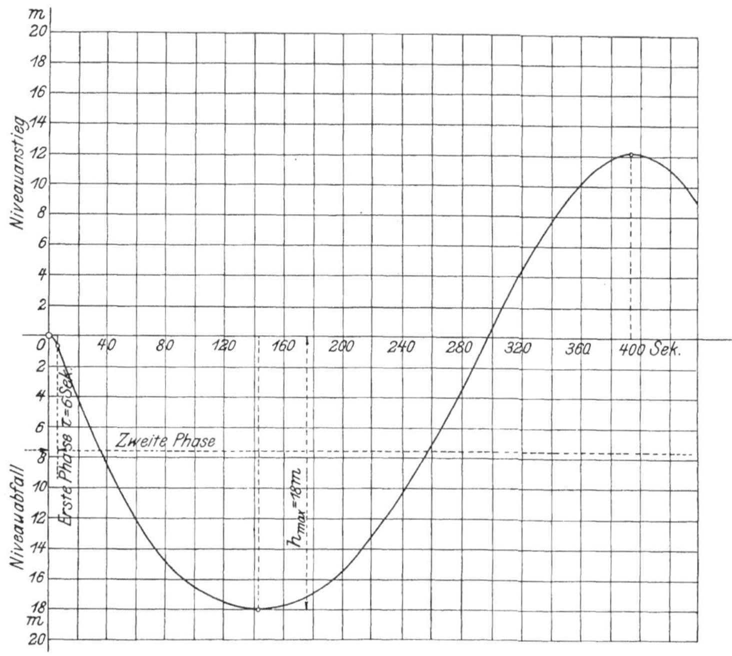

Fig. 27.

Und daraus ergibt sich:

$$e^{-m \cdot t_{1\,max}} = \frac{1}{1{,}2374}.$$

Dann ist nach Gleichung XVI):

$$h_{max} = \left[\frac{Q_0}{\sqrt{F_1 \cdot F_2}} \sqrt{\frac{L_1}{g}} + \frac{\lambda_1 \cdot Q_0}{F_1}\right] \cdot e^{-m \cdot t_{1\,max}}$$

$$= \left[\frac{14}{21}\, 26{,}72 + \frac{2{,}222 \cdot 14}{7}\right] \frac{1}{1{,}2374}$$

$$\mathbf{h_{max} = 18{,}00\ m}\ ^{1)}$$

1) In Fig. 27 sind die Niveauvariationen als Funktion der Zeit dargestellt.

d. h. wir haben genau denselben Wert gefunden wie früher bei $T = 6$ Sekunden.

Aus vorstehendem erhellt, daß für die meisten praktischen Rechnungen [bei $T < 10$ Sekunden] die Näherungsformeln XIV) und XVI) genügen dürften.

§ 13. Zusammenstellung der für die praktischen Berechnungen hauptsächlich in Betracht kommenden Formeln.

Für die während der ersten Phase stattfindenden Niveauänderungen war es zufolge Integrationsschwierigkeiten [siehe Gleichung VIII) § 8) und Gleichung IV) § 11] nicht möglich, ein einfaches Gesetz abzuleiten.

Da nun aber in den meisten praktisch vorkommenden Fällen die Schließ- bzw. Öffnungszeiten (T) verhältnismäßig klein sind, so daß dann das Druckextremum jedenfalls in die zweite Phase fällt, genügt es vollständig, wenn wir die Gesetze der Niveauvariationen während der zweiten Phase kennen.

Zweite Phase:

$$\underline{t > T} \qquad \underline{t_1 = t - T.}$$

a) Das Schließen der Absperrorgane in der Zeit T.

Man berechne vorerst die Größen a_0, a_1, a_2, m und n aus den Beziehungen:

1) $a_0 = \left(1 + \frac{H_0}{L_1} \cdot \frac{F_1}{F_2}\right) \cdot \frac{L_1}{g}$

2) $a_1 = \lambda_1 + \lambda_2 \cdot \frac{F_1}{F_2}$

wo:

$$\lambda_1 = \xi \,.\, L_1 \frac{u_1}{F_1} \cdot \frac{c_{1\,max}}{2\,g}$$

$$\lambda_2 = \xi \,.\, L_2 \frac{u_2}{F_2} \cdot \frac{c_{2\,max}}{2\,g}$$

$$\xi = 0{,}003\,115 \text{ Reibungskoëffizient.}$$

(Näherungswert.)

3) $a_2 = \frac{F_1}{F_2}$

4) $m = \frac{a_1}{2\,a_0}$

5) $n = \sqrt{\frac{a_2}{a_0} - \left(\frac{a_1}{2\,a_0}\right)^2}$.

Dann ist nach Gleichung X') des § 9:

$$6)\quad h = \left[h_T \cdot \cos(n\,t_1) + \frac{c_{2T} + m \cdot h_T}{n} \sin(n \cdot t_1)\right] \cdot e^{-m \cdot t_1}$$

wo c_{2T} und h_T die Geschwindigkeit resp. die Niveauerhöhung am Ende der ersten (Anfang der zweiten) Phase bedeutet.

Die Niveauerhöhung wird ein Maximum für:

$$7)\quad \ldots \operatorname{tg}(n \cdot t_{1\,max}) = \frac{n}{m + \frac{h_T}{c_{2T}}(m^2 + n^2)} \quad \text{[siehe Gl. XI) § 9].}$$

Wir können nun drei Fälle unterscheiden.

1. Fall:

T = 0

dann wird $h_T = 0$ und Gleichung 7) (oben) geht über in:

$$\operatorname{tg}(n \cdot t_{1\,max}) = \frac{n}{m} \quad \text{[Gl. XV) § 9]}$$

wobei sich h_{max} aus:

$$\mathbf{h_{max}} = \frac{Q_0}{\sqrt{F_1 \cdot F_2}} \cdot \sqrt{\frac{L_1}{g}} \cdot e^{-m \cdot t_{1\,max}}$$

ergibt, wobei in Beziehung 5):

$$\left(\frac{a_1}{2\,a_0}\right)^2$$

gegenüber $\frac{a_2}{a_0}$ vernachlässigt wurde.

2. Fall:

T < 10 Sek.

(d. h. verhältnismäßig kleine Schließzeiten).

Wir erhalten:

$$8)\quad \ldots\ldots \operatorname{tg}(n\,t_{1\,max}) = \frac{n}{m + \frac{T}{2} \cdot \frac{a_2}{a_0}}.$$

Man berechne daraus den Wert von $\operatorname{tg}(n\,t_{1max})$ sowie t_{1max} und setzt dann die betreffenden Werte in die Gleichung 6) ein.

3. Fall:

T > 10 Sek.

(d. h. verhältnismäßig große Schließzeiten).

Es ergibt sich für die Bestimmung des Druckmaximums die Gleichung (XXI § 9):

$$9) \quad . \; . \quad \mathrm{tg}\,(n \,.\, t_{1\max}) = \frac{n}{m + \sqrt{\frac{F_1 \,.\, g}{F_2 \,.\, L_1}}\,\mathrm{tg}\left(\sqrt{\frac{F_1 \,.\, g}{F_2 \,.\, L_1}} \,.\, \frac{T}{2}\right)}$$

woraus $(n \,.\, t_{1\max})$ bzw.:

$$\left(\sqrt{\frac{F_1 \,.\, g}{F_2 \,.\, L_1}}\; t_{1\max}\right)$$

zu berechnen ist. Durch Einsetzen des gefundenen Wertes in Gleichung XIX') ergibt sich dann:

$$10) \quad . \; \mathbf{h_{max}} = 2\,\frac{Q_0 \,.\, L_1}{g \,.\, T \,.\, F_1}\,\sin\left(n\frac{T}{2}\right) \cdot \left[\sin\left\{n\left(\frac{T}{2} + t_{1\max}\right)\right\}\right.$$
$$\left. + \frac{\lambda_1}{2}\sqrt{\frac{g \,.\, F_2}{F_1 \,.\, L_1}}\,\sin\left(n \,.\, \frac{T}{2}\right)\sin\left(n \,.\, t_{1\max}\right)\right] \,.\, e^{-m \,.\, t_{1}\max.}$$

Handelt es sich nur um teilweises Schließen, so hat man einfach in allen Formeln an Stelle von Q_0 die abgeschlossene Wassermenge $\beta \,.\, Q_0$ $(\beta < 1)$ zu setzen.

b) Das Öffnen der Absperrorgane in der Zeit T.

Man berechne wiederum vorerst die Größen m und n aus den Beziehungen:

$$1) \; . \; . \; . \; . \; . \; . \; . \; . \; . \; . \; . \quad m = \frac{\lambda_1 \,.\, g}{2 \,.\, L_1}$$

$$2) \quad . \; . \; . \; . \; . \; . \; . \; . \; . \; . \quad n = \sqrt{\frac{F_1 \,.\, g}{F_2 \,.\, L_1} - \left(\frac{\lambda_1 \,.\, g}{2\,L_1}\right)^2}$$

λ_1 und λ_2 wie vorstehend.

Dann ist [n. Gl. IX) § 11]:

$$3) \quad . \; h = \left[h_T \,.\, \cos(n \,.\, t_1) + \frac{c_{2T} + m \,.\, h_T}{n}\,\sin(n \,.\, t_1)\right] \,.\, e^{-m \,.\, t_1}$$
$$+ \frac{\lambda_1 \,.\, Q_0}{L_1} \cdot \left[1 - \left\{\cos(n \,.\, t_1) + \frac{m}{n}\,\sin(n \,.\, t_1)\right\}\right] \,.\, e^{-m\,t_1}$$

und es wird h ein Maximum, d. h. wir erhalten den größten Druckabfall für:

$$4)\ .\ \operatorname{tg}(n \cdot t_{1\max}) = \frac{n}{m + \dfrac{h_T - \dfrac{\lambda_1 \cdot Q_0}{F_1}}{c_{2T}}(m^2 + n^2)} \quad [\text{Gl. X) § 11}].$$

Wir können dann auch hier drei Fälle unterscheiden.

1. Fall:

$$T = 0 \qquad (\text{plötzliches Öffnen}).$$

Dann ist:

$$5)\ .\ \operatorname{tg}(n \cdot t_{1\max}) = -\frac{2}{\lambda_1} \cdot \sqrt{\frac{F_1 \cdot L_1}{F_2 \cdot g}} \quad [\text{Gl. XIV) § 11 Abschnitt } a)]$$

und der größte Druckabfall ergibt sich aus:

$$6)\ .\ .\ \mathbf{h_{max}} = \left[\frac{\mathbf{Q_0}}{\sqrt{\mathbf{F_1 \cdot F_2}}}\sqrt{\frac{\mathbf{L_1}}{\mathbf{g}}} + \frac{\lambda_1 \cdot \mathbf{Q_0}}{\mathbf{F_1}}\right] \cdot \mathbf{e}^{-m \cdot t_{1\max}} \ [\text{Gl. XVI) § 11}].$$

2. Fall:

$$\mathbf{T < 10\ Sek.}$$

(d. h. verhältnismäßig kleine Öffnungszeiten).

Nach Gleichung XII') des § 11 ist dann:

$$7)\ .\ .\ .\ .\ .\ .\ .\ \operatorname{tg}(n \cdot t_{1\max}) = \frac{2\sqrt{\dfrac{F_1 \cdot L_1}{F_2 \cdot g}}}{\dfrac{F_1}{F_2} \cdot T - \lambda_1}$$

und nach Gleichung XIII) ergibt sich der maximale Niveauabfall, indem man für $h_T = \frac{Q_0 \cdot T}{2 \cdot F_2}$ und für $c_{2T} = \frac{Q_0}{F_2}$ setzt.

Ebenso können für den

3. Fall:

$$\mathbf{T > 10\ Sek.}$$

(d. h. verhältnismäßig große Öffnungszeiten)

die Formeln X) und XVIII) des § 11 in Verbindung mit den im 1. Kapitel § 1 abgeleiteten genauen Beziehungen für h_T und c_{2T} verwendet werden.

III. Kapitel.

Veränderliche Bewegung des Wassers in einem mit freiem Überlauf versehenen Wasserschlofs.

Die in den vorigen Kapiteln durchgeführten Untersuchungen (siehe auch Zahlenbeispiele) haben gezeigt, daß unter Umständen (d. h. speziell bei großer Stollenlänge) im Wasserschloß ganz beträchtliche Niveauschwankungen eintreten können. Aus den bezüglichen Ableitungen geht aber auch hervor, daß man durch Vergrößerung der Öffnungs- bzw. Schließzeiten (T) eine Verkleinerung der Druckextrema erzielen kann, und wäre uns damit ein Mittel in die Hand gegeben, die Niveauvariationen innerhalb bestimmter Grenzen zu halten. Da nun aber in den meisten Fällen die Schließ- bzw. Öffnungszeit (T) der Absperrorgane durch die Reguliergarantien bedingt und deshalb eine freie Wahl von T nicht mehr möglich ist, muß zu einem anderen Mittel gegriffen werden, um die beim Regulieren der Absperrorgane im Wasserschloß auftretenden Druckschwankungen innerhalb zulässiger Grenzen zu halten.

Da das Belasten einer Turbinenanlage, d. h. das Öffnen der Absperrorgane, meistens bedeutend langsamer vor sich geht als das Entlasten, d. h. Schließen der Turbinen, so ist es hauptsächlich das letztere, welches zu großen Niveauschwankungen Anlaß geben kann.

Um nun die beim Schließen der Absperrorgane im Wasserschloß eintretenden Niveauerhöhungen möglichst klein zu halten, wird dasselbe öfters mit einem freien Überlauf versehen, so daß die zufolge des Schließens sich aufstauende Wassermenge teilweise über den Überfall entweichen kann, während der andere Teil das Niveau im Wasserschloß erhöht.

Den nun folgenden Untersuchungen liegt ein solches Wasserschloß mit Überlauf zugrunde, wobei außerdem noch angenommen ist, daß im Beharrungszustand das Niveau des Wasserspiegels im Wasserschloß gerade an die Überfallkante reiche. (Siehe auch Fig. 28.)

Da mit Berücksichtigung der Reibung die Aufstellung der Bewegungsgleichung auf eine nicht integrable Differentialgleichung zweiter Ordnung führt, und eine angenäherte Integration vermittelst Reihenentwicklung nicht dieselbe Übersichtlichkeit wie eine geschlossene Formel bietet, soll in den folgenden Entwicklungen die Reibung vernachlässigt werden[1]).

Wie bereits früher bemerkt wurde, liegt in dieser Vernachlässigung nur eine gewisse Sicherheit der Rechnung, da zufolge der, der Bewegung entgegenwirkenden Reibungskräfte, die effektiv eintretenden Niveaumaxima jedenfalls kleiner sind, als diejenigen, welche sich aus den ohne Berücksichtigung der Reibungsverhältnisse abgeleiteten Formeln ergeben.

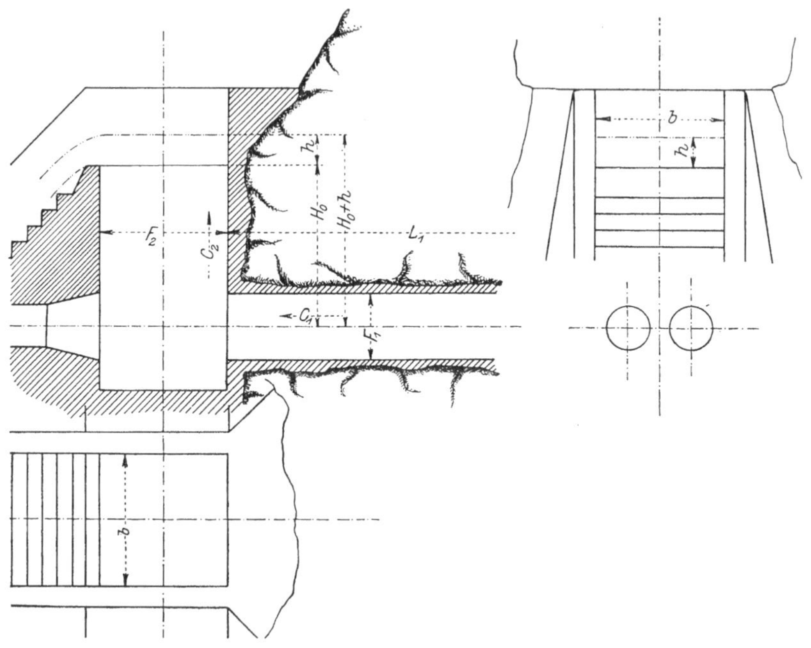

Fig. 28.

[1]) Erscheint in einem speziellen Fall eine Berücksichtigung der Reibung als wünschenswert, so kann man, um zu einer integrablen Differentialgleichung zu gelangen, den Einfluß der Reibung in der im 2. Kapitel dargestellten Weise in die Bewegungsgleichung einführen.

Sind h_{c_1} und h_{c_2} die Reibungshöhen von Stollen und Wasserschloß, so war:

$$h_{c_1} = \lambda_1 \cdot c_1 \text{ und } h_{c_2} = \lambda_2 \cdot c_2 .$$

Die Beschleunigungsgleichung lautet:

$$\frac{L_1}{g} \cdot \frac{dc_1}{dt} + \frac{H_0}{g} \frac{d^2 h}{dt^2} = -h - h_{c_1} - h_{c_2} .$$

Substituiert man nun mit Hilfe der Gleichungen II), III) und IV) (siehe § 14) den Wert von $\frac{dc_1}{dt}$, so ergibt sich:

Es sind auch hier wiederum zwei Phasen der Bewegung zu unterscheiden und werden wir, analog Kapitel 1 und 2, jede dieser Phasen einzeln besprechen.

§ 14. Erste Phase.

$0 \leqq t \leqq T.$

Niveauvariationen im Wasserschloß während der Bewegung der Absperrorgane.

Durch die Einleitung der Schließbewegung wird, wie bereits erwähnt, ein Überlaufen des Wasserschlosses herbeigeführt.

Die Kontinuitätsgleichung lautet dann:

$$\text{I)} \quad F_1 \cdot c_1 = F_2 \cdot c_2 + Q_1 + Q_2.$$

In dieser Gleichung bedeutet:

1. $F_1 \cdot c_1$ die durch den Stollen pro Zeiteinheit fließende Wassermenge (im Beharrungszustand $= Q_0$).

$$\left(1 + \frac{H_0 \cdot F_1}{L_1 \cdot F_2}\right) \frac{d^2h}{dt^2} + \frac{k}{F_2} \cdot \frac{dh}{dt} - \frac{Q_0}{F_2 \cdot T} = - \frac{g \cdot F_1}{L_1 \cdot F_2} \left[h + \lambda_1 \cdot c_1 + \lambda_2 c_2\right]$$

$$\left(1 + \frac{H_0 \cdot F_1}{L_1 \cdot F_2}\right) \frac{d^2h}{dt^2} + \frac{k}{F_2} \cdot \frac{dh}{dt} - \frac{Q_0}{F_2 \cdot T} = - \frac{g \cdot F_1}{L_1 \cdot F_2} \cdot \left[h + \left(\lambda_1 \cdot \frac{F_2}{F_1} + \lambda_2\right) \frac{dh}{dt}\right]$$

oder:

$$\left[1 + \frac{H_0 \cdot F_1}{L_1 \cdot F_2}\right] \frac{d^2h}{dt^2} + \left[\frac{k}{F_2} + \lambda_1 + \lambda_2 \frac{F_1}{F_2}\right] \frac{dh}{dt} + \frac{g \cdot F_1}{L_1 \cdot F_2} h - \frac{Q_0}{F_2 \cdot T} = 0.$$

Wenn man dann diese Differentialgleichung mit der Gleichung VII) des folgenden § 14 vergleicht so sieht man, daß an Stelle des Koeffizienten

$$\left(\frac{k}{F_2} + \lambda_1 + \lambda_2 \frac{F_1}{F_2}\right)$$

in der vereinfachten Gleichung VII) der Koeffizient $\frac{k}{F_2}$ steht. Daraus erhellt, daß, wenn man die Reibungswiderstände berücksichtigen will, einfach in den für reibungsfreie Strömung entwickelten Formeln an Stelle von $\frac{k}{F_2}$ überall

$$\frac{k}{F_2} + \lambda_1 + \lambda_2 \frac{F_1}{F_2}$$

zu setzen ist.

2. $F_2 . c_2$ die im Wasserschloß eine Niveauerhöhung bewirkende Wassermenge pro Zeiteinheit.

3. Q_1 die während des Abschließens den Turbinen pro Zeiteinheit zuströmende Wassermenge, für welche wieder zweckmäßig lineare Variation angenommen werden kann.

$$\text{II)} \quad \ldots\ldots\ldots \quad Q_1 = Q_0\left(1 - \frac{t}{T}\right).$$

4. Q_2 die über den Überfall pro Zeiteinheit fließende Wassermenge welche allgemein durch die Formel:

$$\text{III)} \quad \ldots\ldots \quad Q_2 = \frac{2}{3}\mu . b . h . \sqrt{2gh}$$

gegeben ist.

Führt man nun aber Q_2 in der durch Gleichung III) dargestellten Form in die Kontinuitätsgleichung I) ein, so wird die Differentialgleichung der Bewegung nicht in geschlossener Form integrierbar und es ist dann nur eine angenäherte Lösung vermittelst Differenzenrechnung oder graphischer Methode möglich.

In Erwägung der Vorteile, welche eine geschlossene Formel gegenüber den oben angegebenen Integrationsmethoden bietet, empfiehlt es sich, für Q_2 eine solche Funktion von h zu wählen, daß eine Integration der Bewegungsgleichung möglich wird.

Eine solche Funktion ist gegeben durch:

$$\text{IV)} \quad \ldots\ldots\ldots \quad Q_2 = k . h$$

wo der Wert von k so bestimmt werden muß, daß die Annäherung an die wirklich überfließende Wassermenge möglichst gut ist.

Zur Bestimmung der Konstanten k scheint uns der folgende Weg der geeignetste.

Nimmt man einen unendlich langen Stollen an, so würde durch das Abschließen der Absperrorgane und dem damit verbundenen Aufstauen des Wassers im Wasserschloß keine Verzögerung der Bewegung eintreten und es müßte zufolge der Kontinuitätsgleichung (unter Vernachlässigung der Massenwirkungen) die Überfallhöhe h so lange wachsen, bis die durch den Stollen dem Wasserschloß zufließende Wassermenge gleich wäre der über den Überlauf wegfließenden.

Sei h_0 die zur Erfüllung der Kontinuität notwendige Überfallhöhe und T die Zeit, welche bis zur Erreichung von h_0 notwendig ist, so ist die während dieser Zeit über den Überlauf fließende Wassermenge gegeben durch:

$$Q_{total} = \int_0^T Q . dt.$$

In dieser Beziehung kann nun Q entweder nach Gleichung III) oder IV) ausgedrückt, d. h. ersetzt werden, und stellen wir die Bedingung, daß in beiden Fällen die totale Wassermenge dieselbe sein soll[1]).

Wir erhalten:

$$\sqrt{2g} \cdot \int_0^T \frac{2}{3} \mu \cdot b \cdot h^{3/2}\, dt = \int_0^T k \cdot h \cdot dt$$

$$\sqrt{2g} \cdot \frac{2}{3} \mu \cdot b \cdot \int_0^T h^{3/2}\, dt = k \cdot \int_0^T h \cdot dt.$$

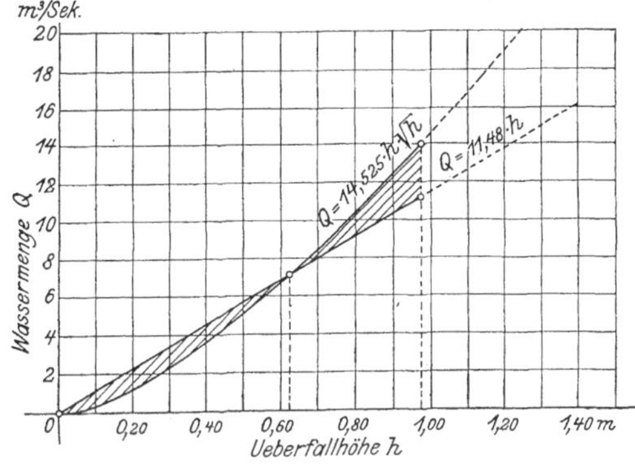

Fig. 29.

Zur Auflösung dieser Integrale wäre es nun notwendig, in beiden Fällen die Überfallhöhe h als Funktion der Zeit t zu kennen; man kann jedoch jedenfalls, ohne dabei wesentliche Fehler zu begehen näherungsweise annehmen, daß in beiden Fällen die Funktion h = f (t) dieselbe ist.

Wir setzen:

$$h = f(t)$$

$$\frac{dh}{dt} = f'(t) \quad dt = \frac{dh}{f'(t)}.$$

Dann ist ferner für $t = T \quad h = h_0$.

Somit:

$$\sqrt{2g} \cdot \frac{2}{3} \mu \cdot b \cdot \int_0^T h^{3/2}\, dt = \sqrt{2g} \cdot \frac{2}{3} \mu \cdot b \cdot \int_0^{h_0} h^{3/2}\, dh = \frac{4\sqrt{2g}}{15} \mu \cdot b \cdot h_0^{5/2}.$$

$$\alpha) \quad . \; . \quad \frac{2}{3} \mu \cdot b \cdot \sqrt{2g} \int_0^{h_0} h^{3/2}\, dh = \frac{4 \cdot \sqrt{2g}}{15} \mu \cdot b \cdot h_0^{5/2}$$

---

[1]) Siehe auch Fig. 29.

und ebenso:

$$k \cdot \int_0^T h \, . \, dt = k \cdot \int_0^{h_0} h \, . \, dh = \frac{1}{2} k \, . \, h_0^2$$

$$\beta) \ldots\ldots \quad k \cdot \int_0^{h_0} h \, . \, dh = \frac{1}{2} k \, . \, h_0^{4/2} .$$

Durch Gleichsetzung von α) und β) ergibt sich:

$$\frac{4}{15} \sqrt{2\,g} \, . \, \mu \, . \, b \, . \, h_0^{5/2} = \frac{1}{2} k \, . \, h_0^{4/2}$$

und daraus:

$$\text{V)} \ldots \quad \mathbf{k} = \frac{2}{3} \mu \, . \, \mathbf{b} \, . \sqrt{2 \cdot g \cdot \frac{16}{25} \cdot h_0} \quad m^2/sec.$$

Zur Bestimmung von h_0 ergibt sich aus der Kontinuität die Beziehung:

$$Q_0 = \frac{2}{3} \mu \, . \, b \, . \, h_0 \, . \sqrt{2\,g\,h_0}$$

somit:

$$\text{VI)} \ldots\ldots \quad \mathbf{h_0} = \sqrt[3]{\left(\frac{Q_0}{\frac{2}{3} \mu \, . \, b}\right)^2 \cdot \frac{1}{2\,g}} .$$

Durch Gleichung V) in Verbindung mit Gleichung VI) ist dann die Konstante k bestimmt.

Die Gleichung I) lautet nun:

$$F_1 \, . \, c_1 = F_2 \, . \, \frac{dh}{dt} + Q_0 \left(1 - \frac{t}{T}\right) + k \, . \, h$$

oder:

$$c_1 = \frac{F_2}{F_1} \cdot \frac{dh}{dt} + \frac{Q_0}{F_1} \left(1 - \frac{t}{T}\right) + \frac{k}{F_1} \cdot h$$

und:

$$\text{I')} \ldots\ldots \quad \frac{dc_1}{dt} = \frac{F_2}{F_1} \cdot \frac{d^2h}{dt^2} - \frac{Q_0}{F_1 \, . \, T} + \frac{k}{F_1} \cdot \frac{dh}{dt} .$$

Unter Beibehaltung unserer frühern Bezeichnungsweise erhält die Beschleunigungsgleichung nunmehr die Form:

$$\frac{L_1}{g} \cdot \frac{dc_1}{dt} + \frac{H_0}{g} \cdot \frac{d^2h}{dt^2} = -h$$

und indem man nach Gleichung I') für $\frac{dc_1}{dt}$ den bezüglichen Wert einsetzt, erhält man nach einigen Umformungen:

$$\text{VII)} \quad \left(1 + \frac{H_0 . F_1}{L_1 . F_2}\right) \cdot \frac{d^2h}{dt^2} + \frac{k}{F_2} \cdot \frac{dh}{dt} + \frac{g . F_1}{L_1 . F_2} h - \frac{Q_0}{F_2 . T} = 0 .$$

Die Integration dieser Differentialgleichung ergibt als partikuläres Integral:

$$\alpha) \quad \ldots\ldots \quad h_p = \frac{Q_0 . L_1}{g . T . F_1} .$$

Die reduzierte Gleichung lautet:

$$\left(1 + \frac{H_0 . F_1}{L_1 . F_2}\right) \frac{d^2h}{dt^2} + \frac{k}{F_2} \cdot \frac{dh}{dt} + \frac{g . F_1}{L_1 . F_2} h = 0$$

und indem man wieder:

$$h = e^{\varrho . t}$$

setzt, ergibt sich:

$$\left(1 + \frac{H_0 . F_1}{L_1 . F_2}\right) \cdot \varrho^2 + \frac{k}{F_2} \cdot \varrho + \frac{g . F_1}{L_1 . F_2} = 0 .$$

Der Kürze halber sei:

$$\text{VIII)} \quad \ldots\ldots \quad \left|\begin{array}{l} a_2 = 1 + \dfrac{H_0 . F_1}{L_1 . F_2} \\ a_1 = \dfrac{k}{F_2} \,{}^{1)} \\ a_0 = \dfrac{g . F_1}{L_1 . F_2} . \end{array}\right.$$

Dann ist:

$$\varrho = - \frac{a_1}{2\, a_2} \pm \sqrt{\left(\frac{a_1}{2\, a_2}\right)^2 - \frac{a_0}{a_2}} .$$

Es können auch hier wiederum wie im 2. Kapitel § 9 drei Fälle unterschieden werden, je nachdem die Diskriminante $\gtreqless 0$ ist. Durch Nachrechnung einiger praktisch vorkommender Fälle kann man sich

[1]) Berücksichtigt man die Reibungswiderstände, so ist:

$$a_1 = \frac{k}{F_2} + \lambda_1 + \lambda_2 \frac{F_1}{F_2}$$

wie bereits früher erwähnt wurde.

leicht überzeugen, daß (im Gegensatz zum 2. Kapitel § 9) die Diskriminante stets positiv ist.

Setzt man:

$$\text{IX)} \quad \ldots \quad \begin{cases} \dfrac{a_1}{2\,a_2} = m \quad \text{und} \\ \sqrt{\left(\dfrac{a_1}{2\,a_2}\right)^2 - \dfrac{a_0}{a_2}} = n \end{cases}$$

so erhalten wir als Lösung der reduzierten Gleichung die Beziehung:

$$\beta) \quad \ldots \quad \underline{h_r = e^{-m.t} . \left(A . e^{+n.t} + B . e^{-n.t}\right)}$$

und das totale Integral lautet:

$$h = \frac{Q_0 . L_1}{g . T . F_1} + \left(A . e^{n.t} + B . e^{-n.t}\right) . e^{-m.t}.$$

Zur Bestimmung der Konstanten A und B bedienen wir uns wiederum der Grenzbedingungen, nach welchen für $t = 0$: $h = 0$ und ebenso $\dfrac{dh}{dt} = 0$ ist.

Man erhält:

$$A = -\frac{1}{2} \cdot \frac{Q_0 . L_1}{g . T . F_1} \left(\frac{m}{n} + 1\right)$$

und:

$$B = -\frac{1}{2} \cdot \frac{Q_0 . L_1}{g . T . F_1} \left(\frac{m}{n} - 1\right).$$

Somit ist dann:

$$\text{X)} \quad \mathbf{h = \frac{Q_0 . L_1}{g . T . F_1} \left[1 - \frac{1}{2}\left\{\left(\frac{m}{n} + 1\right) e^{n\,t} - \left(\frac{m}{n} - 1\right) e^{-n\,t}\right\} e^{-m\,t}\right]}.$$

Diese Gleichung stellt uns die gesuchte Beziehung zwischen den Niveauerhöhungen und den bezüglichen Zeiten dar.

Für $t = 0$ ergibt sich, den Anfangsbedingungen entsprechend $h = 0$; die Niveauerhöhung wird ebenfalls zu Null für sehr langsames Schließen, wie sich für $T = \infty$ aus der obigen Gleichung leicht ergibt.

Aus Gleichung X) folgt ferner, daß bei Annahme einer bestimmten Schließzeit T der Wert von h stets wächst, bis zum Zeitpunkt, wo $t = T$ ist.

Die maximale Niveauerhöhung der ersten Phase tritt also am Ende der ersten Phase ein, und sie ist direkt aus Gleichung X) berechenbar, indem man einfach an Stelle von t die Schließzeit T zu setzen hat.

Man erhält:

$$\text{XI)}\quad h_T = \frac{Q_0 \cdot L_1}{g \cdot T \cdot F_1}\left[1 - \frac{1}{2}\left\{\left(\frac{m}{n}+1\right)e^{n \cdot T} - \left(\frac{m}{n}-1\right)e^{-n \cdot T}\right\}e^{-m \cdot T}\right].$$

Für den speziellen Fall momentanen Abschließens, d. h. für $T = 0$, ergibt sich aus Gleichung XI) $h_T = \frac{0}{0}$, d. i. unbestimmt. Durch Differentiation von Gleichung XI) folgt als wahrer Wert des unbestimmten Ausdruckes $h_T = 0$.

Bei verhältnismäßig kleinen Schließzeiten ($T < 2$ Sek.) und relativ großen Stollenlängen:

$$\left(\frac{H_0 \cdot F_1}{L_1 \cdot F_2} \infty 0\right)$$

kann Gleichung X) wesentlich vereinfacht werden, da dann mit guter Annäherung das Glied:

$$\left(\frac{m}{n} - 1\right) \cdot e^{-(n+m)T}$$

gegenüber:

$$\left(\frac{m}{n} + 1\right) \cdot e^{-(m-n)T}$$

vernachlässigt werden darf.

Man erhält:

$$\text{XII)}\quad h_T = \frac{Q_0 \cdot L_1}{g \cdot T \cdot F_1} \cdot \left[1 - \frac{1}{2}\left(\frac{m}{n}+1\right)e^{-(m-n) \cdot T}\right]^{1)} \text{(wenn } T < 2 \text{ Sek.)}$$

oder wenn man die Exponentialfunktion in eine Reihe entwickelt und die Glieder höherer Ordnung vernachlässigt, ergibt sich:

$$\text{XII')}\quad h_T = \frac{Q_0 \cdot L_1}{g \cdot T \cdot F_1} \cdot \left[1 - \frac{1}{2}\left\{\frac{m}{n} - 1\right\}\left\{1 + (m-n)T\right\}\right]$$

(wenn $T < 2$ Sek.)

Durch Differentiation von Gleichung X) erhält man als Gesetz der Geschwindigkeitsvariationen die Beziehung:

$$\text{XIII)}\quad c_2 = \frac{1}{2} \cdot \frac{Q_0 \cdot L_1}{g \cdot T \cdot F_1} \cdot \left[\frac{m^2 - n^2}{n}\right] \cdot \left[e^{nt} - e^{-nt}\right] \cdot e^{-mt}$$

wobei für $t = 0$ auch hier, den Grenzbedingungen entsprechend, $c_2 = 0$ wird.

---

[1]) Diese Beziehung ergibt etwas zu kleine Werte und ist deshalb mit Vorsicht anzuwenden.

Im Augenblick des Abschließens ist:

$$\text{XIV)} \qquad c_{2T} = \frac{1}{2} \cdot \frac{Q_0 \cdot L_1}{g \cdot T \cdot F_1} \cdot \left[\frac{m^2 - n^2}{n}\right] \cdot \left[e^{n \cdot T} - e^{-n \cdot T}\right] \cdot e^{-m \cdot T}$$

woraus sich dann c_{2T} berechnen läßt.

§ 15. Zweite Phase.

$t \geqq T$.

Niveauvariationen im Wasserschloß nach dem Stillstehen der Absperrorgane.

Nimmt man an, daß durch die Absperrorgane ein totales Schließen der Druckleitung (siehe Gleichung II) § 14) stattgefunden hat, so lautet nunmehr die Kontinuitätsgleichung:

$$\text{I)} \quad \ldots\ldots \quad F_1 \cdot c_1 = F_2 \frac{dh}{dt} + k \cdot h$$

wo $k \cdot h$, analog Gleichung IV) § 14 die über den Überfall fließende Wassermenge bedeutet.

Zwecks Erzielung einfacherer Relationen beginnen wir auch hier wiederum (analog Kapitel I und II) mit der Zeitzählung von neuem, indem als Nullpunkt der Zeit der Anfang der zweiten Phase angenommen werden soll.

In gleicher Weise soll der Nullpunkt der Niveauerhöhung nunmehr auf den Anfangspunkt der zweiten Phase verschoben werden.

Es bestehen somit folgende Beziehungen:

$$\text{II)} \quad \ldots\ldots \quad \begin{cases} t = t_1 + T \\ h = h_1 + h_T \end{cases}$$

wo t_1 und h_1 die neuen Zeiten resp. Niveauerhöhungen bedeuten.

Vernachlässigt man dann wiederum den mit h veränderlichen Teil der sich im Wasserschloß befindenden Wassermasse, so lautet die Beschleunigungsgleichung:

$$\text{III)} \quad \ldots \quad \underline{\frac{L_1}{g} \frac{dc_1}{dt_1} + \frac{H_0}{g} \cdot \frac{d^2h_1}{dt_1^2} = -h_1 - h_T}$$

woraus sich durch Differentiation von Gleichung I) und Ausführung der bezüglichen Substitutionen die Differentialgleichung:

$$\text{III')} \quad \underline{\left(1 + \frac{H_0 \cdot F_1}{L_1 \cdot F_2}\right) \frac{d^2h_1}{dt_1^2} + \frac{k}{F_2} \cdot \frac{dh_1}{dt_1} + \frac{g \cdot F_1}{L_1 \cdot F_2} (h_1 + h_T) = 0}$$

ergibt.

Das partikuläre Integral dieser Gleichung lautet:

$$\alpha) \quad \underline{h_{1p} = -h_T}$$

und die reduzierte Gleichung hat die Form:

$$\left(1 + \frac{H_0 \cdot F_1}{L_1 \cdot F_2}\right) \frac{d^2 h_1}{dt_1^2} + \frac{k}{F_2} \cdot \frac{dh_1}{dt_1} + \frac{g \cdot F_1}{L_1 \cdot F_2} h_1 = 0$$

Der Kürze halber sei nun wieder:

$$\text{IV)} \quad \left\{ \begin{aligned} 1 + \frac{H_0 \cdot F_1}{L_1 \cdot F_2} &= a_2 \\ \frac{k}{F_2} &= a_1 \;{}^{1)} \\ \frac{g \cdot F_1}{L_1 \cdot F_2} &= a_0 \end{aligned} \right.$$

Setzt man:

$$h_1 = e^{\varrho \cdot t_1}$$

so ergibt sich (analog den früheren Ableitungen):

$$\underline{\varrho = -\frac{a_1}{2\,a_2} \pm \sqrt{\left(\frac{a_1}{2\,a_2}\right)^2 - \frac{a_0}{a_2}}}$$

wobei die Diskriminante $a_1^2 - 4 \cdot a_0 \cdot a_2$ wiederum in allen praktisch vorkommenden Fällen größer als Null ist, wie bereits in § 14 bemerkt wurde.

Die Lösung der reduzierten Gleichung lautet dann:

$$\beta) \quad \underline{h_{1r} = \left(A \cdot e^{n\,t_1} + B \cdot e^{-n\,t_1}\right) \cdot e^{-m \cdot t_1}}$$

wenn man der Kürze halber:

$$\text{V)} \quad \left| \begin{aligned} \frac{a_1}{2\,a_2} &= m \\ \sqrt{\left(\frac{a_1}{2\,a_2}\right)^2 - \frac{a_0}{a_2}} &= n \end{aligned} \right.$$

setzt.

Das totale Integral ist nun die Summe der beiden Integrale, somit:

$$\text{VI)} \quad \underline{h_1 = -h_T + \left[A\, e^{n \cdot t_1} + B \cdot e^{-n \cdot t_1}\right] \cdot e^{-m \cdot t_1}.}$$

---

[1]) Bei Berücksichtigung der Reibung ist:

$$a_1 = \frac{k}{F_2} + \lambda_1 + \lambda_2 \cdot \frac{F_1}{F_2}.$$

Ist c_{2T} die Geschwindigkeit im Wasserschloß zur Zeit $t_1 = 0$, d. h. $t = T$, und h_T die dazugehörige Niveauerhöhung, so ergibt die auf Grund dieser Grenzbedingungen ausgeführte Konstantenbestimmung für A und B folgende Werte:

$$\left\{\begin{array}{l} A = \frac{1}{2} \cdot \frac{c_{2T} + (m + n)\, h_T}{n} \\ B = \frac{1}{2} \cdot \frac{c_{2T} + (m - n)\, h_T}{n}. \end{array}\right.$$

Durch Substitition in Gleichung VI) erhält man dann:

$$\text{VII)} \quad h_1 = -h_T + \frac{1}{2 \cdot n} \left[\left\{ c_{2T} + (m + n)\, h_T \right\} e^{n \cdot t_1} - \left\{ c_{2T} + (m - n)\, h_T \right\} e^{-n\, t_1} \right] \cdot e^{-m \cdot t_1}$$

welche Beziehung, wie leicht nachgewiesen werden kann, eine aperiodische Schwingung darstellt.

Gleichung VII) kann noch etwas vereinfacht werden, wenn man den Nullpunkt der Niveauerhöhungen wieder auf den Anfangspunkt der ersten Phase verlegt. Es ist dann nach Gleichung II) $h_1 + h_T = h$ und somit:

$$\text{VII')} \quad \mathbf{h} = \frac{1}{2\,n} \cdot \left[\left\{ c_{2T} + (m + n)\, h_T \right\} e^{-(m - n)\, t_1} - \left\{ c_{2T} + (m - n)\, h_T \right\} e^{-(m + n)\, t_1} \right].$$

Für $t_1 = 0$ ergibt sich den Grenzbedingungen entsprechend $h = h_T$; während für $t_1 = \infty$, h_1 wieder gleich Null wird.

Das Maximum der Niveauerhöhung tritt ein zur Zeit[1]):

$$\text{VIII)} \quad t_{1\max} = \frac{1}{2\,n} \lg \text{nat} \left[\frac{c_{2T} + (m - n)\, h_T}{c_{2T} + (m + n)\, h_T} \cdot \frac{m + n}{m - n} \right]$$

und es wird dann:

$$\text{IX)} \quad h_{\max} = \sqrt{\frac{\left[c_{2T} + (m + n)\, h_T\right] \cdot \left[c_{2T} + (m - n)\, h_T\right]}{m^2 - n^2}} \cdot \left[\sqrt{\frac{\left[c_{2T} + (m + n)\, h_T\right] \cdot \left[m - n\right]}{\left[c_{2T} + (m - n)\, h_T\right] \cdot \left[m + n\right]}} \right]^{\frac{m}{n}}.$$

[1]) Dabei ist natürlich vorausgesetzt, daß die maximale Niveauerhöhung in die zweite Phase fällt, d. h. daß $t_{1\max} > T$ ist.

Diese etwas komplizierte Formel läßt sich aber wesentlich vereinfachen, wenn man berücksichtigt, daß in den meisten Fällen m nicht stark von n verschieden ist, so daß man $\frac{a_0}{a_2}$ schon bei verhältnismäßig kurzen Stollen gegenüber:

$$\left(\frac{a_1}{2\,a_2}\right)^2$$

vernachlässigen darf. Berücksichtigt man ferner noch, daß durch diese Annäherung eine gewisse Sicherheit in die Rechnung kommt, da der zweite Klammerausdruck in Gleichung IX) kleiner als 1 ist (da er an Stelle von $e^{-m t_1}$ substituiert wurde), und ein echter Bruch beim Potenzieren ja stets kleiner wird, so ist die betreffende Annäherung auch vom praktischen Standpunkte aus zu empfehlen.

Nimmt man also:

$$\frac{m}{n} \sim 1$$

an, so wird:

$$\text{X)} \quad . \; . \; . \; . \quad \mathbf{h}_{max} = \mathbf{h}_T + \frac{\mathbf{c}_{2T}}{\mathbf{m} + \mathbf{n}}$$

wo dann h_T und c_{2T} mit Hilfe der im ersten Paragraphen abgeleiteten Gleichungen zu berechnen sind.

In den folgenden Abschnitten α), β) und γ) soll dann noch gezeigt werden, wie unter Zugrundelegung spezieller Fälle noch weitere wesentliche Vereinfachungen erzielt werden können.

Durch Differentiation der Gleichung VII') ergibt sich als Gesetz der Geschwindigkeitsvariationen die Beziehung:

$$\text{XI)} \quad c_2 = \frac{1}{2\,.\,n} \cdot \Big[\left\{c_{2T} + (m - n)\,h_T\right\}(m + n)\,e^{-(m+n)\,t_1} - \left\{c_{2T} + (m + n)\,h_T\right\}(m + n)\,e^{-(m-n)\,t_1}\Big]$$

woraus für irgendeine Zeit $t_1 = T$ die bezügliche Geschwindigkeit c_{2T} zu berechnen ist. c_2 wird zu Null für $t_1 = \infty$ und:

$$t_1 = \frac{1}{2\,n}\,\lg\text{nat}\left[\frac{c_{2T} + (m - n)\,h_T}{c_{2T} + (m + n)\,h_T} \cdot \frac{m + n}{m - n}\right]$$

d. h. zur Zeit, wo h ein Maximum erreicht. c_2 wird ein Extremum, wenn $\frac{d c_2}{dt} = 0$ ist, d. h. zur Zeit:

$$t_{1max} = \frac{1}{2\,.\,n}\,\lg\text{nat}\left[\frac{c_{2T} + (m - n)\,h_T}{c_{2T} + (m + n)\,h_T} \cdot \left(\frac{m + n}{m - n}\right)^2\right].$$

Zur Zeit $t_1 = 0$, d. h. am Anfang der zweiten Phase, ist $c_2 = c_{2T}$, wie sich aus der obigen Gleichung, den Grenzbedingungen entsprechend, ergibt.

α) **Ableitung von Näherungsformeln, gültig für relativ kleine Schließzeiten T.**

Da die Größen m und n in den meisten praktisch vorkommenden Fällen sehr klein sind (siehe auch das folgende Zahlenbeispiel) und für kleine Schließzeiten h_T ebenfalls klein ist, so kann das Produkt $(m + n)\,h_T$ und $(m - n)\,h_T$ mit guter Annäherung gegenüber c_{2T} vernachlässigt werden.

Insbesondere gilt dies für momentanes Schließen der Absperrorgane, bei welchem h_T direkt gleich Null angenommen werden darf.

Damit erhält die Gleichung VII') die Form:

$$\text{XII)} \quad . \quad \mathbf{h} = \frac{\mathbf{c_{2T}}}{\mathbf{2\,.\,n}} \cdot \left[e^{-(m-n)\,t_1} - e^{-(m+n)\,t_1}\right]$$

und es wird h ein Maximum, wenn:

$$\text{XIII)} \quad . \; . \; . \quad t_{1\,max} = \frac{1}{2\,n} \lg nat \left(\frac{m+n}{m-n}\right)$$

ist.

Durch Substitution dieses Wertes in Gleichung XI) ergibt sich dann:

$$\text{XIV)} \quad . \quad \mathbf{h_{max}} = \sqrt{\frac{\mathbf{c_{2T}^2}}{\mathbf{m^2 - n^2}}} \cdot \left[\sqrt{\frac{\mathbf{m - n}}{\mathbf{m + n}}}\right]^{\frac{m}{n}}$$

Wird nun wieder näherungsweise $\frac{m}{n} \sim 1$ angenommen, so erhält man die einfache Formel:

$$\text{XV)} \quad . \; . \; . \; . \; . \quad \mathbf{h_{max}} = \frac{\mathbf{c_{2T}}}{\mathbf{m + n}}$$ [1])

welche auch direkt aus Gleichung X) für $h_T = 0$ hätte abgeleitet werden können.

Für c_{2T} kann bei kleinen Schließzeiten (siehe die früheren Ableitungen) einfach $\frac{Q_0}{F_2}$ gesetzt werden, so daß dann in der obigen Gleichung alle Größen in einfacher Weise berechenbar sind.

---

[1]) In Figur 30 sind die auf Grund dieser Näherungsformeln berechneten Niveau- und Geschwindigkeitsvariationen für das folgende Zahlenbeispiel graphisch dargestellt.

Für $h_T = 0$ geht die Geschwindigkeitsgleichung X) über in:

$$\text{XVI)} \quad c_2 = \frac{c_{2T}}{2 \cdot n} \left[(m + n) e^{-(m+n) t_1} - (m - n) e^{-(m-n) t_1} \right]$$

wobei c_2 zu Null wird für $t_1 = \infty$ und:

$$t_1 = \frac{1}{2n} \lg \mathrm{nat} \left[\frac{m + n}{m - n} \right]$$

d. h. wiederum zur Zeit, wo h ein Maximum wird.

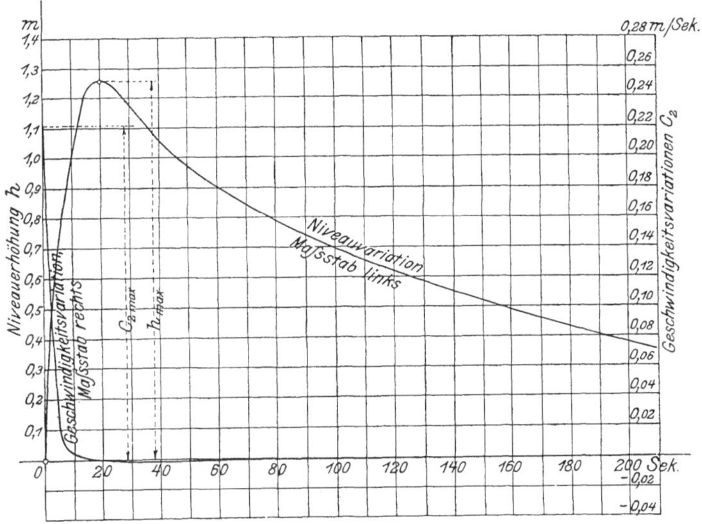

Fig. 30.

c_2 erhält seinen extremen Wert für:

$$t_1 = \frac{1}{n} \lg \mathrm{nat} \left[\frac{m + n}{m - n} \right]$$

und für $t_1 = 0$ ergibt sich $c_2 = c_{2T} = \frac{Q_0}{F_2}$.

Das Minimum von c_2 ist gegeben durch:

$$c_2 = - c_{2T} \cdot \left[\frac{m - n}{m + n} \right]^{\frac{m}{n}}$$

β) Ableitung von Näherungsformeln, gültig für große Stollenlängen.

Wir setzen voraus, daß:

$$\frac{H_0 . F_1}{L_1 . F_2}$$

gegenüber der Einheit und a_0 gegenüber:

$$\left(\frac{a_1}{2}\right)^2$$

vernachlässigt werden darf[1]).

Dann wird nach Gleichung IV):

$$\underline{a_2 = 1}$$

und nach Gleichung V):

$$\underline{m = n = \frac{a_1}{2}.}$$

Setzt man dann für a_1 den bezüglichen Wert ein, so folgt:

$$\text{XVII)} \quad \ldots\ldots \quad \underline{m = n = \frac{k}{2 . F_2}}$$

wo k den durch Gleichung V) und VI) § 14 definierten Wert bedeutet.

Für m = n geht Gleichung VII') über in:

$$\text{XVIII)} \quad \mathbf{h} = \frac{\mathbf{F_2}}{\mathbf{k}}\left[\left\{\mathbf{c_{2T}} + \frac{\mathbf{k}}{\mathbf{F_2}}\mathbf{h_T}\right\} - \mathbf{c_{2T}} \cdot \mathbf{e}^{-\frac{k}{F_2} t_1}\right]$$

und für die maximale Niveauerhöhung h_{max} ergibt sich die Beziehung (aus Gleichung X):

$$\text{XIX)} \quad \ldots \quad \mathbf{h_{max}} = \mathbf{h_T} + \frac{\mathbf{F_2 . c_{2T}}}{\mathbf{k}} \; ^{2)}$$

wobei nach Gleichung VIII) dieser Wert von h erst nach unendlich langer Zeit auftritt ($t_{1_{max}} = \infty$).

Die Größen h_T und c_{2T} sind mit Hilfe der im ersten Paragraphen abgeleiteten Beziehungen zu berechnen.

Setzt man auch in der Geschwindigkeitsgleichung XI) für:

$$m = n = \frac{k}{2 F_2}$$

---

[1]) Diese Voraussetzung ist in den meisten praktisch vorkommenden Fällen erfüllt, und gilt dies insbesondere bei Annahme eines ∞ langen Stollens.

[2]) In Figur 31 sind die auf Grund dieser Näherungsformeln berechneten Niveau- und Geschwindigkeitsvariationen graphisch veranschaulicht.

so folgt:

$$\text{XX)} \quad \dots\dots \quad \mathbf{c_2 = c_{2T} \cdot e^{-\frac{k}{F_2} \cdot t_1}}$$

Für $t_1 = 0$ wird $c_2 = c_{2T}$, d. h. ein Maximum und für $t_1 = \infty$ wird c_2 zu Null. Die Geschwindigkeit nähert sich somit asymptotisch dem Werte Null.

Die größte Niveauerhöhung werden wir jedenfalls für die extreme Annahme

γ) Unendlich langer Stollen und momentanes Abschließen sämtlicher Absperrorgane

bekommen.

Es ist dann wie im vorigen Fall:

$$m = n = \frac{k}{2 \cdot F_2}$$

und außerdem:

$$h_T = 0; \qquad c_{2T} = \frac{Q_0}{F_2}$$

da unter der Voraussetzung momentanen Abschließens der sich im Wasserschloß befindenden Wassermasse stoßartig die Geschwindigkeit c_{2T} erteilt werden muß.

Die Dauer T der ersten Phase ist somit unendlich kurz (da $T = 0$), und es folgt aus Gleichung II) $t = t_1$; $h = h_1$.

Aus Gleichung VII'), XII) und XVIII) ergibt sich dann:

$$\text{XXI)} \quad \dots \quad h = \frac{F_2 \cdot c_{2T}}{k} \cdot \left[1 - e^{-\frac{k}{F_2} t}\right]$$

oder:

$$\text{XXI')} \quad \dots\dots \quad \mathbf{h = \frac{Q_0}{k} \cdot \left[1 - e^{-\frac{k}{F_2} t}\right]}.$$

Die maximale Niveauerhöhung h_{max} tritt erst nach ∞ langer Zeit auf, wie aus Gleichung VIII) und XIII) zu entnehmen ist.

Für h_{max} selbst erhält man nun aus Gleichung X), XV) und XIX) die Relation:

$$\text{XXII)} \quad \dots\dots\dots \quad \mathbf{h_{max} = \frac{Q_0}{k}}.$$ [1]

[1]) In Figur 32 sind die Schaulinien der auf Grund dieser Näherungsformeln berechneten Niveau- und Geschwindigkeitsvariationen dargestellt.

Die Geschwindigkeitsgleichungen XI), XVI) und XX) gehen über in:

$$\text{XXIII)} \quad c_2 = \frac{Q_0}{F_2} \cdot e^{-\frac{k}{F_2} t}$$

und c_2 wird ein Maximum für $t = 0$:

$$\text{XXIV)} \quad c_{2max} = \frac{Q_0}{F_2}.$$

Die Gleichung XXII) für die maximale Niveauerhöhung kann noch in etwas übersichtlichere Form gebracht werden, wenn man für k den sich aus Gleichung V) und VI) ergebenden Wert einführt.

Aus Gleichung VI) ergibt sich:

$$Q_0^2 = h_0^2 \left[\frac{2}{3} \mu \cdot b \cdot \sqrt{2 g h_0}\right]^2$$

und aus Gleichung V) folgt:

$$\frac{2}{3} \mu \cdot b \cdot \sqrt{2 g h_0} = \frac{5}{4} \cdot k.$$

Somit ist dann:

$$Q_0^2 = h_0^2 \cdot \left[\frac{5}{4} k\right]^2$$

und daraus:

$$\frac{Q_0}{k} = \frac{5}{4} \cdot h_0.$$

In Berücksichtigung von Gleichung XXII) erhalten wir dann:

$$\text{XXV)} \quad \mathbf{h_{max}} = \mathbf{\frac{5}{4} \cdot h_0}$$

womit uns eine einfache Beziehung zur Berechnung der maximalen Niveauerhöhung gegeben ist.

§ 16. Zahlenbeispiel.

Man berechne für das im ersten und zweiten Kapitel angeführte Zahlenbeispiel die maximale Niveauerhöhung, die eintritt, wenn das Wasserschloß mit einem 8 m breiten Überlauf versehen ist, und die totale Wassermenge $Q_0 = 14$ m³/sec in $T = 6$ Sek. abgesperrt wird.

Gegeben ist:

$$L_1 = 7000 \text{ m}$$
$$F_1 = 7 \text{ m}^2$$
$$Q_0 = 14 \text{ m}^3/\text{sec}$$
$$H_0 = 15 \text{ m}$$
$$F_2 = 63 \text{ m}^2.$$

Es sei:

$$b = 8 \text{ m}$$

und:

$$T = 6 \text{ Sekunden.}$$

Wir berechnen vorerst die Konstante k.

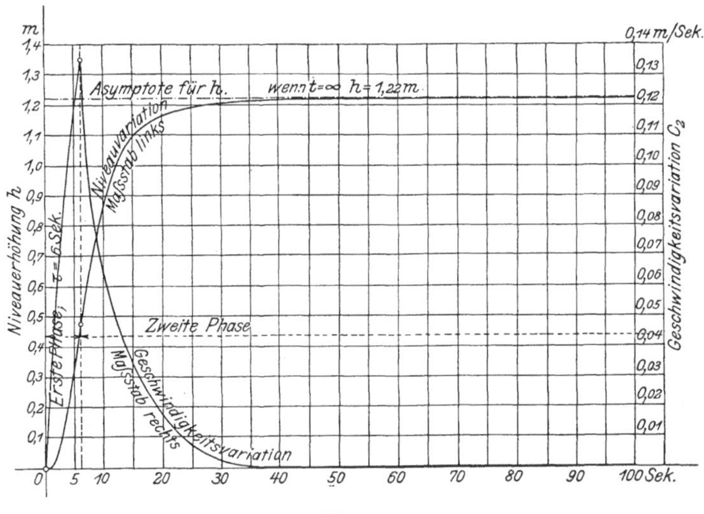

Fig. 31.

Aus Gleichung VI) § 14 ergibt sich:

$$h_0 = \sqrt[3]{\left(\frac{Q_0}{\frac{2}{3}\mu \cdot b}\right)^2 \frac{1}{2g}} = \sqrt[3]{\left(\frac{14}{\frac{2}{3}0{,}615 \cdot 8}\right)^2 \frac{1}{19{,}62}} = 0{,}976 \text{ m}$$

$$\underline{h_0 = 0{,}976 \text{ m}}$$

und damit erhält man aus Gleichung V):

$$k = \frac{2}{3}\mu \cdot b \cdot \frac{4}{5}\sqrt{2 g h_0} = \frac{2}{3} 0{,}615 \cdot 8 \cdot \frac{4}{5}\sqrt{19{,}62 \cdot 0{,}976}$$

$$\underline{k = 11{,}48 \text{ m}^2/\text{sec.}}$$

Aus dem Gleichungssystem VIII) ergibt sich dann:

$$a_2 = 1 + \frac{H_0 \cdot F_1}{L_1 \cdot F_2} = 1 + \frac{15 \cdot 7}{7000 \cdot 63} = 1 + 0{,}000\,238\,2$$

$$\underline{a_2 = 1{,}000\,238\,2}$$

ferner:

$$a_1 = \frac{k}{F_2} = \frac{11{,}48}{63}$$

$$\underline{a_1 = 0{,}182\,25\ \text{Sek.}^{-1}}$$

und zuletzt:

$$a_0 = \frac{g \cdot F_1}{L_1 \cdot F_2} = \frac{9{,}81 \cdot 7}{7000 \cdot 63}$$

$$\underline{a_0 = 0{,}000\,155\,7\ \text{Sek}^{-2}.}$$

Dann ist nach Gleichung X):

$$m = \frac{a_1}{2a_2} = \frac{0{,}182\,25}{2 \cdot 1{,}000\,238\,2}$$

$$\underline{m = 0{,}0911\ \text{Sek.}^{-1}}$$

und:

$$n = \sqrt{\left(\frac{a_1}{2\,a_2}\right)^2 - \frac{a_0}{a_2}} = \sqrt{(0{,}0911)^2 - \frac{0{,}000\,155\,7}{1{,}000\,238\,2}}$$

$$\underline{n = 0{,}0902\ \text{Sek.}^{-1}}$$

Es sind damit alle Hilfsgrößen berechnet.

1. Phase:

Durch Einsetzen der oben berechneten Werte erhält man aus Gleichung X) § 14 für die Niveauvariationen die Beziehung:

$$h = \frac{14 \cdot 7000}{9{,}81 \cdot 6 \cdot 7}\left[1 - \frac{1}{2}\left\{\left(\frac{91{,}1}{90{,}2}+1\right) e^{-0{,}0902\,t} - \left(\frac{91{,}1}{90{,}2}-1\right) e^{-0{,}0902\,t}\right\} e^{-0{,}0911\,t}\right]$$

oder:

$$1) \quad . \quad . \quad \underline{h = 238 \cdot \left[1 - \left\{1{,}005\ e^{0{,}0902\,t} - 0{,}005 \cdot e^{-0{,}0902\,t}\right\} \cdot e^{-0{,}0911\,t}\right]}$$

was auch in der Form:

$$1') \quad . \quad \underline{h = 238\left[1 - 1{,}005 \cdot e^{-0{,}0009\,t} + 0{,}005 \cdot e^{-0{,}1813\,t}\right]}$$

geschrieben werden kann.

Diese Gleichung gilt bis zum Augenblick des Abschließens.

$$(t = T = 6\ \text{Sek.})$$

In diesem Moment ist (nach Gleichung XI) § 14):

$$2) \quad . \quad . \quad . \quad . \quad . \quad . \quad . \quad \mathbf{h_{T=6''} = 0{,}476\ m.}$$

Das Gesetz der Geschwindigkeitsvariationen ergibt sich aus Gleichung XIII) § 14 durch Ausführung der betreffenden Substitutionen. Man erhält:

$$c_2 = \frac{1}{2} 238 \left[\frac{0{,}0911^2 - 0{,}0902^2}{0{,}0902}\right] \cdot \left[e^{0{,}0902\,t} - e^{-0{,}0902\,t}\right] . e^{-0{,}0911\,t}$$

$$3) \quad . \quad . \quad c_2 = 0{,}2154 \left[e^{0{,}0902\,t} - e^{-0{,}0902\,t}\right] . e^{-0{,}0911\,t}$$

oder:

$$3') \quad . \quad . \quad . \quad c_2 = 0{,}2154 \left[e^{-0{,}0009\,t} - e^{-0{,}1813\,t}\right] .$$

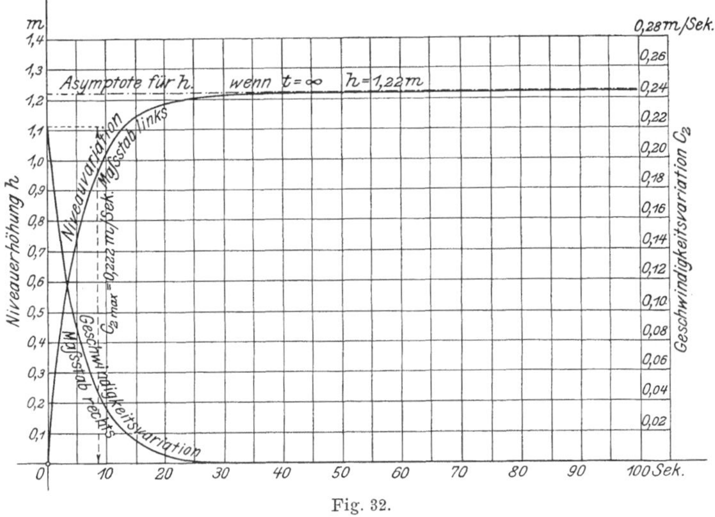

Fig. 32.

Im Augenblick des Abschließens, d. h. für $t = T = 6$ Sek. erhält man aus Gleichung XIV) § 14:

$$4) \quad . \quad . \quad . \quad . \quad . \quad \mathbf{c_{2_{T=6''}} = 0{,}1349\ m/sec.}$$

Wir wollen nun in gleicher Weise die während der

2. Phase:

auftretenden Niveauerhöhungen und Geschwindigkeitsänderungen berechnen.

Aus Gleichung VII) § 15 ergibt sich für die zusätzliche Niveauerhöhung h_1 der zweiten Phase die Beziehung:

$$1) \quad h_1 = -0{,}476 + \left[1{,}523 \, . \, e^{+0{,}0902\,t_1} - 0{,}790 \, . \, e^{-0{,}0902\,t_1}\right] . e^{-0{,}0911\,t_1}$$

oder in anderer Form:

$$1') \quad . \quad . \quad h_1 = -0{,}476 + \left[1{,}523 \, . \, e^{-0{,}0009\, t_1} - 0{,}790 \, . \, e^{-0{,}1813\, t_1}\right]$$

und für die totale Niveauerhöhung erhält man:

$$2) \quad h = 1{,}523 \, . \, e^{-0{,}0009\, t_1} - 0{,}790 \, . \, e^{-0{,}1813\, t_1} \qquad \text{(n. Gleichung VII' § 15).}$$

Die maximale Niveauerhöhung tritt ein nach:

$$3) \quad . \quad . \quad t_{1\,max} = 25{,}8 \text{ Sek.}^{1)} \qquad \text{(n. Gleichung VIII § 15)}$$

und ist dann:

$$4) \quad . \quad . \quad \mathbf{h_{max} = 1{,}220 \text{ m}.} \qquad \text{(n. Gleichung X § 15.)}$$

Für die Geschwindigkeitsvariation ergibt sich aus Gleichung XI) die Beziehung:

$$5) \quad . \quad . \quad c_2 = 0{,}1432 \, . \, e^{-0{,}1813\, t_1} - 0{,}001370 \, . \, e^{-0{,}0009\, t_1}$$

und die Geschwindigkeit c_2 wird zu Null für $t_1 = \infty$ und für $t_1 =$ 25,8 Sek.

c_2 wird ein Extremum nach:

$$6) \quad . \quad . \quad . \quad . \quad . \quad . \quad . \quad . \quad t_1 = 55{,}2 \text{ Sek.}$$

d. h. für diesen Augenblick besitzt die Kurve der Niveauvariationen einen Wendepunkt (siehe Fig. 30).

Bei Anwendung der unter α) abgeleiteten, für sehr kleine Schließzeiten gültigen Näherungsformeln ergeben sich folgende Werte:

$$h = 1{,}231 \, . \left[e^{-0{,}0009\, t_1} - e^{-0{,}1813\, t_1}\right] \qquad \text{(n. Gleichung XII)}$$

$$t_{1\,max} = 29{,}38 \text{ Sek.} \qquad \text{(n. Gleichung XIII)}$$

$$h_{max} = 1{,}225 \text{ m}^{2)} \qquad \text{(n. Gleichung XV)}$$

$$c_2 = 0{,}2231 \, . \, e^{-0{,}1813\, t_1} - 0{,}0011075\, e^{-0{,}0009\, t_1} \qquad \text{(n. Gleichung XVI)}$$

und c_2 erreicht ein Extremum nach:

$$t_1 = 58{,}8 \text{ Sek.}$$

---

[1]) Rechnet man die Zeit vom Anfang der ersten Phase an, so sind zu diesem Werte noch 6 Sek. zu addieren:

$$t_{max} = 25{,}8 + 6 = 31{,}8 \text{ Sek.}$$

[2]) Die genaue Formel X) ergibt auch wieder:

$$h_{max} = 1{,}220 \text{ m.}$$

Rechnet man hingegen mit den in Abschnitt β) für sehr große Stollenlängen abgeleiteten Formeln, so erhält man:

$$h = 1{,}216 - 0{,}740 \,.\, e^{-0{,}18225\, t_1} \quad \text{(n. Gleichung XVIII)}$$

$$t_{1\,max} = \infty$$

$$\underline{h_{max} = 1{,}216 \text{ m}} \quad \text{(n. Gleichung XIX)}$$

und:

$$c_2 = 0{,}1349 \,.\, e^{-0{,}182\,25\,.\,t_1} \quad \text{(n. Gleichung XX)}$$

während sich nach den unter Abschnitt γ), für unendlich langen Stollen und momentanes Abschließen abgeleiteten Formeln folgende Werte ergeben:

$$h = 1{,}22 \left[1 - e^{-0{,}182\,25\, t_1}\right] \quad \text{(n. Gleichung XXI')}$$

$$\underline{h_{max} = 1{,}220 \text{ m.}}$$

$$c_2 = 0{,}222 \,.\, e^{-0{,}182\,25\, t_1} \quad \text{(n. Gleichung XXIII)}$$

und:

$$c_{2max} = 0{,}222 \text{ m/sec} \quad (\text{für } t_1 = 0).$$

Nach Gleichung XXV) kann h_{max} auch direkt mit Hilfe von h_0 berechnet werden.

Es ist:

$$h_{max} = \frac{5}{4} h_0 = \frac{5}{4} 0{,}976$$

$$\underline{h_{max} = 1{,}220 \text{ m.}}$$

Wenn man die vorstehenden Resultate miteinander vergleicht, so erkennt man leicht folgendes:

1. Die unter γ) für einen unendlich langen Stollen und momentanes Abschließen der Absperrorgane abgeleiteten Formeln ergeben genau dieselbe maximale Niveauerhöhung wie die für eine endliche Stollenlänge und zeitliches Abschließen abgeleiteten genauen Beziehungen IX) und X)
2. Die unter α) für *kurze Schließzeiten* und unter β) für *große Stollenlängen* abgeleiteten Formeln ergeben für die maximale Niveauerhöhung Werte, die nur sehr wenig von dem aus der genauen Formel berechneten Wert abweichen.

Faßt man diese Ergebnisse zusammen, so gelangt man zu dem Schluß, daß bei relativ kurzen Schließzeiten und verhältnismäßig großen Stollenlängen mit guter Annäherung die für ∞ langen Stollen und momentanes Abschließen abgeleiteten Beziehungen (siehe unter γ) zum Berechnen der maximalen Niveauerhöhung verwendet werden dürfen.

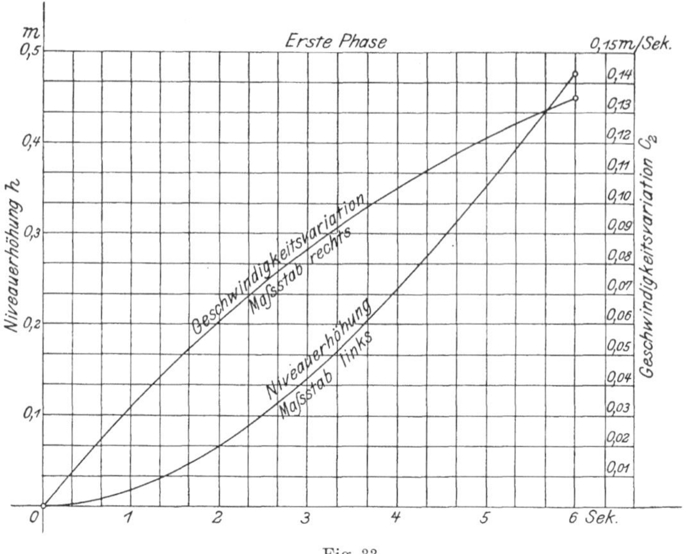

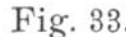
Fig. 33.

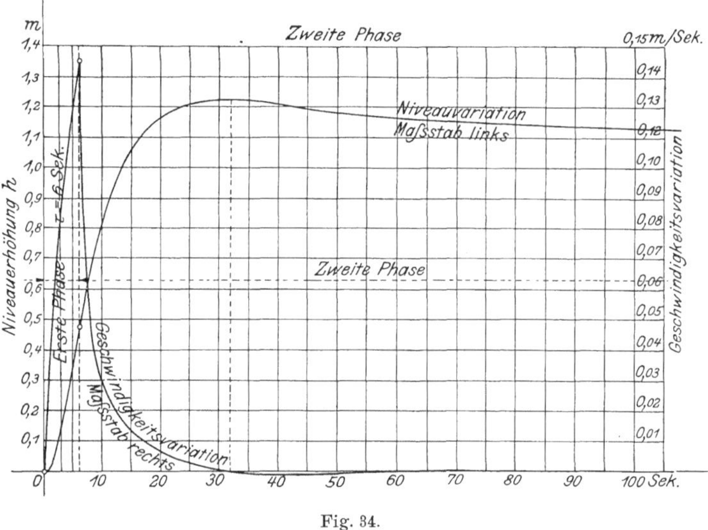

Fig. 34.

In Fig. 33 und 34 sind die für die erste und zweite Phase sich ergebenden Geschwindigkeits- und Niveauvariationen graphisch dargestellt, und ist aus ihnen der Verlauf von c_2 und h als Funktion der Zeit leicht zu ersehen.

N. B. Nach Gleichung XXV) würde bei ∞ langem Stollen und momentanem Abschließen der totalen Wassermenge die auftretende maximale Niveauerhöhung h_{max} größer als die zur Erfüllung der Kontinuität notwendige Überfallhöhe h_0. Dieser scheinbare Widerspruch findet aber seine Erklärung in dem Auftreten von Massenwirkungen sowie in der willkürlichen Berechnungsweise der Konstanten k.

§ 17. Niveauvariationen bei teilweisem Abschließen der Absperrorgane.

$$(Q = \beta \cdot Q_0).$$

Wird durch die Absperrorgane in der Zeit T nur ein Teil $\beta \cdot Q_0$ der totalen Wassermenge abgesperrt, so können zur Berechnung der auftretenden Niveauvariationen ohne weiteres die in § 14 und § 15 abgeleiteten Formeln verwendet werden, indem man einfach in den bezüglichen Ausdrücken an Stelle von Q_0 nunmehr die abgesperrte Wassermenge, d. i. $\beta \cdot Q_0$, zu setzen hat.

§ 18. Zusammenstellung der für die praktischen Berechnungen wichtigsten Formeln.

Wird in der Zeit T durch die Absperrorgane eine gewisse Wassermenge Q_0 abgesperrt, so entsteht im Wasserschloß eine Niveauerhöhung, und ist damit ein Überfließen des Wasserschlosses verbunden. [Siehe den Anfang dieses Kapitels.] Die Bewegung des Wassers kann dabei in zwei Phasen eingeteilt werden.

1. Phase:

Niveauvariationen im Wasserschloß während der Bewegung der Absperrorgane.

$$0 \leqq t \leqq T.$$

Es bedeute:

b = Breite des Überlaufs in m

μ = Überlaufkoeffizient ($\sim 0{,}615$)

Q_0 = abgesperrte Wassermenge in m³/sec.

Dann ist:

$$h_0 = \sqrt[3]{\left(\frac{Q_0}{\frac{2}{3}\mu \cdot b}\right)^2 \frac{1}{2g}} \qquad \text{(n. Gleichung VI § 14)}$$

und mit Hilfe von h_0 ergibt sich dann:

$$k = \frac{2}{3}\mu \cdot b \cdot \frac{4}{5}\sqrt{2 g h_0} \qquad \text{(n. Gleichung V § 14)}$$

Man berechne nun:

$$\left.\begin{aligned} a_2 &= 1 + \frac{H_0 \cdot F_1}{L_1 \cdot F_2} \\ a_1 &= \frac{k}{F_2} \\ a_0 &= \frac{g \cdot F_1}{L_1 \cdot F_2} \end{aligned}\right\} \quad \text{(n. Gleichung VIII § 14)}$$

Die Bedeutung der einzelnen Größen wurde im 1. Kapitel angeführt.

Ist dann a_0, a_1 und a_2 berechnet, so ergibt sich aus dem Gleichungssystem IX) § 14:

$$m = \frac{a_1}{2\,a_2}$$

$$n = \sqrt{\left(\frac{a_1}{2\,a_2}\right)^2 - \frac{a_0}{a_2}}\,.$$

Die maximale Niveauerhöhung der ersten Phase tritt am Ende der ersten Phase auf, und man erhält nach Gleichung XI) § 14:

$$h_T = \frac{Q_0 \cdot L_1}{g \cdot T \cdot F_1} \cdot \left[1 - \frac{1}{2}\left\{\left(\frac{m}{n} + 1\right) e^{n \cdot T} - \left(\frac{m}{n} - 1\right) e^{-n \cdot T}\right\} e^{-m \cdot T}\right].$$

Ebenso ergibt sich die Geschwindigkeit c_{2T} am Ende der ersten Phase aus der Beziehung XIV) § 14:

$$c_{2T} = \frac{Q_0 \cdot L_1}{g \cdot T \cdot F_1} \cdot \left[\frac{m^2 - n^2}{2 \cdot n}\right] \cdot \left[e^{n \cdot T} - e^{-n \cdot T}\right] \cdot e^{-m \cdot T}\,.$$

2. *Phase:*

Niveauvariationen im Wasserschloß nach dem Stillstehen der Absperrorgane.

$$t \geqq T.$$

Ist t_1 die Zeit, gerechnet vom Anfangspunkt der zweiten Phase (siehe Gleichung II), so tritt nach Gleichung VIII) § 15 die maximale Niveauerhöhung zur Zeit:

$$t_{1\,max} = \frac{1}{2 \cdot n} \lg nat \left[\frac{c_{2T} + (m - n)\,h_T}{c_{2T} + (m + n)\,h_T} \cdot \frac{m + n}{m - n}\right]$$

ein, und man erhält h_{max} aus der Beziehung IX) § 15:

$$\mathbf{h_{max}} = \sqrt{\frac{[c_{2T} + (m + n)\,h_T] \cdot [c_{2T} + (m - n)\,h_T]}{m^2 - n^2}} \cdot$$

$$\cdot \left[\sqrt{\frac{[c_{2T} + (m + n)\,h_T] \cdot [m - n]}{[c_{2T} + (m - n)\,h_T] \cdot [m + n]}}\right]^{\frac{m}{n}}.$$

Da $\frac{m}{n}$ meistens beinahe gleich der Einheit ist, so kann die obige etwas komplizierte Formel mit guter Annäherung durch die einfache Relation:

$$\mathbf{h}_{max} = \mathbf{h}_T + \frac{\mathbf{c}_{2T}}{\mathbf{m} + \mathbf{n}} \quad \text{(n. Gleichung X § 15)}$$

ersetzt werden, wo h_T und c_{2T} mit Hilfe der für die erste Phase abgeleiteten Beziehungen zu berechnen sind.

Für die Annahme eines unendlich langen Stollens und momentanen Absperrens der Wassermenge Q_0 ergibt sich für die maximale Niveauerhöhung die einfache Beziehung:

$$h_{max} = \frac{Q_0}{k} \quad \text{(n. Gleichung XXII)}$$

oder, was dasselbe ist:

$$\mathbf{h}_{max} = \frac{5}{4}\,\mathbf{h}_0 \quad \text{(n. Gleichung XXV).}$$

§ 19[1]). Niveauerhöhung des Beharrungszustandes bei Berücksichtigung der Reibungswiderstände.

In den vorstehenden Paragraphen wurde gezeigt, wie unter der Annahme einer reibungsfreien Strömung die zufolge der Massenwirkungen (beim Schließen) auftretende maximale Niveauerhöhung berechnet werden kann.

Diese Voraussetzung der Reibungsfreiheit ist nun aber tatsächlich nie erfüllt, und soll deshalb im folgenden unter Berücksichtigung des Reibungsverlustes eine Methode zur Berechnung des Druckanstiegs entwickelt werden.

Zwecks Erzielung einfacher Beziehungen sei angenommen, daß im Beharrungszustand, d. h. wenn die maximale Wassermenge Q_0 (für welche der Gefällsverlust berechnet wird) durch den Stollen fließt, das Niveau im Wasserschloß gerade an die Überfallkante reiche.

Wird nun durch die Absperrorgane der Druckleitungen ein Teil $\beta \cdot Q_0$ der totalen Wassermenge abgesperrt, so tritt zufolge des durch die kleinere Wassermenge bedingten kleineren Gefällsverlustes ein Überlaufen des Wasserschlosses ein, und die Überfallhöhe wird (unter Vernachlässigung der Massenwirkungen) so lange wachsen, bis der Niveau-

[1]) Die in diesem § entwickelte Beziehung ist lediglich als Näherungsformel zu betrachten, da in ihr die Massenwirkungen nicht berücksichtigt sind.

unterschied zwischen Stauweiher und Wasserschloß gleich der im Stollen verbrauchten Reibungshöhe ist.

Es bezeichne:

h_{v_0} = Reibungsverlust im Stollen, wenn die Wassermenge Q_0 durch ihn fließt; d. i. auch der Niveauunterschied zwischen Überfallkante und Wasserspiegel im Stauweiher.

h_v = Reibungsverlust im Stollen nach dem teilweisen Schließen der Absperrorgane.

$Q = \beta \,.\, Q_0$ = abgesperrte Wassermenge und

Q_1 = über den Überfall fließende Wassermenge.

Dann ist:

$$\text{I)} \quad \underline{h_{v_0}} = \xi \,.\, \frac{U_1}{F_1} \cdot L_1 \cdot \frac{c_{10}^2}{2\,g} = \underline{k \,.\, Q_0^2}$$

und wenn man der Kürze halber:

$$\text{1)} \quad \underline{\xi \,.\, \frac{U_1}{F_1} \cdot L_1 \cdot \frac{1}{2\,g} \cdot \frac{1}{F_1^2} \equiv k}$$

setzt, wo k eine Konstante des Stollens bedeutet, so ist ferner:

$$h_v = k \,.\, [Q_1 + (1 - \beta)\, Q_0]^2$$

oder indem man aus Gleichung I) den Wert von k berechnet, ergibt sich:

$$\text{II)} \quad \underline{h_v = h_{v_0} \,.\, \left[(1 - \beta) + \frac{Q_1}{Q_0}\right]^2.}$$

Die über den Überfall fließende Wassermenge Q_1 ist gegeben durch:

$$\text{III)} \quad \underline{Q_1 = \frac{2}{3}\, \mu \,.\, b \,.\, (h_{v_0} - h_v) \cdot \sqrt{2\,g\,(h_{v_0} - h_v)}}$$

wo μ und b die bereits früher erwähnte Bedeutung haben.

Aus Gleichung II) folgt:

$$\left[\sqrt{\frac{h_v}{h_{v_0}}} - (1 - \beta)\right]^2 = \frac{Q_1^2}{Q_0^2}$$

und indem man aus Gleichung III) für Q_1 den betreffenden Wert substituiert, erhält man:

$$\left[\sqrt{\frac{h_v}{h_{v_0}}} - (1 - \beta)\right]^2 = \left[\frac{\frac{2}{3}\, \mu \,.\, b \,.\, \sqrt{2 \,.\, g}}{Q_0}\right]^2 \cdot (h_{v_0} - h_v)^3$$

und nach einigen Umformungen:

$$\text{IV)} \quad . \quad h_v + \sqrt[3]{\left[\frac{Q_0 \cdot \left[\sqrt{\frac{h_v}{h_{v_0}}} + \beta - 1\right]}{\frac{2}{3}\mu \cdot b \cdot \sqrt{2g}}\right]^2} = h_{v_0}.$$

Aus dieser Gleichung ist dann mit Hilfe irgend einer Näherungsmethode die bei teilweisem Schließen auftretende Niveauerhöhung zu berechnen.

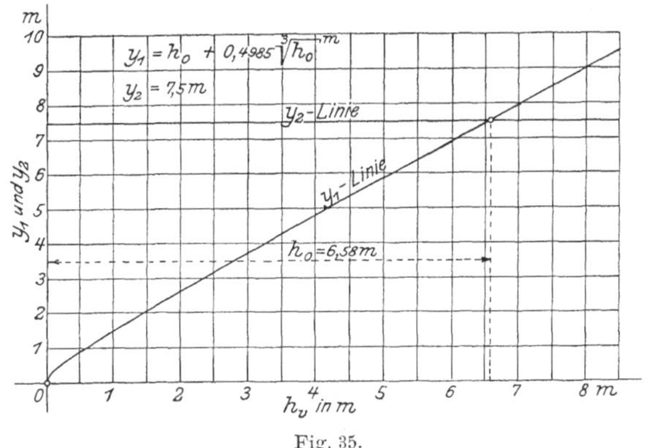

Fig. 35.

Sieht man von den Massenwirkungen ab, so liefert Gleichung IV) genau die sich (aber erst nach unendlich langer Zeit) einstellende maximale Niveauerhöhung.

Für totales Schließen ist:

$$\beta = 1$$

und man erhält aus Gleichung IV):

$$\text{V)} \quad . \quad . \quad h_v + \sqrt[3]{\left[\frac{Q_0 \cdot \sqrt{h_v}}{\frac{2}{3}\mu \cdot b \cdot \sqrt{2g\,h_{v_0}}}\right]^2} = h_{v_0}.$$

Zur Ermittlung des diese Bedingungsgleichung erfüllenden Wertes von h_v bedient man sich am besten der graphischen Methode, indem man die Gleichung V) in die Ausdrücke:

$$\alpha) \quad . \quad . \quad . \quad y_1 = h_v + \sqrt[3]{\left[\frac{Q_0 \cdot \sqrt{h_v}}{\frac{2}{3}\mu \cdot b \cdot \sqrt{2g\,h_{v_0}}}\right]^2}$$

$$\beta) \quad . \quad . \quad . \quad . \quad . \quad . \quad . \quad . \quad . \quad . \quad . \quad y_2 = y_0$$

zerlegt und die Kurven y_1 und y_2 zeichnet. Die Abszisse des Schnittpunktes der beiden Kurven liefert dann den gesuchten Wert von h_V.

In Figur 35 ist für das in § 16 dieses Kapitels behandelte Zahlenbeispiel, unter Zugrundelegung totalen Schließens, die dabei auftretende Niveauerhöhung vermittelst der oben angegebenen Methode berechnet und:

$$\underline{h_V = 6{,}570 \text{ m}}$$

gefunden worden.

Für h_{V_0} wurde hierbei 7,5 m angenommen, welcher Wert sich für $\xi = 0{,}003115$, $U_1 = 10$ m, $F_1 = 7$ m² und $L_1 = 7000$ m aus Gleichung I) ergibt.

Die Niveauerhöhung h beträgt somit:

$$h = 7{,}500 - 6{,}570$$

$$\mathbf{h = 0{,}930 \text{ m.}}$$

Die Bestimmungsgleichungen α) und β) lauten:

α) . . . . $y_1 = h_V + 0{,}4985 \sqrt[3]{h_V}$

β) . . . . $y_2 = 7{,}5$

Anhang.

Bei der Ableitung der im ersten und zweiten Kapitel der vorstehenden Abhandlung angeführten Formeln wurde jeweilen näherungsweise angenommen, die Variation der aus dem Wasserschloß abfließenden (den Turbinen zufließenden) Wassermenge sei unabhängig von den im Wasserschloß auftretenden Niveauvariationen h.

Bezeichnet H_0' das für die Turbinen verwertbare Nettogefälle (gerechnet vom Niveau des Wasserschlosses) im Beharrungszustand und h die respektiven Niveauerhöhungen, so ist die während der hydrodynamischen Störung in einem beliebigen Zeitpunkt bei konstanter Ausflußöffnung den Turbinen zuströmende Wassermenge Q gegeben durch:

$$\underline{Q = Q_0 \cdot \sqrt{1 + \frac{h}{H_0'}}}$$

wo Q_0 die durch die gleiche Öffnung im Beharrungszustand den Turbinen zuströmende Wassermenge bedeutet.

Ist nun $\frac{h}{H_0'}$ so klein, daß es gegenüber der Einheit vernachlässigt werden darf, was bei größeren Gefällen ($H_0' > 100$ m) meistens zutrifft, so geben die in Kapitel I und II abgeleiteten Formeln eine gute Annäherung für den Verlauf der Niveau- und Geschwindigkeitsvariationen.

Ist aber umgekehrt das Gefälle H_0' relativ klein, so kann es vorkommen, daß $\frac{h}{H_0'}$ einen solchen Wert erreicht, daß eine Vernachlässigung nicht mehr statthaft wäre. Dieser letztere Fall soll nun im folgenden untersucht werden.

Bemerkungen zum I. Kapitel.

Nachtrag zum ersten Paragraphen.

Erste Phase.

$0 \leqq t \leqq T.$

Unter Voraussetzung linearer Variation des Absperrquerschnittes lautet nunmehr die Gleichung für die den Turbinen zuströmende Wassermenge:

$$1) \quad Q = Q_0\left(1 - \frac{t}{T}\right) \cdot \sqrt{1 + \frac{h}{H_0'}}$$

und die Kontinuitätsgleichung erhält die Form:

$$2) \quad F_1 \cdot c_1 = F_2 \cdot c_2 + Q.$$

Die Beschleunigungsgleichung lautet wie früher:

$$3) \quad \frac{L_1}{g} \cdot \frac{dc_1}{dt} + \frac{H_0}{g} \cdot \frac{d^2h}{dt^2} = -h.$$

Durch Kombination der Gleichungen 1), 2) und 3) ergibt sich die Differentialgleichung der hydrodynamischen Bewegung.

Man erhält:

$$4) \quad \left[1 + \frac{H_0 \cdot F_1}{L_1 \cdot F_2}\right] \frac{d^2h}{dt^2} + \frac{Q_0\left(1 - \frac{t}{T}\right)}{2 \cdot F_2 \cdot H_0' \cdot \sqrt{1 + \frac{h}{H_0'}}} \cdot \frac{dh}{dt} - \frac{Q_0}{F_2 \cdot T} \cdot \sqrt{1 + \frac{h}{H_0'}} + \frac{g \cdot F_1}{L_1 \cdot F_2} h = 0.$$

Diese Gleichung ist nicht in geschlossener Form integrierbar, und es kann nur eine angenäherte Lösung vermittelst Reihenentwicklung oder graphischer Methode erhalten werden.

Da nun aber eine solche Auflösung nur sekundäre Bedeutung hätte, weil sie den Zweck der Gleichung teilweise illusorisch machen würde, gehen wir hier nicht näher darauf ein.

Nachtrag zum fünften Paragraphen.

Niveauvariationen bei teilweisem Schließen der Absperrorgane.

Wird durch die Absperrorgane nur ein Teil $\beta \,.\, Q_0$ der totalen Wassermenge Q_0 abgesperrt, so führt die Aufstellung der Bewegungsgleichung für die erste Phase, unter Berücksichtigung des Einflusses der Niveauerhöhungen auf den Wasserkonsum, wieder auf eine nicht in geschlossener Form integrable Differentialgleichung zweiter Ordnung.

Setzt man nämlich:

$$Q = Q_0 \left(1 - \beta \,.\, \frac{t}{T}\right) \left(\sqrt{1 + \frac{h}{H_0'}}\right)$$

und:

$$F_1 \,.\, c_1 = F_2 \,.\, c_2 + Q$$

so ergibt sich durch Substitution dieser Werte in die Beschleunigungsgleichung nach einigen Umformungen:

$$\left[1 + \frac{H_0 \,.\, F_1}{L_1 \,.\, F_2}\right] \frac{d^2h}{dt^2} + \frac{Q_0 \left(1 - \beta \frac{t}{T}\right)}{2 \,.\, H_0' \,.\, F_2 \,.\, \sqrt{1 + \frac{h}{H_0'}}} \cdot \frac{dh}{dt} - \frac{\beta \,.\, Q_0}{F_2 \,.\, T} \cdot \sqrt{1 + \frac{h}{H_0'}} + \frac{g \,.\, F_1}{L_1 \,.\, F_2}\, h = 0$$

welche Differentialgleichung für $\beta = 1$, d. h. für vollständiges Abschließen, identisch wird mit der vorstehend abgeleiteten Differentialgleichung 4).

Für die zweite Phase hat man:

$$Q = Q_0 \,(1 - \beta) \sqrt{1 + \frac{h}{H_0'}}$$

und bleibt $\frac{h}{H_0}$ kleiner als 0,5, so kann man auch mit guter Annäherung:

$$1) \quad \ldots\ldots \quad Q = (1 - \beta)\, Q_0 \left(1 + \frac{1}{2} \cdot \frac{h}{H_0'}\right)$$

setzen.

Die Kontinuitätsgleichung lautet nunmehr:

$$F_1 \,.\, c_1 = F_2 \,.\, c_2 + (1 - \beta)\, Q_0 \,.\, \left(1 + \frac{1}{2} \cdot \frac{h}{H_0}\right)$$

und daraus:

$$2) \quad \ldots \quad \frac{dc_1}{dt} = \frac{F_2}{F_1} \cdot \frac{d^2h}{dt^2} + (1 - \beta) \frac{Q_0}{F_1} \cdot \frac{1}{2 \,.\, H_0'} \cdot \frac{dh}{dt} \,.$$

Bezeichnet h_T wiederum die Niveauerhöhung am Ende der ersten Phase, und wird der Nullpunkt der Niveauerhöhungen und der Zeitzählung wie im I. Kapitel § 2 auf den Anfangspunkt der zweiten Phase verlegt, so lautet die Bewegungsgleichung:

$$\frac{L_1}{g} \cdot \frac{dc_1}{dt} + \frac{H_0}{g} \cdot \frac{dc_2}{dt} = -h - h_T.$$

Setzt man nun für $\frac{dc_1}{dt}$ den oben berechneten (Gleichung 2) Wert ein, so erhält man nach einigen Umformungen:

$$3) \;.\; \left[1 + \frac{H_0 \cdot F_1}{L_1 \cdot F_2}\right] \frac{d^2h}{dt^2} + \frac{(1-\beta) \cdot Q_0}{2 \cdot F_2 \cdot H_0'} \cdot \frac{dh}{dt} + \frac{g \cdot F_1}{L_1 \cdot F_2} h + \frac{g \cdot F_1}{L_1 \cdot F_2} h_T = 0 .$$

Ein partikuläres Integral dieser Differentialgleichung ist:

$$\alpha) \; . \; . \; . \; . \; . \; . \; . \; . \; . \; . \; h = -h_T .$$

Die reduzierte Gleichung lautet:

$$a_2 \frac{d^2h}{dt^2} + a_1 \frac{dh}{dt} + a_0 \cdot h = 0$$

wenn man der Kürze halber:

$$1 + \frac{H_0 \cdot F_1}{L_1 \cdot F_2} \equiv a_2$$

$$\frac{(1-\beta) Q_0}{2 \cdot F_2 \cdot H_0'} \equiv a_1$$

und:

$$\frac{g \cdot F_1}{L_1 \cdot F_2} \equiv a_0$$

setzt.

Es sei nun:

$$h = e^{\varrho \cdot t}$$

dann ergibt sich als charakteristische Gleichung:

$$a_2 \cdot \varrho^2 + a_1 \cdot \varrho + a_0 = 0:$$

$$\varrho = \frac{-a_1 \pm \sqrt{a_1^2 - 4 \cdot a_2 \cdot a_0}}{2 \cdot a_2} .$$

Je nachdem nun die Diskriminante $a_1^2 - 4 \cdot a_2 \cdot a_0 \gtrless 0$ ist, erhält man, wie bereits im 2. Kapitel bemerkt wurde, eine aperiodische Schwingung, oder eine periodische gedämpfte Schwingung.

Setzt man für a_2, a_1 und a_0 die bezüglichen Werte ein, so läßt sich das Kriterium für das Vorkommen einer aperiodischen oder einer periodischen gedämpften Schwingung auch in der Form:

$$4) \quad \ldots \quad \frac{(1-\beta)\,Q_0}{\sqrt{F_1 \,.\, F_2}} \sqrt{\frac{L_1}{g}} \frac{1}{\sqrt{1+\frac{H_0 \,.\, F_1}{L_1 \,.\, F_2}}} \gtreqless 4 \,.\, H_0'$$

anschreiben, wobei das obere Ungleichheitszeichen für die aperiodische und das untere für die periodische gedämpfte Schwingung gilt.

Mit Hilfe dieser Beziehung (4) ist durch Nachrechnen einiger Zahlenbeispiele leicht zu konstatieren, daß wir es in den meisten praktisch vorkommenden Fällen mit periodischen gedämpften Schwingungen zu tun haben.

Eine aperiodische Schwingung kann nur bei sehr kleinem Gefälle H_0 und kleinem Schließen (β klein) der Absperrorgane zustande kommen; oder dann bei außerordentlich großen Stollenlängen und kleinen Querschnitten von Stollen und Wasserschloß.

Für $\beta = 1$, d. h. für vollständiges Schließen, ist nach Beziehung 4) eine aperiodische Schwingung unmöglich [was mit den frühern Ableitungen in Einklang steht], und es ergibt sich eine ungedämpfte periodische Schwingung [da für $\beta = 1$: $a_1 = 0$ wird], welche bereits im I. Kapitel § 2 besprochen wurde.

Bei der gedämpften periodischen Schwingung [$a_1^2 - 4 \,.\, a_0 \,.\, a_2 < 0$] ist der Dämpfungsfaktor in der Hauptsache durch $a_1 = \frac{(1-\beta)\,Q_0}{2 \,.\, F_2 \,.\, H_0'}$ gegeben, da $\frac{H_0 \,.\, F_1}{L_1 \,.\, F_2}$ meistens so klein ist, daß dieser Quotient mit guter Annäherung gegenüber der Einheit vernachlässigt werden kann.

Der Dämpfungsfaktor und damit die Dämpfung wird also um so größer, je kleiner das Gefälle oder der Wasserschloßquerschnitt ist und je weniger Wasser abgesperrt wird.

Die Amplituden der gedämpften Schwingung, d. h. die maximalen Niveauvariationen, werden um so kleiner, je größer der Dämpfungsfaktor ist.

Um also möglichst kleine Niveauvariationen zu erhalten, muß der Dämpfungsfaktor möglichst groß gemacht werden.

Nachtrag zum sechsten Paragraphen.

Niveauvariationen bei vollständigem Öffnen der Absperrorgane.

1. Phase:

Die Aufstellung der Bewegungsgleichung zur Berechnung der während der Bewegung der Absperrorgane auftretenden Niveauvariationen (Druckabfälle) führt wiederum auf eine nicht integrable Differentialgleichung zweiter Ordnung, wie kurz gezeigt werden soll.

Unter der Voraussetzung linearen Öffnens hat man für die während dieser Periode den Turbinen zuströmende Wassermenge Q den Ausdruck:

$$1) \quad \ldots\ldots \quad Q = Q_0 \cdot \frac{t}{T} \cdot \sqrt{1 - \frac{h}{H_0'}} \, .$$ [1]

Die Kontinuitätsgleichung lautet:

$$2) \quad \ldots\ldots \quad Q = F_1 \cdot c_1 + F_2 \cdot c_2$$

und die Beschleunigungsgleichung erhält die Form:

$$3) \quad \ldots\ldots \quad \frac{L_1}{g} \cdot \frac{dc_1}{dt} = h \, .$$

Durch Kombination dieser drei Gleichungen ergibt sich nach einigen Umformungen:

$$\frac{d^2h}{dt^2} + \frac{Q_0 \cdot t}{2 \cdot F_2 \cdot H_0' \cdot T} \cdot \frac{1}{\sqrt{1 - \frac{h}{H_0'}}} \cdot \frac{dh}{dt} + \frac{g \cdot F_1}{L_1 \cdot F_2} h - \frac{Q_0}{F_2 \cdot T} \cdot \sqrt{1 - \frac{h}{H_0'}} = 0$$

welche Differentialgleichung prinzipiell gleich gebaut ist wie die bereits früher für partielles Schließen (erste Phase) abgeleitete Differentialgleichung.

2. Phase:

Nach dem Stillstehen der Absperrorgane ist die den Turbinen zuströmende Wassermenge Q gegeben durch:

$$1) \quad \ldots\ldots \quad Q = Q_0 \sqrt{1 - \frac{h}{H_0'}}$$

oder, wenn $\frac{h}{H_0'} \leq 0{,}5$, kann man auch mit guter Annäherung:

$$1') \quad \ldots\ldots \quad Q = Q_0 \left(1 - \frac{1}{2} \cdot \frac{h}{H_0'}\right)$$

setzen.

[1] Bedeutung der Zeichen wie früher.

Dann ist ferner:

$$2) \quad Q = F_1 \cdot c_1 + F_2 \cdot c_2.$$

und die Beschleunigungsgleichung lautet:

$$3) \quad \frac{L_1}{g} \cdot \frac{dc_1}{dt} = h + h_T$$

sofern man bezüglich des Nullpunktes der Niveauvariationen und der Zeitzählung dieselben Annahmen trifft wie früher.

Durch Ausführung der betreffenden Substitutionen erhält man nach einigen Umformungen:

$$4) \quad \frac{d^2h}{dt^2} + \frac{Q_0}{2 \cdot F_2 \cdot H_0'} \cdot \frac{dh}{dt} + \frac{F_1 \cdot g}{L_1 \cdot F_2} h + \frac{F_1 \cdot g}{L_1 \cdot F_2} h_T = 0.$$

Ein partikuläres Integral dieser Differentialgleichung ist:

$$\alpha) \quad \mathbf{h_p = -h_T}.$$

Die reduzierte Gleichung lautet:

$$\frac{d^2h}{dt^2} + \frac{Q_0}{2 \cdot F_2 \cdot H_0'} \cdot \frac{dh}{dt} + \frac{F_1 \cdot g}{L_1 \cdot F_2} h = 0$$

und indem man:

$$h = e^{\rho \cdot t}$$

setzt, ergibt sich nach Ausführung der betreffenden Substitutionen:

$$\rho = -\frac{Q_0}{4 \cdot F_2 \cdot H_0'} \pm \sqrt{\left(\frac{Q_0}{4 \cdot F_2 \cdot H_0'}\right)^2 - \frac{F_1 \cdot g}{L_1 \cdot F_2}}.$$

Ist nun die Diskriminante positiv, d. h.:

$$\mathbf{\frac{Q_0}{\sqrt{F_1 \cdot F_2}} \sqrt{\frac{L_1}{g}} > 4 \cdot H_0'}$$

dann erhält man eine aperiodische Schwingung, deren allgemeine Form durch:

$$h = -h_T + A \cdot e^{-(m-n)t} + B \cdot e^{-(m+n)t}\ ^{1)}$$

gegeben ist.

---

1) Wenn man der Kürze halber:

$$\frac{Q_0}{4 \cdot F_2 \cdot H_0'} \equiv m$$

und:

$$\sqrt{\left(\frac{Q_0}{4 \cdot F_2 \cdot H_0'}\right)^2 - \frac{F_1 \cdot g}{L_1 \cdot F_2}} \equiv n$$

setzt.

Es sei nun wiederum für:

$$t = 0 \qquad h = 0 \qquad \frac{dh}{dt} = c_{2T}$$

dann ergibt die Konstantenbestimmung:

$$A = \frac{1}{2} \cdot \frac{c_{2T} + (m + n)\, h_T}{n}; \qquad -B = \frac{1}{2} \cdot \frac{c_{2T} + (m - n)\, h_T}{n}.$$

Somit:

$$h_{total} = \frac{1}{2 \,.\, n} \cdot \left[\left\{c_{2T} + (m + n)\, h_T\right\} e^{-(m-n)\, t_1} - \left\{c_{2T} + (m - n)\, h_T\right\} e^{-(m+n)\, t_1}\right].$$

Diese Gleichung ist aber identisch mit der im III. Kapitel § 15 abgeleiteten Gleichung VII').

Der maximale Niveauabfall tritt ein nach:

$$t_{1\,max} = \frac{1}{2\,n} \lg nat \left[\frac{c_{2T} + (m - n)\, h_T}{c_{2T} + (m + n)\, h_T} \cdot \frac{m + n}{m - n}\right]$$

Sekunden, und ist gegeben durch:

$$h_{max} = \sqrt{\frac{\left[c_{2T} + (m + n)\, h_T\right] \cdot \left[c_{2T} + (m - n)\, h_T\right]}{m^2 - n^2}} \left[\sqrt{\frac{\left[c_{2T} + (m + n)\, h_T\right]\left[m - n\right]}{\left[c_{2T} + (m - n)\, h_T\right]\left[m + n\right]}}\right]^{\frac{m}{n}}.$$

Ist die Diskriminante negativ, d. h.:

$$\frac{\mathbf{Q_0}}{\sqrt{\mathbf{F_1 \,.\, F_2}}} \sqrt{\frac{\mathbf{L_1}}{\mathbf{g}}} < \mathbf{4\, H_0'}$$

so ergibt sich eine gedämpfte periodische Schwingung von der allgemeinen Form:

$$h_1 = -h_T + \left[C_1 \,.\, \cos(n\, t_1) + C_2 \sin(n\, t_1)\right] . \, e^{-m \,.\, t_1}.$$

Nach Bestimmung der Konstanten C_1 und C_2 und Substitution von $h_{total} = h + h_T$ erhält man:

$$h_{total} = \left[h_T \,.\, \cos(n\, t_1) + \frac{c_{2T} + m \,.\, h_T}{n} \sin(n\, t_1)\right] . \, e^{-m \,.\, t_1}.$$

Diese Gleichung ist aber wiederum identisch mit der im II. Kapitel § 9 abgeleiteten Gleichung X').

Der Druckabfall erreicht sein Maximum für:

$$tg(n \,.\, t_{1\,max}) = \frac{n}{m + \frac{h_T}{c_{2T}} \cdot \left[m^2 + n^2\right]}.$$

Wie die Nachrechnung einiger Zahlenbeispiele zeigt, haben wir es in der Praxis meistens mit diesem Fall, d. h. mit gedämpften periodischen Schwingungen, zu tun.

Für den speziellen Fall, wo die Diskriminante verschwindet, d. h. wo:

$$\frac{Q_0}{\sqrt{F_1 \, . \, F_2}} \cdot \sqrt{\frac{L_1}{g}} = 4\,H_0'$$

ist, führt die Aufstellung des allgemeinen Integrals auf eine aperiodische Übergangsschwingung.

Man erhält:

$$h_1 = -h_T + A \, . \, e^{-\frac{Q_0}{4 \, . \, F_2 \, . \, H_0'} t_1} + B \, . \, t \, . \, e^{-\frac{Q_0}{4 \, . \, F_2 \, . \, H_0'} t_1}.$$

Die auf Grund der Grenzbedingungen ausgeführte Konstantenbestimmung ergibt:

$$A = h_T; \qquad B = \frac{Q_0 \, . \, h_T + 4 \, . \, H_0' \, . \, F_2 \, . \, c_{2T}}{4 \, . \, F_2 \, . \, H_0'}.$$

Somit:

$$h_{total} = \left[h_T + \frac{Q_0 \, . \, h_T + 4 \, . \, F_2 \, . \, H_0' \, . \, c_{2T}}{4 \, . \, F_2 \, . \, H_0'} t_1\right] . \, e^{-\frac{Q_0}{4 \, . \, F_2 \, . \, H_0'} t_1}$$

wenn man:

$$h_1 + h_T = h_{total}$$

setzt.

Der maximale Niveauabfall tritt ein nach:

$$t_{1max} = \frac{1}{Q_0} \cdot \frac{(4 \, . \, F_2 \, . \, H_0')^2 \, . \, c_{2T}}{Q_0 \, . \, h_T + 4 \, . \, F_2 \, . \, H_0' \, . \, c_{2T}} \text{ Sek.}$$

und ist zu berechnen aus:

$$\mathbf{h_{max}} = \left[\mathbf{h_T} + \frac{\mathbf{4 \, . \, F_2 \, . \, H_0' \, . \, c_{2T}}}{\mathbf{Q_0}}\right] . \, \mathbf{e}^{-\frac{Q_0}{4 \, . \, F_2 \, . \, H_0'} t_{1max}}$$

Nachtrag zum siebenten Paragraphen.

Niveauvariationen bei teilweisem Öffnen der Absperrorgane.

Werden die Absperrorgane in der Zeit T nur um einen gewissen Betrag β geöffnet, so daß den Turbinen nur die Wassermenge $\beta \, . \, Q_0$ zuströmen kann, dann gelten auch in diesem Falle ohne weiteres die vorstehenden Überlegungen, und man hat einfach an Stelle von Q_0 nun $\beta \cdot Q_0$ zu setzen.

Die Aufstellung der Bewegungsgleichung für die erste Phase führt naturgemäß wieder aut eine nicht integrable Differentialgleichung.

Während der zweiten Phase tritt eine aperiodische Schwingung ein, wenn:

$$\frac{\beta \cdot Q_0}{\sqrt{F_1 \cdot F_2}} \cdot \sqrt{\frac{L_1}{g}} > 4 \cdot H_0'$$

ist, und umgekehrt ergibt sich eine periodische gedämpfte Schwingung für:

$$\frac{\beta \cdot Q_0}{\sqrt{F_1 \cdot F_2}} \cdot \sqrt{\frac{L_1}{g}} < 4 \cdot H_0'.$$

Für den speziellen Fall wo:

$$\frac{\beta \cdot Q_0}{\sqrt{F_1 \cdot F_2}} \cdot \sqrt{\frac{L_1}{g}} = 4 \cdot H_0'$$

ist, erhalten wir eine aperiodische Übergangsschwingung, wie bereits früher bemerkt wurde.

Bemerkungen zum zweiten Kapitel.

Die im vorstehenden für das erste Kapitel durchgeführten Untersuchungen ergeben bei Berücksichtigung der Reibungswiderstände (II. Kapitel) Resultate, welche im Prinzip mit den für reibungsfreie Strömung gefundenen übereinstimmen.

Die Aufstellung der Bewegungsgleichung für die erste Phase (§ 8) (Schließbewegung) führt wiederum auf eine nicht in geschlossener Form integrierbare Differentialgleichung zweiter Ordnung.

Für die zweite Phase ergibt sich, unter der Voraussetzung partiellen Schließens (§ 10) und unter der Annahme, daß die Bedingung für das Auftreten von gedämpften Schwingungen erfüllt ist, eine Verstärkung der Dämpfung dieser Schwingungen.

Bezeichnet man mit k den Dämpfungsfaktor, so ist, wie leicht nachgewiesen werden kann:

$$k = e^{-\left[\frac{(1-\beta)\, Q_0}{4 \cdot F_2 \cdot H_0'} \cdot \frac{1}{1 + \frac{H_0 \cdot F_1}{L_1 \cdot F_2}}\right] t}$$

wenn ohne Berücksichtigung der Reibungswiderstände.

Und:

$$k = e^{-\left[\frac{(1-\beta)\,Q_0}{4\,.\,F_2\,.\,H_0'}\cdot\frac{1}{1+\frac{H_0\,.\,F_1}{L_1\,.\,F_2}}+\frac{1}{2}\left\{\lambda_1+\lambda_2\frac{F_1}{F_2}\right\}\frac{g}{L_1}\cdot\frac{1}{1+\frac{H_0\,.\,F_1}{L_1\,.\,F_2}}\right]t}$$

wenn mit Berücksichtigung der Reibungswiderstände.

In gleicher Weise läßt sich für den Fall totalen (§ 11) oder partiellen (§ 12) Öffnens der Absperrorgane nachweisen, daß auch hier eine Verstärkung der Dämpfung eintritt, sofern natürlich die Bedingung für das Auftreten von periodischen Schwingungen erfüllt ist.

Eine periodische gedämpfte Schwingung tritt ein, wenn bei teilweisem Schließen:

$$1)\quad \frac{(1-\beta)\,.\,Q_0}{2\,.\,H_0'\,.\,F_2}+\frac{g}{L_1}\left[\lambda_1+\lambda_2\frac{F_1}{F_2}\right] < 2\sqrt{\left[\frac{g\,.\,F_1}{L_1\,.\,F_2}+\frac{(1-\beta)\,.\,Q_0}{2\,.\,H_0'\,.\,F_2}\cdot\frac{\lambda_1\,.\,g}{L_1}\right]\left[1+\frac{H_0\,.\,F_1}{L_1\,.\,F_2}\right]}$$

ist, oder wenn bei teilweisem Öffnen um den Betrag β ($\beta < 1$):

$$2)\quad \frac{\beta\,.\,Q_0}{2\,.\,H_0'\,.\,F_2}+\frac{\lambda_1\,.\,g}{L_1} < 2\sqrt{\frac{g\,.\,F_1}{L_1\,.\,F_2}+\frac{\lambda_1\,.\,g}{L_1}\cdot\frac{\beta\,.\,Q_0}{2\,.\,F_2\,.\,H_0'}}$$

ist.

In letzterem Falle ist ohne Berücksichtigung der Reibungswiderstände der Dämpfungsfaktor k gegeben durch:

$$k = e^{-\frac{1}{2}\left[\frac{\beta\,.\,Q_0}{2\,.\,F_2\,.\,H_0'}\right]t}$$

und, wenn man die Reibungswiderstände berücksichtigt, so ist:

$$k = e^{-\frac{1}{2}\left[\frac{\beta\,.\,Q_0}{2\,.\,F_2\,.\,H_0'}+\frac{\lambda_1\,.\,g}{L_1}\right]t}.$$

Hat man bei teilweisem Schließen:

$$\frac{(1-\beta)\,.\,Q_0}{2\,.\,H_0'\,.\,F_2}+\frac{g}{L_1}\left[\lambda_1+\lambda_2\frac{F_1}{F_2}\right] > 2\sqrt{\left[\frac{g\,.\,F_1}{L_1\,.\,F_2}+\frac{(1-\beta)\,.\,Q_0}{2\,.\,H_0'\,.\,F_2}\cdot\frac{\lambda_1\,.\,g}{L_1}\right]\left[1+\frac{H_0\,.\,F_1}{L_1\,.\,F_2}\right]}$$

oder bei teilweisem Öffnen:

$$\frac{\beta\,.\,Q_0}{2\,.\,F_2\,.\,H_0'}+\frac{\lambda_1\,.\,g}{L_1} > 2\,.\sqrt{\frac{g\,.\,F_1}{L_1\,.\,F_2}+\frac{\lambda_1\,.\,g}{L_1}\cdot\frac{\beta\,.\,Q_0}{2\,.\,F_2\,.\,H_0'}}$$

so treten aperiodische Schwingungen auf, und die Niveauvariationen nähern sich asymptotisch dem Werte Null, wobei zu bemerken ist, daß dieser Grenzwert praktisch um so rascher erreicht wird, je größer der Exponentialfaktor der Zeit ist.